高职高专土建类“十三五”规划教材

安装工程计量与计价

主　编　李大海　张俊友
副主编　樊文广　王　宇　周　雪
参　编　郭聪睿　韩国梁　王昭庆

华中科技大学出版社
中国·武汉

内容简介

随着市场经济的高速发展，建筑行业也异军突起，为做好建筑行业的造价管控，要求每一位造价人员有较强的业务水平和职业道德，因此结合市场需求编写了安装工程计量与计价一书。本书是一本具有较强的理论性与实操性教材，它适用于在校学生及从事或即将从事安装造价的人群。全书对基础知识、识图与预算编制、案例分析等几部分进行了详细讲解与剖析，便于广大读者由浅入深地学习安装计量与计价这门课程。

图书在版编目(CIP)数据

安装工程计量与计价/李大海，张俊友主编. 一武汉：华中科技大学出版社，2018.8

高职高专土建类“十三五”规划教材

ISBN 978-7-5680-4381-6

Ⅰ.①安…　Ⅱ.①李…　②张…　Ⅲ.①建筑安装-工程造价-高等职业教育-教材

Ⅳ.①TU723.32

中国版本图书馆 CIP 数据核字(2018)第 178022 号

安装工程计量与计价　　李大海　张俊友　主编

Anzhuang Gongcheng Jiliang yu Jijia

策划编辑：金　紫　徐建生

责任编辑：王　婷

封面设计：原色设计

责任校对：曾　婷

责任监印：朱　玢

出版发行：华中科技大学出版社(中国·武汉)　　电话：(027)81321913

武汉市东湖新技术开发区华工科技园　　邮编：430223

录　　排：华中科技大学惠友文印中心

印　　刷：武汉科源印刷设计有限公司

开　　本：850mm×1065mm　1/16

印　　张：19.25

字　　数：405 千字

版　　次：2018 年 8 月第 1 版第 1 次印刷

定　　价：59.80 元

前　　言

《安装工程计量与计价》是一本适合高职高专院校学生使用的教材。全书用简练的文字、翔实的案例，为广大读者全面讲述了安装工程的计量与计价的全过程，通俗易懂，具有较强的针对性与可操作性。编制本书时还特别邀请教学一线的相关教授、企业工作人员及内蒙古自治区新一届定额编审者，精心安排全书内容，从而为从事或即将从事安装工程造价的相关人员提供基础性教学。

基于定额存在地区的差异性，故而在编制本教材时选用了内蒙古自治区2009届相关定额及相关计价办法以完成本书的全部编写工作。

全书共分四篇，十一章内容，配有任务书和综合练习题。本书由李大海、张俊友两位老师主编，樊文广、王宇、周雪三位老师任副主编，郭聪睿、韩国梁、王昭庆三位老师参编。在编写过程中，由内蒙古农业大学职业技术学院张俊友老师编写第一篇内容；内蒙古农业大学职业技术学院（内蒙古伊泰集团）李大海老师编写第二篇、第三篇内容；内蒙古伊泰化工有限责任公司王宇老师及内蒙古农业大学职业技术学院郭聪睿老师、王昭庆老师编写第四篇内容。此外，北京远达国际工程管理咨询有限公司周雪先生为本书的编制提供了大量的、有效的、重要的资料。特别感谢内蒙古建筑职业技术学院樊文广老师对全书进行详细审阅并提出了宝贵经验及内蒙古伊泰集团韩国梁老师为本书提供的全程定额咨询服务。在此，对为本书编制提出宝贵意见和大力支持的社会各界朋友及业内相关人士表示衷心的感谢。

由于时间仓促、编者水平有限，书中难免有遗漏与不足之处，希望广大读者使用时提出宝贵意见。

编者

2018年6月

前 言

目　录

第一篇

安装工程计量计价基础知识

第1章　建设工程费用构成

【学习目标】

了解工程造价控制的相关知识，并掌握工程造价，设备、工器具购置费用，建筑安装工程费用以及工程建设其他费用的构成内容。

【学习要求】

能力目标	知识点梳理与归纳
了解工程造价控制的相关知识	工程造价的含义、特点、特征；工程造价管理的含义、目标、任务；全面造价管理的含义；工程造价鼓励的基本内容
掌握工程造价的构成	我国现行建设投资项目的构成；我国现行建设项目工程造价的构成
掌握设备、工器具购置费用的构成	设备购置费的构成与计算方法；工器具购置费用的构成与计算
掌握建筑安装工程费用的构成	我国现行的建筑安装工程费用构成、直接费、间接费、利润及税金包括的内容与计算方法
熟悉工程建设其他费用的构成	土地使用费、与项目建设有关的其他费用、与未来企业经营有关的其他费用的含义及计算方法

1.1　工程造价控制概述

1.1.1　工程造价的含义及其特点

1. 工程造价的含义

工程造价是指工程的建造价格，即进行某项工程建设所花费的全部费用，其核心内容是投资估算、设计概算、修正概算、施工图预算、工程结算、竣工决算等，包括量、价、费三要素。广义上，工程造价涵盖建设工程造价、公路工程造价、水运工程造价、铁路工程造价、水利工程造价、电力工程造价、通信工程造价、航空航天工程造价等方面。

工程造价的主要任务是根据图纸、定额以及清单规范计算出工程中所包含的直接费(人工、材料及设备、施工机具使用费)、企业管理费、措施费、规费、利润及税金等。

2. 工程造价的特点

(1) 大额性。

能够发挥投资效用的任何一项工程,不仅实物形体庞大,而且造价高。其中大型、特大型工程的造价可达百亿元、千亿元。工程造价的大额性不仅关系到工程建设有关方面的重大经济利益,同时也会对宏观经济产生重大影响,这就决定了工程造价的特殊地位,也说明了工程造价管理的重要意义。

(2) 个别性。

任何一项工程都有其特定的功能、用途与规模,因此对每一项工程的结构、造型、空间分割、设备配置和内外装修都有具体的要求。而工程内容和实物形态都有个别的差异,这种产品个别性决定了工程造价的个别性,同时,每项工程所处的地域、地区不相同就会使得工程造价的个别性尤为突出。

(3) 动态性。

任何一项工程从项目决策到工程竣工,都有一个较长的建设周期。在此期间经常会出现许多影响工程造价的因素,如工程变更、材料价格上涨、人工费上调、税金改革等因素都会使工程造价发生重大变化。由此可见,工程造价在整个建设工程中处于一种不确定的状态,直到竣工决算后才能确定真实、有效的工程造价。

(4) 层次性。

工程造价的层次性由工程的层次性决定,一个建设项目往往包含多个能独立发挥设计效用的单项工程(如办公楼、车间、厂房、宿舍),一个单项工程又是由多个单位工程(如安装工程、土建工程、装饰装修工程)构成。

(5) 兼容性。

兼容性表现为工程造价构成因素的广泛性和复杂性。在工程造价中,构成因素非常复杂,其中,为获得建设工程用地付出的费用,项目可行性研究、项目规划实际发生的费用,与政府一定时期政策相关的费用占有相当大的比例。此外,盈利的构成也相对复杂,资金成本也比较大。

1.1.2 工程造价计价特征

1. 单件性计价

每个建设工程项目都有特定的目的和用途,由此就会产生不同的结构、造型和装饰,从而影响工程的建筑面积和体积,同时,建设施工时采用的工艺设备、建筑材料和施工工艺方案也会因项目不同而有所差异。因此每个建设项目一般只能单独设计、单独建设。即使是相同用途和规模的同类建设项目,由于技术水平、建筑等级和建筑标准的差别,以及地区条件、自然环境与风俗习惯的不同也会有很大区别,最终导致工程造价的千差万别。因此,对于建设工程,既不能按品种、规格和质量成批定价,也不能由政府或企业规定统一的造价,只能按各个项目规定的建设程序计算工程造价。

也就是说，建筑产品的个体差别性决定了每项工程都必须单独计算造价。

2. 多次性计价

建设工程的生产过程是一个周期长、规模大、造价高、物耗多的投资生产活动。因此必须按照规定的建设程序（见图 1-1）分阶段进行建设，才能按时、保质、有效地完成建设项目。为了适应项目管理、工程造价控制和管理的要求，需要按照建设程序中各个规划设计和建设阶段进行多次性计价。

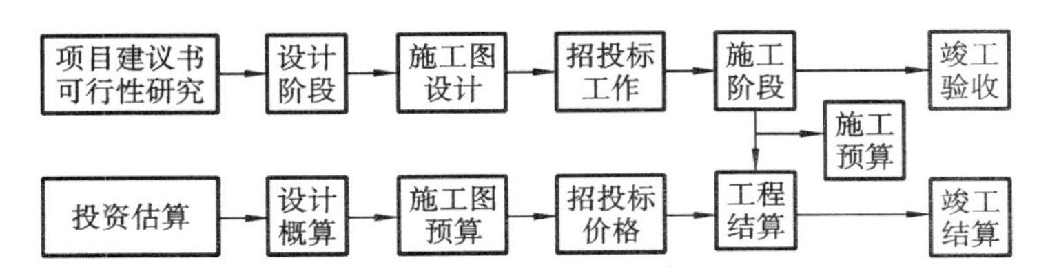

图 1-1　工程建设程序的阶段划分

（1）投资估算。

投资估算是指在项目建议书和可行性研究阶段，由建设单位或其委托的咨询机构根据项目建议、估算指标和类似工程的有关资料对拟建工程所需投资预先测算和确定的过程。投资估算是决策、筹资和控制造价的主要依据。

（2）设计概算。

设计概算是设计文件的重要组成部分，是在投资估算的控制下，由设计单位根据初步设计（或技术设计）图纸及说明、概算定额（或概算指标）各项取费标准、设备和材料预算价格等资料编制和确定建设项目从筹建到交付使用所需全部费用的文件。设计概算是工程项目投资的最高限额。

（3）修正概算造价。

修正概算造价是指在技术设计阶段中，根据技术设计要求通过编制修正概算文件预先测算和限定的工程造价。修正概算对初步设计进行修正调整，相对概算造价更准确，但受概算造价控制。

（4）施工图预算。

施工图预算又称设计预算，是由设计单位（或中介机构、施工单位）在施工图设计完成后，根据施工图纸、现行预算定额或估价表、费用定额以及地区人工、材料、机械、设备等预算价格编制和确定的安装工程造价的技术经济文件，它应控制在设计概算确定的造价之内。

（5）招投标价格。

招投标价格是指在工程招投标阶段，根据工程预算价格和市场竞争情况等，由建设单位或相应的造价咨询机构预先测算和确定招标标底后，投标单位编制投标报价，再通过评标、定标确定的合同价。

（6）施工预算。

施工预算是指施工企业在工程实施阶段，根据施工定额（或劳动定额、材料消耗定额及机械台班使用定额)、单位工程施工组织设计或分部分项工程施工方案和降低工程成本技术组织措施等资料,计算和确定完成一个单位工程中的分部分项工程所需的人工、材料、机械台班消耗量及其相应费用的经济文件。

(7) 工程结算。

工程结算是指承包商在工程实施过程中,依据承包合同中关于付款条件的规定和已经完成的工程量,并按照规定的程序向建设单位(业主)收取工程价款的一项经济活动。工程结算是该工程的实际价格,是支付工程价款的依据。

(8) 竣工决算。

工程竣工决算是指在工程竣工验收交付使用阶段,由建设单位编制的建设项目从筹建到竣工验收、交付使用全过程中实际支付的全部建设费用。竣工决算是整个建设工程的最终价格,是作为建设单位财务部门汇总固定资产的主要依据。

3. 按工程构成的分部组合计价

工程造价的计算是分部组合而成,这一特征和建设项目的组合性有关。

按照国家规定,工程建设项目根据投资规模大小可划分为大、中、小型项目,而每一个建设项目又可按其生产能力和工程效益的发挥以及设计施工范围逐级分解为单项工程、单位工程、分部工程和分项工程。而建设项目的组合性决定了工程造价计价的过程是一个逐步组合的过程。在确定工程建设项目的设计概算和施工图预算时,需按工程构成的分部组合由下而上地计价,即是要先计算各单位工程的概(预)算,再计算各单项工程的综合概(预)算,最终汇总成建设项目的总概(预)算。而且单位工程的工程量和施工图预算一般是按分部工程、分项工程采用相应的定额单价、费用标准进行计算。总而言之,即是对工程建设项目由大到小进行逐级分解(见图 1-2),再按其构成的分部由小到大逐步组合计算出总的项目工程造价,其计算顺序如下:分部分项工程造价→单位工程造价→单项工程造价→建设项目总造价。

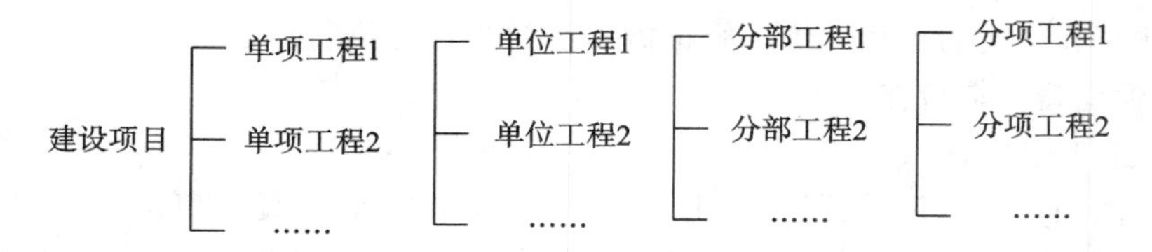

图 1-2 建设项目层次分解

4. 多样性

工程的多次计价有不同的计价依据,每次计价的精准度也不相同,由此决定了计价方式的多样性,例如计算投资估算的方法有设备系数法、生成能力指数估算法等,计算概、预算造价的方法有单价法和实物法。不同的方法有不同的使用条件,计价时应根据具体情况进行选择。

5. 工程造价计价依据的复杂性

影响造价的因素很多,这决定了计价依据的复杂性。计价依据可分为以下七类。

（1）计算设备和工程量的依据：项目建议书、可行性研究报告、设计文件等。

（2）人工、材料、机械等实物消耗量的计算依据：投资估算指标、概算定额、预算定额。

（3）计算工程单价的价格依据：人工单价、材料价格、材料运杂费、机械台班费。

（4）计算设备单价的依据：设备的原价、设备运杂费、进口设备关税等。

（5）计算其他直接费、现场经费、间接费和工程建设其他费用的依据：相关的费用定额和指标。

（6）政府规定的税费。

（7）物价指数和工程造价指数。

工程造价计价依据的复杂性不仅使计算过程复杂，而且要求计价人员熟悉各类依据，并加以正确应用。

1.1.3　工程造价管理及其基本内容

1. 工程造价管理

工程造价管理的含义包含两个方面：一是建设工程投资费用管理，二是建设工程价格管理。

（1）建设工程投资费用管理。

建设工程投资费用管理是指为了实现投资的预期目标，在拟定的规划设计方案的条件下，预测、计算、确定和监控工程造价及其变动的系统活动。建设工程投资费用管理属于投资管理的范畴，它既涵盖了微观的项目投资费用的管理，也涵盖了宏观层次的投资费用管理。

（2）建设工程价格管理。

建设工程价格管理属于价格管理范畴，在社会主义市场经济条件下，价格管理分微观和宏观两个层次。在微观层次上，建设工程价格管理是生产企业在掌握市场价格信息的基础上，为实现管理目标而进行的成本控制、计价、定价和竞价的系列活动。在宏观层次上，建设工程价格管理是政府根据社会经济发展的要求，利用法律手段、经济手段和行政手段对价格进行管理和调控，以及通过市场管理规范市场主体价格行为的系列活动。

2. 全面造价管理

全面造价管理是有效地利用专业技术和专业知识去计划和控制资源、造价、盈利和风险，包括全寿命期造价管理、全过程造价管理、全要素造价管理、全方位造价管理。

（1）全寿命期造价管理。

全寿命期造价是指建设工程初始建造成本和建成后的日常使用成本之和，包括建设前期、建设初期、使用期及拆除期各个阶段的成本。在工程建设及使用的不同阶段，工程造价存在诸多不确定性，这使得工程造价管理至今只能作为一种现实建设工程全寿命最小化的指导思想，用来指导建设工程的投资决策及设计方案的选择。

(2) 全过程造价管理。

全过程造价管理覆盖了建设工程前期决策、设计、招投标、施工、竣工验收等各个阶段，包括前期决策阶段的项目策划、投资估算、项目经济评价、项目融资方案分析，设计阶段的限额设计、方案比选、概预算编制，招投标阶段的标段划分、承发包模式及合同形式的选择、标底编制，施工阶段的工程计量与结算、工程变更控制、索赔管理以及竣工验收阶段的竣工结算与决算等。

(3) 全要素造价管理。

除工程本身造价之外，工期、质量、安全及环境等因素均会对工程造价产生影响。为此，控制建设工程造价不仅仅需要控制建设工程本身的成本，还应同时考虑工期成本、质量成本、安全与环境成本的控制，从而实现工程造价、工期、质量、安全、环境的集成管理。

(4) 全方位造价管理。

建设工程造价管理不仅仅是业主或承包单位的任务，也应该是政府建设行政主管部门、行业协会、业主方、设计方、承包方以及有关咨询机构共同的任务。尽管各方的角色、利益、角度等有所不同，但必须建立完善的协同工作机制，才能实现建设工程造价的有效控制和全方位的管理。

3. 我国工程造价管理概述

(1) 工程造价管理的目标。

工程造价管理的目标是按照经济规律的要求，根据社会主义市场经济的发展形势，利用科学的管理方法和先进的管理手段，合理地确定并有效地控制造价，以提高投资效益和建筑安装企业的经营效果。

(2) 工程造价管理的任务。

工程造价管理的任务是加强工程造价的全过程动态管理，强化工程造价的约束机制，维护有关各方的经济利益并规范价格行为，促进微观效益和宏观效益的统一。

(3)工程造价管理的基本内容。

工程造价管理的基本内容是合理确定和有效控制工程造价。

合理确定工程造价就是在建设程序的各个阶段，合理确定投资估算、概算造价、预算造价、承包合同价、结算价、竣工决算价。

①项目建议书是建设单位根据当地国民经济和社会发展的中长期计划，结合地区规划要求，通过调查研究编制的建设某一项目的建议性文件，是对拟建项目的轮廓设想。

②可行性研究是在项目建议书被批准后，对项目在技术上和经济上是否可行所进行的科学分析和论证。

③初步设计阶段应按照有关规定编制初步设计总预算，经国家有关部门批准即可作为该拟建项目的工程造价最高限额价。

④施工图设计阶段应按照规定编制施工图预算，用以核实施工图阶段预算造价是否超过批准的初步设计概算。对以施工图预算为基础实施招标的工程，承包合同价也是以经济合同形式确定的建筑安装工程造价。

⑤在工程施工阶段要按照承包方实际工程量，以合同价为基础，同时考虑因为物价变动所引起的造价变更，以及设计中难以预计的而在实施阶段实际发生的工程和费用，合理确定结算价。

⑥在竣工验收阶段，全面汇集在工程建设过程中实际花费的全部费用，并编制竣工决算，以体现建设工程的实际造价。

工程造价的有效控制是在优化建设方案和设计方案的基础上，在建设程序的各个阶段采用一定的方法和措施将工程造价控制在合理的范围和核定的造价限额以内。具体而言就是用投资估算价控制设计方案的选择和初步设计概算造价，用概算造价控制技术设计和修正概算造价，用概算造价或修正概算造价控制施工图设计和预算造价。通过工程造价的有效控制以求合理使用人力、物力和财力，取得较好的投资效益。

有效控制工程造价应体现在以下三个层面上。

①政府行政管理系统。

政府在工程造价管理中既是宏观管理主体，也是政府投资目的的微观管理主体。从宏观管理角度来讲，政府对工程造价管理有一个严格的组织系统，设置了多层管理机构，规定了管理权限和职责范围。国家建设行政主管部门的造价管理机构在全国范围内行使管理职能，它在工程造价管理工作方面承担的主要职责包括以下几个方面。

a. 组织制定工程造价管理的有关法规、制度并组织贯彻实施。

b. 组织制定全国统一经济定额和制定、修订本部门经济定额。

c. 监督指导全国统一经济定额和行业经济定额的实施。

d. 制定工程造价咨询单位的资质标准并监督执行，提出工程造价专业技术人员执业资格标准。

e. 负责全国工程造价咨询单位资质工作，负责全国甲级工程造价咨询单位的资质审定。省、自治区、直辖市和国务院其他主管部门的造价机构在其管理辖区范围内行使相应的管理职能。省辖市和地区的造价管理部门在所辖地区内行使相应的管理职能。

②企、事业单位管理系统。

企、事业单位的工程造价管理属于微观管理的范畴。设计单位和工程造价咨询企业按照业主或委托方的意图，在可行性研究和规划设计阶段合理确定和有效控制建设工程造价，如通过限额设计等手段设定造价管理目标，在招标工作中编制文件、控制造价，参加评标、合同谈判等工作。在项目实施阶段，还可以通过对设计变更、工期、索赔和结算等的管理进行造价控制。

工程承包企业造价的管理是企业的重要内容。工程承包企业设有专门的职能机构参与企业的投标决策，并通过对市场的调查研究，利用过去积累的经验研究报价策略，提出报价，从而在施工过程中进行工程造价的动态管理，并注意各种调价因素的发生和工程价款的结算，避免收益的流失，以促进企业盈利目标的实现。工程承包企业在加强工程造价管理的同时还要加强企业内部的各项管理，特别要加强成本控制，这样才能切实保证企业有较高的利润水平。

③行业协会管理系统。

我国于 1990 年 7 月成立中国建设工程造价管理协会(原中国工程建设概预算委员会)，对工程造价咨询工作和造价师工程师实行行业管理。

行业协会的业务范围包括以下几个方面。

a. 研究工程造价管理体制改革，行业发展、行业政策、市场准入制度及行为规范等理论与实践问题。

b. 探讨提高政府和业主项目投资效益的途径，并科学预测和控制工程造价，以促进现代化管理技术在工程造价咨询行业的运用，同时向国家行政部门提供建议。

c. 接受国家行政主管部门的委托，承担工程造价咨询行业和造价工程师职业资格及职业教育等具体工作，研究并提出与工程造价有关的规章制度及工程造价咨询行业的资质标准、合同范本、职业道德规范等行业标准，并推动标准的实施。

d. 对外代表我国造价工程师组织和工程造价咨询行业，与国际组织及各国同行业组织建立联系与交往，签订有关协议，为会员开展国际交流与合作等对外业务提供服务。

e. 建立工程造价信息服务系统，编辑出版有关工程造价方面的刊物和参考资料，组织交流和推广先进工程造价咨询经验，举办有关职业培训和国际工程造价咨询业务研讨活动。

f. 在国内外工程造价咨询活动中，维护和增进会员的合法权益，协调解决会员和行业间的有关问题；受理关于工程造价咨询执业时违规的投诉，配合行政主管部门进行处理，并向政府部门和有关方面反映会员单位和工程造价咨询人员的建议和意见。

g. 指导各专业委员会和地方造价协会的业务工作。

h. 组织完成政府有关部门和社会各界委托的其他业务。

【知识拓展】

我国自古以来就有气势恢弘的楼宇亭台的建设，那么在中国古代我们的计价模式是什么样子的呢？我们的祖先很早就有了完整的建筑管理体系，在当时他们采用的方式为工料限额制度，也就是人工、材料定额。随着时代的进步与发展，我国先后采用了以下几种方法进行造价管理。建国初期到 20 世纪 50 年代中期，采用苏联的计价模式；20 世纪 50 年代中期到 20 世纪 90 年代初，我国自行编制了一套计算管理办法，也是使用时间最长的一种计价模式，即计算出工程的直接费，再按照规定计算出间接费，最后形成造价；20 世纪 90 年代初到 2003 年，采用“控制量，放开价，引入竞争”的基本改革思路，进一步明确并及时调整市场材料价格；2003 年至今，我国目前采用依据工程量清单综合单价法编制的计价模式。

1.2　工程造价构成概述

1.2.1　我国现行建设项目的构成

建设项目投资包括建设投资和流动资产投资两部分。

工程造价安装工程项目建设过程中，各类费用支出是依据来源、使用等确定的，一般通过费用划分和汇集形成工程造价费用结构。在工程造价基本构成中包括用于购买工程项目所包含各种设备的费用、用于委托工程勘察设计应支付的费用、用于建筑施工和安装施工所需支出的费用、用于建设单位自身进行项目筹建和项目管理所花费的费用等。总之，工程造价是工程项目按照确定的建设内容、建设规模、建设标准、功能要求和使用要求等全部建成并验收合格交付使用所需的全部费用。

1.2.2　建设项目工程造价的构成

为适应深化工程计价改革的需要，根据国家有关法律、法规及相关政策，在总结原建设部、财政部《关于印发〈建筑安装工程费用项目组成〉的通知》执行情况的基础上，修订完成了《建筑安装工程费用项目组成》。现行工程造价的构成如图 1-3 所示。

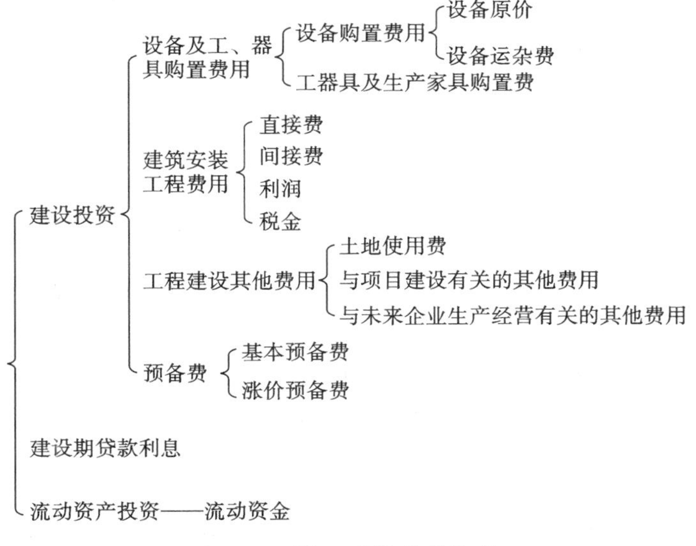

图 1-3　现行工程造价的构成

【知识拓展】

流动资金与工程造价的联系

根据我国目前规定，工程总投资由固定资产投资和流动资产投资组成，其中固定资产投资即通常所说的工程造价，流动资产投资即流动资金，因此工程造价中不含流动资金部分，另外建设期贷款不属于工程造价。

1.3 建设项目投资构成

建设项目投资一般是指在工程项目建设阶段所需要的全部费用总和。生产性建设项目总投资包括建设投资、建设期利息和流动资金三部分，非生产性建设项目总投资包括建设投资和建设期利息两部分。其中建设投资和建设期利息之和对应于固定资产投资，固定资产投资与建设项目的工程造价在量上相等。工程费用是指直接构成固定资产实体的各种费用，可以分为建筑安装工程费用和设备及工器具购置费。工程建设其他费用是指根据国家有关规定应在投资中支付，并列入建设项目总造价或者单项工程造价的费用。预备费是为了保证工程项目顺利实施，避免在难以预料的情况下造成投资不足而预先安排的一笔费用。

1.3.1 建筑安装工程费用

根据《关于印发〈建筑安装工程费用项目组成〉的通知》，我国现行建筑安装工程费用项目主要由人工费、材料费、施工机具使用费、企业管理费、利润、规费和税金组成，目前内蒙古执行的 2009 届定额依然沿用《关于印发〈建筑安装工程费用项目组成〉的通知》文件的规定：建筑安装工程费用项目主要由直接费、间接费、利润和税金组成。

1. 直接费

直接费由直接工程费和措施费组成。

(1) 直接工程费。

直接工程费是指施工过程中消耗的直接构成工程实体的各项费用，包括人工费、材料费和施工机械使用费。

①人工费：直接从事建筑安装工程施工作业的生产工人所开支的各项费用，包括生产工人基本工资、工资性补贴、生产工人辅助工资、职工福利费及生产工人劳动保护费。

②材料费：施工过程中耗费的构成工程实体的原材料、辅助材料、构配件、零件、半成品的费用，包括材料原价、材料运杂费、运输损耗费、采购及保管费（采购费、仓储费、工地保管费和仓储损耗）。

③施工机械使用费：施工机械作业所发生的机械使用费以及机械安拆费和场外

运输费。机械台班单价由折旧费、大修理费、经常修理费、安拆费及场外运输费、人工费、燃料动力费和车船使用税七项费用组成。

（2）措施费。

措施费是指为完成工程项目施工，发生于该工程施工前和施工过程中非工程实体项目的费用，由通用项目措施费和专业项目措施费组成。其中非工程实体项目是指其费用的发生和金额大小与时间、施工方法或者两个以上工序相关，而且不形成最终的实体工程。措施费的构成需要考虑多种因素，除工程本身的因素外，还涉及水文、气象、环境、安全等因素。

措施费除包含下列所列内容和可能发生的项目费用外，施工单位可根据各专业定额、拟建工程特点和地区情况及具体施工措施自行补充。

①安全文明施工费：按照国家现行的建筑施工安全、施工现场环境与卫生标准和有关规定，购置和更新施工防护用具与设施以及改善安全生产条件和作业环境所需要的费用。其费用内容由以下几项构成。

a. 环境保护费：施工现场为达到环保部门要求所需要的各项费用。

b. 文明施工费：施工现场文明施工所需要的各项费用。

c. 安全施工费：施工现场安全施工所需要的各项费用。

d. 临时设施费：施工企业为进行建设工程施工所必须搭设的生活和生产用的临时建筑物、构筑物、配电设施电路和其他临时设施费用。

②夜间施工增加费：根据设计、施工技术要求或建设单位要求提前完工（工期低于工期定额 70%时），须进行夜间施工的工程所增加的费用，包括照明设施安装、拆除、摊销费，电费、施工降效费和职工夜餐补贴费。施工单位在建设单位没有要求提前交工的情况下，为赶工期自行组织的夜间施工不计取夜间施工增加费。

③材料及产品质量检测费：对建筑材料、构件和建筑安装物进行一般鉴定、检查所发生的费用。该项费用包括自设试验室进行试验所耗用的材料和化学药品等费用以及建设单位、质检单位对具有出厂合格证明的材料进行检验试验的费用，但不包括新结构、新材料的试验费和对构件做破坏性试验及其他特殊要求检验试验的费用。

④冬雨季施工增加费：施工单位在施工规范规定的冬季气温条件下施工所增加的费用称为冬季施工增加费，包括冬季施工措施费和人工、机械降效费；雨季施工增加费是指在雨季施工时，为防滑、防雨、防雷、排水等增加的费用和人工降效补偿费用，不包括雷击、洪水造成的人员、财产损失。

⑤已完、未完工程及设备保护费：已完工程及设备保护费是指竣工验收前，对已完工程及设备进行保护所需费用；未完工程及设备保护费是指工程建设过程中，在冬季或其他特殊情况下停止施工时，对未完工部分的保护费用。

⑥地上、地下设施和建筑物的临时保护设施费：工程施工前，对原有地上、地下设施和建筑物进行安全保护所采取的措施费用，不包括对新建地上、地下设施和建筑物的临时保护设施。

⑦远程视频监控增加费：一、二类建筑及市政工程按0.82%计取，三、四类建筑及市政工程按1.05%计取，此外，也可以根据工程实际发生情况计取。

⑧扬尘治理增加费：一、二类建筑及市政工程按1.15%计取，三、四类建筑及市政工程按1.45%计取，此外，也可以根据工程实际发生情况计取。

2. 间接费

建筑安装工程间接费是指与工程的总体条件有关的建筑安装企业组织施工和进行经营管理，以及间接为建筑安装生产服务的各项费用。间接费由规费和企业管理费组成。

(1) 规费。

规费是指政府和有关权力部门规定必须缴纳的费用。

①工程排污费：施工现场按规定缴纳的工程排污费。

②水利建设基金：用于水利建设的专项资金。根据内蒙古自治区人民政府文件《内蒙古自治区水利建设基金筹集和使用管理实施细则》规定，此项费用可计入企业成本。

③社会保障费：企业按国家规定缴纳的各项社会保障费用，包括养老保险费、失业保险费、医疗保险费。

④住房公积金：企业按照规定标准为职工缴纳的住房公积金。

⑤危险作业意外伤害保险：按照建筑法等有关规定，企业为从事危险作业的建筑安装施工人员支付的意外伤害保险费。

⑥工伤保险：企业根据国家和自治区人民政府关于工伤保险的相关规定，为职工缴纳的费用。

⑦生育保险：企业根据国家和自治区人民政府关于生育保险的相关规定，为职工缴纳的费用。

根据内蒙古自治区现行计价管理办法，该项费用只计取养老保险、医疗保险、住房公积金、工伤保险、生育保险、水利建设基金。

(2) 企业管理费。

企业管理费指建筑安装企业组织施工生产和经营管理所需费用，主要内容包括以下几方面。

①管理人员工资：管理人员的基本工资、工资性补贴、职工福利费、劳动保护费等。

②办公费：企业管理办公用的文具、纸张、账表、印刷、邮电、书报、会议、水电、饮水和集体取暖（包括现场临时宿舍取暖）用煤等费用。

③差旅交通费：职工因公出差、调动工作的差旅费，住勤补助费，市内交通费和误餐补助费，职工探亲路费，劳动力招募费，职工离退休、退职一次性路费，工伤人员就医路费，工地转移费以及管理部门使用的交通工具的油料、燃料、养路费及牌照费。

④固定资产使用费：管理和试验部门及附属生产单位使用的属于固定资产的房

屋、设备仪器等的折旧、大修、维修或租赁费。

⑤工具用具使用费：管理使用的不属于固定资产的生产工具、器具、家具、交通工具和检验、试验、测绘、消防用具等的购置、维修和摊销费，施工、生产所需随工人班组或个人配备的不属于固定资产的小型机械、生产工具的购置、摊销和维修费。

⑥劳动保险费：由企业支付离退休职工的易地安家补助费、职工退职金、六个月以上的病假人员工资、职工死亡丧葬补助费和抚恤费以及按规定支付给离休干部的各项经费。

⑦工会经费：企业按职工工资总额计提的工会经费。

⑧职工教育经费：企业为职工学习先进技术和提高文化水平，按职工工资总额计提的费用。

⑨财产保险费：施工管理使用的财产、车辆保险费用。

⑩财务费：企业为筹集资金而发生的各种费用。

⑪税金：企业按规定缴纳的房产税、车船使用税、土地使用税、印花税等。

⑫其他：技术转让费、技术开发费、业务招待费、绿化费、广告费、公证费、法律顾问费、咨询费、工程投标费等。

3. 利润

利润是指施工企业完成所承包工程获得的盈利。

4. 税金

税金是指国家税法规定的应计入建设工程造价内增值税销项税额。

2016 年 5 月 1 日以后签订的合同都要执行“营改增”的计税方法。具体可分为以下两类计税方法。

(1) 一般计税：按 11%计算。

(2) 简易计税方法的应纳税额是指按照销售额和增值税征收率 3%计算的增值税额，不得抵扣进项税，计算公式如下。

应纳税额＝销售额×征收率(3%)

附加税费＝应纳税额×税(费)率

附加税费税(费)率分别如下：市区 12%；县(镇)10%；农村地区 6%。

1.3.2 设备及工、器具购置费

设备及工、器具购置费由设备购置费和工具、器具及生产家具购置费组成，是固定资产投资中的积极部分。生产性工程建设中，设备及工、器具购置费用在工程造价中所占比重增大，意味着生产技术的进步和资本有机构成的提高。

1. 设备购置费

设备购置费是指为建设项目购置或自制的达到固定资产标准的各种国产或进口设备、工具、器具的购置费用。它由设备原价和设备运杂费构成，即

设备购置费＝设备原价＋设备运杂费

设备原价是指国产设备或进口设备的原价;设备运杂费指除设备原价以外的关于设备采购、运输、途中包装、仓库保管(一个或多个仓库)等方面支出费用的总和。

(1) 国产设备原价计算。

①国产标准设备原价。

国产标准设备是指按照主管部门颁布的标准图纸和技术要求,由我国生产厂家批量生产并且符合国家质量检验标准的设备。

国产标准设备原价一般是指制造厂商的交货价,即出厂价或供应价。若因有无备件形成不同出厂价,设备原价要按带有备件的出厂价计算。

②国产非标准设备原价。

国产非标准设备是指国家尚无定型标准,各生产厂家不可能在工艺过程中采用批量生产,只能按一次订货,并根据具体的设计图纸制造的设备。

国产非标准设备原价有多种不同的计算方法,如成本计算估价法、系列设备插入估价法、分部组合估价法、定额估价法等。如按成本计算估价法,非标设备原价由材料费、加工费、辅助材料费、专用工具费、废品损失费、外购配套件费、包装费、利润、税金以及非标准设备设计费等组成。

(2) 进口设备原价计算。

进口设备原价是指进口设备的抵岸价,由进口设备到岸价(CIF)和进口从属费构成。

①进口设备到岸价(CIF)。

CIF 意为成本加保险费、运费,习惯称之为到岸价格。它由设备货价(船上交货价 FOB)、国际运费、运输保险费构成。

②进口从属费。

进口从属费=银行财务费+外贸手续费+关税+消费税+进口环节增值税+车辆购置税(进口车辆计算此项)

(3) 设备运杂费的计算。

设备运杂费通常由以下几项构成。

①运费和装卸费:国产设备由设备制造厂交货地点起至工地仓库(或施工组织设计指定的需要安装设备的堆放地点)止所产生的运费和装卸费;进口设备则由我国到岸港口或边境车站起至工地仓库(或施工组织设计指定的需要安装设备的堆放地点)止所产生的运费和装卸费。

②包装费:在设备原价中未包含的为运输而进行包装支出的各项费用。

③设备供销部门的手续费:按有关部门规定的统一费率计算。

④采购与仓库保管费:采购、验收、保管和收发设备所发生的各种费用,包括设备采购人员、保管人员和管理人员的工资、工资附加费、办公费、差旅交通费以及设备供应部门办公和仓库所占固定资产使用费、工具用具使用费、劳动保护费、检验费等。这些费用可按主管部门规定的采购与保管费率计算,计算公式为

设备运杂费＝设备原价×设备运杂费率

2. 工、器具及生产家具购置费

工、器具及生产家具购置费是指新建或者扩建项目初步设计规定的，保证初期正常生产必须购置的没有达到固定资产标准的设备、仪器、工卡模具、器具、生产家具和备品备件等的购置费用。计算公式如下。

工、器具及生产家具购置费＝设备购置费×定额费率

1.3.3　工程建设其他费

工程建设其他费是指从工程筹建起到工程竣工验收交付使用为止的整个建设期间，除建筑安装工程费用和设备及工、器具购置费用以外的，为保证工程建设顺利完成和交付使用后能够正常发挥效用而发生的各项费用。

1. 固定资产其他费用

固定资产其他费用是固定资产费用的一部分，包括以下几方面。

(1) 建设管理费。

建设管理费是指建设单位从项目筹建开始至工程竣工验收合格或交付使用为止发生的项目建设管理费用。建设管理费包括建设单位管理费、工程监理费、工程质量监督费、招标代理费以及工程造价咨询费。

(2) 建设用地费。

任何一个建设项目都必须占用一定量的土地，也就必然要发生为获得建设用地而支付的费用，即土地使用费。它是指通过划拨方式取得土地使用权而支付的土地征用及迁移补偿费，或者通过土地使用权出让方式取得土地使用权而支付的土地使用权出让金。

①土地征用及迁移补偿费：因建设项目通过划拨方式取得无限期的土地使用权，依照《中华人民共和国土地管理法》等规定所支付的费用。包括土地补偿费、青苗补偿费和被征用土地上的房屋、水井、树木等附着物补偿费、安置补助费、缴纳的耕地占用税或城镇土地使用税、土地登记费及征地管理费、征地动迁费、水利水电工程水库淹没处理补偿费。

②土地使用权出让金：国家将土地使用权在一定年限内让与土地使用者时，土地使用者向国家应支付的费用。

(3) 可行性研究费。

可行性研究费是指建设项目在建设前期因进行可行性研究工作而产生的费用。可以依据前期研究委托合同计算，或参照《建设项目前期工作咨询收费暂行规定》的相关规定计算。

(4) 研究试验费。

研究试验费是指为基本建设项目提供或验证设计数据、资料进行必要的研究试验所产生的费用，以及支付科技成果和先进技术的一次性技术转让费的核算。

(5) 勘察设计费。

勘察设计费是指对工程建设项目进行勘察设计所产生的费用,包括项目的各项勘探、勘察费用,初步设计、施工图设计费,竣工图文件编制费,施工图预算编制费,以及设计代表的现场技术服务费。

(6) 环境影响评价费。

环境影响评价费是指按照《中华人民共和国环境保护法》和《中华人民共和国环境影响评价法》等规定,为全面和详细评价建设工程项目对环境可能产生的污染或造成的重大影响所需的费用。此项费用包括编制环境影响报告书(含大纲)、环境影响报告表和评估环境影响报告书(含大纲)、评估环境影响报告表等所需的费用。

(7) 劳动安全卫生评价费。

劳动安全卫生评价费指按照劳动部《建设工程项目(工程)劳动安全卫生监察规定》和《建设工程项目(工程)劳动安全卫生预评价管理办法》的规定,为预测和分析建设工程项目存在的职业危险、危害因素的种类和危险危害程度,并提出先进、科学、合理可行的劳动安全卫生技术和管理对策所需的费用。此项费用包括编制建设工程项目劳动安全卫生预评价大纲和劳动安全卫生预评价报告书以及为编制上述文件所进行的工程分析和环境现状调查等所需费用。

(8) 场地准备费及临时设施费。

①场地准备费是指建设项目为达到工程开工条件所发生的场地平整和对建设场地余留的有碍于施工建设的设施进行拆除清理的费用。

②临时设施费是指为满足施工建设需要而供应到场地界区的、未列入工程费用的临时水、电、路、通信、气等其他工程费用和建设单位的现场临时建(构)筑物的搭设、维修、拆除、摊销或建设期间租赁费用,以及施工期间专用公路养护费、维修费。

(9) 引进技术和引进设备其他费。

引进技术和引进设备其他费包括引进项目图纸资料翻译复制费、备品备件测绘费、出国人员费用、来华人员费用、银行担保及承诺费用。

(10) 工程保险费。

工程保险费是指建设项目在建设期间根据需要实施工程保险所需的费用,包括以各种建筑工程及其在施工过程中的物料、机器设备为保险标的的建筑工程一切险和以安装工程中的各种机器、机械设备为保险标的的安装工程一切险,以及机器损坏保险等。

(11) 联合试运转费。

联合试运转费指新建企业或新增加生产工艺过程的扩建企业在竣工验收前,按照设计规定的工程质量标准,进行整个车间的负荷或无负荷联合试运转所发生的费用大于试运转收入的亏损部分以及必要的工业炉烘炉费,不包括应由设备安装费用开支的单体试车费用。

（12）特殊设备安全监督检验费。

特殊设备安全监督检验费是指在施工现场组装的锅炉及压力容器、压力管道、消防设备、燃气设备、电梯等特殊设备和设施，由安全监察部门按照有关安全监察条例和实施细则以及设计技术要求进行安全检验，应由建设工程项目支付的、向安全监察部门缴纳的费用。

（13）市政公用设施费。

市政公用设施费是指使用市政公用设施的建设项目，按照项目所在地省一级人民政府有关规定建设或缴纳的市政公用设施建设配套费用以及绿化工程补偿费用。

2. 无形资产费用

无形资产费用是指将直接形成无形资产的建设投资，主要是专利权、非专利技术、商标权和商标等。

3. 其他资产费用

其他资产费用是指建设投资中除形成固定资产和无形资产以外的部分，主要包括生产准备及开办费等。

生产准备及开办费是指建设项目为保证正常生产（或营业、使用）而发生的人员培训费、提前进场费以及投产使用必备的生产办公、生活家具及工、器具等购置费用。

1.3.4 预备费

按我国现行规定，预备费分为基本预备费和涨价预备费两类。

1. 基本预备费

基本预备费主要为解决在施工过程中，经上级批准的设计变更和国家政策性调整所增加的投资以及为解决意外事故而采取措施所增加的工程项目费用，又称工程建设不可预见费。它主要指设计变更及施工过程中可能增加工程量的费用。

2. 涨价预备费

涨价预备费是对建设工期较长的投资项目在建设期内可能发生的材料、人工、设备、施工机械等价格上涨，以及费率、利率、汇率等变化而引起项目投资的增加，需要事先预留的费用，亦称价差预备费或价格变动不可预见费。计算公式如下。

$$PF = \sum_{t-1}^{n} I_t[(1+f)^m(1+f)^{0.5}(1+f)^{t-1}-1]$$

式中：PF——涨价预备费；

n——建设期年份数；

I_t——建设期中第 t 年的投资计划额，包括工程费用、工程建设其他费用及基本预备费，即第 t 年的静态投资；

f——年均投资价格上涨率；

m——建设前期年限（从编制估算到开工建设，单位：年）。

【知识拓展】

1. 建设单位管理费率按照建设项目的性质和规模的不同来确定。有些建设项目可以按照建设工期和规定的金额计算建设单位管理费。

2. 应该指出，生产准备费在实际执行过程中很难在时间、人数和培训深度上进行划分，支出活口很大，需要严格掌握。

3. 国外贷款利息的计算中，还应包括国外贷款银行根据贷款协议向贷款方以年利率的方式收取的手续费、管理费、承诺费以及国内代理机构经国家主管部门批准的以年利率的方式向贷款单位收取的转贷费、担保费、管理费等。

【本章小结】

本章内容涵盖了工程造价的含义及特点、工程计价的特征、工程造价管理的相关概念、我国现行的工程造价管理组织、我国现行建设项目工程造价和项目投资构成、设备购置费和工器具及生产家具购置费的构成及计算、我国现行的建筑安装工程费用、工程建设其他费用的构成等方面。

本章的教学目标是使学生通过本章的学习，初步认识建筑工程造价管理，了解我国现行建筑安装工程费用以及现行工程造价的构成。

第2章　建设工程造价确定的依据

【学习目标】

熟悉建设工程定额的内容及在现代经济生活和工程建设领域中的作用，同时掌握工程量清单的概念和编制方法，了解确定建设工程造价的其他依据。

【学习要求】

能力目标	知识点梳理与归纳
熟悉建设工程定额的内容	定额的概念、产生和发展过程、在管理中的地位及作用以及定额的不同分类
掌握工程量清单的编制	清单的概念、在招投标中所起的作用、清单包括的主要内容以及具体编制方法
了解建设工程造价的其他确定依据	工程技术文件、要素市场价格信息、建设工程环境条件等

2.1　建设工程定额

预算定额是指在合理的施工组织设计、正常施工条件下，生产一个规定计量单位合格构件、分项工程所需的人工费、材料费、机械台班的社会平均消耗量标准。预算定额是一种具有广泛用途的计价性定额，主要用于编制施工图预算，确定工程造价。

工程建设定额体系是一个庞大而又复杂的系统工程。按照基本建设程序划分定额的纵向层次，分为基础定额或预算定额、概算定额、估算指标三个层次；按照定额的适用范围及管理分工划分定额的横向结构，分为全国统一、行业统一、地区统一定额。同时，按照工程建设的特点将工程分为建筑工程、安装工程、市政工程、铁路工程、公路工程、煤化工工程等若干类，每一类中有与之配套的定额。

由于定额存在一定的区域性，在编制本书中所使用的定额和计价方式将以内蒙古自治区建设厅2009年颁布的《内蒙古自治区安装工程预算定额》为编制依据。

2.1.1　安装工程预算定额的组成

《内蒙古自治区安装工程预算定额》适用于安装工程计价，按照不同的专业可以分为以下十二册：

第一册《机械设备安装工程》(DYD 15-501—2009)；

第二册《电气设备安装工程》(DYD 15-502—2009)；

第三册《热力设备安装工程》(DYD 15-503—2009)；

第四册《炉窑砌筑工程》(DYD 15-504—2009)；

第五册《静置设备与工艺金属结构制作安装工程》(DYD 15-505—2009)；

第六册《工业管道工程》(DYD 15-506—2009)；

第七册《消防设备安装工程》(DYD 15-507—2009)；

第八册《给排水、采暖、燃气工程》(DYD 15-508—2009)；

第九册《通风空调工程》(DYD 15-509—2009)；

第十册《自动化控制仪表安装工程》(DYD 15-510—2009)；

第十一册《刷油、防腐蚀、绝热工程》((DYD 15-511—2009)；

第十二册《建筑智能化系统设备工程》(DYD 15-512—2009)。

2.1.2 安装工程预算定额的作用

《内蒙古自治区安装工程预算定额》是完成规定计量单位分项工程计价所需的人工费、材料费、施工机械台班的消耗量标准，也是编制招标控制价、设计概算、施工图预算和调解、处理建设工程造价纠纷的依据，同时也为投标报价、确定合同价款、拨付工程款、办理竣工结算和衡量投标报价提供了合理性基础。

该预算定额是内蒙古自治区建设工程计价活动的地方性标准，适用于内蒙古自治区行政区域内城市建设和一般工业民用建筑的新建、扩建工程。定额基价中的材料价格是按照呼和浩特地区 2008 届材料预算价格计算的，定额执行过程中根据工程所在盟市工程造价管理机构发布的工程造价动态信息调整材料价差。

呼和浩特地区一般每季度发布一次建设工程造价动态信息，其他盟市也有每月或每半年发布一次建设工程造价动态信息的。

2.1.3 定额子目表的表现形式

预算定额是以合理的施工组织和正常的施工条件作为前提来进行编制的，安装工程预算定额是根据目前国内大多数施工企业采用的施工方法、机械化装备程度以及合理的工期、施工工艺和劳动组织条件制定的。正常的施工条件包括以下五个方面。

①设备、材料、成品、半成品、构件完整无损，符合质量标准和设计要求，附有合格证书和实验记录。

②安装工程和土建工程之间的交叉作业正常。

③安装地点、建筑物、设备基础、预留孔洞等均符合安装要求。

④水电供应均满足安装施工正常使用。

⑤正常的气候、地理条件和施工环境。

1. 定额子目的表现内容

完整的安装定额的核心内容及表现形式主要体现为定额子目表内列出的人工费、材料费、机械费和定额基价情况，消耗性材料、周转材料以及需要的机械也均一一列出其名称、规格、单位、单价等。对于无法计算的用量极少的材料将合并计算为其他材料费，并以占该子目材料费之和的百分比来表示。

表 2-1 为安装工程预算定额子目表，其中定额编号 2-1201 为 DN15 的阻燃塑料管在砖、混凝土结构中暗敷的定额子目，其涵盖内容主要为以下几点。

表 2-1 安装工程预算定额 单位：100 m

定额编号				2-1201	2-1202	2-1203	2-1204	2-1205	2-1206
项目名称				阻燃塑料管 公称直径(mm)					
				15	20	25	32	40	50
基价(元)				311.42	359.65	477.40	549.94	621.91	713.89
人工费(元)				288.58	334.37	426.82	494.64	548.21	635.47
材料费(元)				22.84	25.28	50.58	55.30	73.70	78.42
机械费(元)				—	—	—	—	—	—
编码	名称	单位	单价(元)	数量					
AZ0030	综合工日	工日	48.00	6.012	6.966	8.892	10.305	11.421	13.239
WC6210	套接管	m	—	(0.930)	(0.950)	(1.200)	(1.240)	(2.000)	(2.070)
WC6310	阻燃塑料管	m	—	(106.000)	(106.000)	(106.000)	(106.000)	(106.000)	(106.000)
AN1531	镀锌铁丝 13-17#	kg	5.20	0.250	0.250	0.250	0.250	0.250	0.250
AN1583	镀锌铁丝 18-22#	kg	5.20	0.230	0.230	0.240	0.240	0.240	0.240
AN2102	锯条(各种规格)	根	0.30	1.000	1.000	1.000	1.000	1.000	1.000
JB0320	胶合剂	kg	15.60	0.040	0.050	0.060	0.070	0.080	0.090
PK0170	水泥砂浆 M7.5-S-3	m^3	112.91	0.170	0.190	0.410	0.450	0.610	0.650
AW0021	其他材料费	%	—	1.000	1.000	1.000	1.000	1.000	1.000

①定额编号为 2-1201。

②项目名称为阻燃塑料管，公称直径 15 mm。

③基价为每 100 m 311.42 元，其中人工费 288.58 元，材料费 22.84 元，无机械费。

④定额消耗量的综合工日是 6.012 工日，综合工日单价为 48 元/工日，则定额基价人工费＝6.012×48＝288.58(元)。

⑤定额的消耗量材料包括套接管 0.93 m，阻燃塑料管 106 m，13-17#镀锌铁丝 0.25 kg(单价为 5.2 元/kg)，18-22#镀锌铁丝 0.23 kg(单价为 5.2 元/kg)，锯条 1 根(单价为 0.3 元/根)，胶合剂 0.04 kg(单价为 15.6 元/kg)，M7.5-S-3 水泥砂浆

0.17 m^3(单价为112.91元/m^3),其他的次要材料占所有材料费之和的1%。则基价材料费=(0.25×5.2+0.23×5.2+1×0.3+0.04×15.6+0.17×112.91)×(1+1%)=22.84(元),22.84元材料费中没有包含套接管和阻燃塑料管的主要材料费,子目表中也没有给出这两种材料的单价,因此套接管和阻燃塑料管是该子目的未计价主材,在材料消耗量标准上用括号标注。除了这种表示形式外,有些未计价主材项目在子目表中并未表现该种未计价主材的名称,而是用附注的形式表现在表格下方。

⑥该子目没有消耗的机械台班,即用“0”或者“—”表示。

2. 人工费标准的确定

分项工程人工费是以不同工种和技术等级工人的预算定额工日消耗量为标准,分别乘以相应的工日单价(即标准工资)后合计而成的,即

人工费=∑(综合工日消耗量标准×综合工日单价)

(1) 综合工日消耗量标准中,定额人工工日不分列工种和技术等级,一律以综合工日表示,内容包括基本用工、辅助用工、超运距用工和人工幅度差。

(2) 综合工日单价包括基本工资、工资性补贴、生产工人辅助工资、劳动保护费、职工福利费和随身携带使用的工具补贴,但不包括各类保险费。

3. 材料费标准的确定

分项工程材料费是由预算定额中的消耗量(包括安装工作内容中的主要材料、辅助材料的直接消耗量),分别乘以相应的材料预算价格后合计而成,即

材料费=∑(材料消耗量标准×材料预算价格)

(1) 材料消耗量标准:定额中的材料消耗量包括直接消耗在安装工作内容中的主要材料、辅助材料。定额子目表中分别列出了主要材料和辅助材料的名称规格及消耗量(包括正常的操作和场内运输消耗),同时以摊销量表示周转性材料的消耗量,以该子目材料费之和的百分比表示次要材料和零星材料的消耗量。

(2) 材料预算价格:即预算定额额材料单价,是指材料自采购地(或交货地)运达工地仓库(或施工现场存放处)后的出库价格。2009届定额子目表中所采用的材料单价是呼和浩特地区2008届材料预算价格。材料预算价格由材料供应价、市内运杂费和采购保管费等组成,其计算公式为

材料预算价格=(供应价+包装费+市内运杂费)×(1+采购保管费费率)
−包装品回收值

也就是说,预算定额确定的材料单价不仅仅是指材料在当时市场上采购的供应价,而是包括包装、采购、运输、保管等各环节的费用后出库使用时的价格。

采购保管费应按国家有关部门统一规定计算,建设材料、设备费率为2%,其中采购费率1.2%,保管费率0.8%,已经综合考虑了材料的运输及保管损耗,其他各项均按现行市场价格计算,不发生的不计算(如包装费)。

如果材料的来源渠道不一,各处的供应价、包装费、运杂费不同,可用加权平均法计算,确定其材料预算价格。

【例 2-1】 购进某防火涂料产生的费用见表 2-2，试计算其材料价格。

表 2-2 某防火涂料购置费用的组成

采购地点	数量(kg)	供应价(元/kg)	运费(元)	装卸费(元)	采购保管费(%)
甲	400	18	300	50	2.00
乙	1600	13.5	650	100	
丙	1000	15.00	500	100	

【解】 材料预算价格(甲)＝[18＋(300＋50)/400]×(1＋2%)＝19.25(元/kg)

材料预算价格(乙)＝[13.5＋(650＋100)/1600]×(1＋2%)＝14.25(元/kg)

材料预算价格(丙)＝[15＋(500＋100)/1000]×(1＋2%)＝15.91(元/kg)

则加权后的材料预算价格＝(19.25×400＋14.25×1600＋15.91×1000)/(400＋1600＋1000)＝15.47(元/kg)

4. 机械费标准的确定

机械费标准指机械台班使用费标准。分项工程机械费是由各施工机械的预算定额台班消耗量标准分别乘以相应的台班单价后合计而成的，即

机械费＝∑(台班消耗量标准×台班单价)

(1) 台班消耗量标准中，台班消耗量是指完成单位分项工程所需的各种施工机械台班使用量，按正常合理的机械配备和大多数施工企业的机械化装备程度综合取定。

(2) 台班单价也称台班基价或台班费用，是指施工机械在一个台班正常运转中所分摊和支出的各项费用之和，按 2009 届《内蒙古自治区施工机械台班费用定额》计算确定。

施工机械台班费用由折旧费、大修理费、经常修理费、安拆费及场外运输费、人工费、燃料动力费、养路费及其他费用等组成。

5. 基价

预算定额基价就是一定计量单位的分项工程的价格标准，是该分项工程人工费、材料费、机械费的总和，即

基价＝人工费＋机械费＋材料费

上述公式中的人工费、材料费和机械费仅是预算定额中规定的分项工程费用标准。

由上可知，确定“三量”和“三价”是编制预算定额的基础，安装工程预算定额的人工工日消耗量、材料消耗量、机械台班消耗量是由《全国统一安装工程基础定额》确定的，而工日单价、材料单价、台班单价则是按呼和浩特地区 2008 年预算价格确定的。

6. 未计价主材

未计价主材是指价格未计算在定额内的材料。定额中只规定了它的名称、规格和消耗数量，其价格由定额执行地区的信息价格或市场价格决定。安装工程、装饰工程定额内大部分都是未计价材料。

在编制预算时，就方法而言，也可以把需要计算的未计价主材费理解为广义的“调整材料价差”，即原来计入预算的材料预算价格为0。

7. 未计价主材的预算价格确定

编制施工图预算需要确定未计价主材费时，未计价主材的材料预算价格应该按照以下顺序优先确定。

(1) 查阅建设工程造价动态信息(也叫材差文件)确定。

各盟市定额站定期发布的建设工程造价动态信息中，所公布的材料信息价格也就是本地区最新的材料预算价格，所以计算未计价主材费首先应当按最近公布的材料信息价格确定进入预算。

(2) 查阅当时当地市场供应价格确定。

如果某种材料的预算价格在最近发布的建设工程造价动态信息中无法找到，可以根据当时当地市场的供应价格进行估价。估价时要按照材料预算价格计算公式确定，即材料预算价格由材料供应价、市内运杂费和采购保管费组成。

(3) 建设单位的材料认价。

建设单位对所使用的材料进行统一管理、统一认价，从而降低材料价格。

8. 费用定额

(1) 安装工程类别的划分标准如下。

①一类。

a. 炉单炉蒸发量在6.5 t/h及其以上或总蒸发量在12 t/h以上的锅炉安装以及相应的管道、设备安装。

b. 容器、设备(包括非标设备)等制作安装。

c. 6千伏以上的架空线路敷设、电缆工程。

d. 6千伏以上的变配电装置及线路(包括室内、外电缆)安装。

e. 自动或半自动电梯安装。

f. 各类工业设备安装及工业管道安装。

g. 最大管径在DN150以上供水管及管径在DN150且单根管长度在400米以上的室外热力管网工程。

h. 上述各类设备安装中配套的电子控制设备及线路、自动化控制装置及线路安装工程。

②二类。

a. 一类取费范围外4 t/h及其以上的锅炉安装以及相应的管道设备安装；换热或制冷量在4.2 MW以上的换热站、制冷站内的设备、管道安装。

b. 6千伏以下的架空线路敷设、电缆工程。

c. 6千伏以下的变配电装置及线路(包括室内、外电缆)安装。

d. 小型杂物电梯安装；各类房屋建筑工程中设置集中、半集中空气调节设备的空调工程(包括附属的冷热水、蒸汽管道)。

e. 八层以上的多层建筑物和影剧院、图书馆、文体馆附属的采暖、给排水、燃气、消防(包括消防卷帘、防火门)、电气照明、火灾报警、有线电视(共用天线)、网络布线、通信等工程。

f. 最大管径在 DN80 以上的室外热力管网工程。

g. 上述各类设备安装中配套的电气控制设备及线路、自动化控制装置及线路安装工程。

③三类。

a. 锅炉蒸发量小于 4 t/h 的锅炉安装及其附属设备、管道、电气设备安装。换热或制冷量在 4.2 MW 以下的换热站、制冷站内的设备、管道安装。

b. 四层及其以上的多层建筑物和工业厂房附属的采暖、给排水、燃气、消防(包括消防卷帘、防火门)、通风(包括简单空调工程,如立柜式空调机组、热空气幕、分体式空调器等)、电气照明、火灾报警、有线电视(共用天线)、网络布线、通信等工程。

c. 最大管径 DN80 以下的室外热力管网工程、热力管线工程。

d. 室外金属、塑料排水管道工程和单独敷设的给水、燃气、蒸汽等管道工程。

e. 各类构筑物工程附属的管道安装、电气安装工程。

f. 不属于消防工程的自动加压变频给水设备安装、安全防范系统安装。

④四类。

a. 非生产性的三层以下建筑物附属的采暖、给排水、电气照明等工程。

b. 一、二、三类取费范围以外的其他安装工程。

(2) 各项计取费率见表 2-3。

表 2-3　通用措施项目费费率表

安全文明施工费	临时设施费	雨季施工增加费	已完、未完工程保护费	企业管理费				利润	规费						税金
				一类	二类	三类	四类		养老失业保险	基本医疗保险	住房公积金	工伤保险	生育保险	水利建设基金	
2.1%	4.5%	0.3%	0.5%	27%	25%	20%	18%	17.5%	2.5%	0.7%	0.7%	0.1%	0.07%	0.1%	11%

(3) 相关费用的计取。

①措施项目费。

通用措施项目费中的安全文明施工费,雨季施工增加费和已完、未完工程及设备保护费,以直接工程费中的人工费、机械费之和为计算基础,按通用措施项目费费率表(表 2-3)计算。其中,安全文明施工费的计算还应遵守下述规定。

a. 实行工程总承包的项目,总承包单位按表 2-3 中费率计算。投标竞价时,不得低于费率表中的 90%。总承包单位依法将建筑工程分包给其他分包单位的,其费用使用和责任划分由总、分包单位依据《建设工程安全防护、文明施工措施费用及使用管理规定》在合同中约定。

b. 建设单位依法将建筑工程分包给其他分包单位的，分包单位按其分包工程和表中费率的 40%计算。

c. 同一个单位同时承担两个以上单项工程（如同时施工三栋住宅楼）时，应按表中费率乘以 0.8 的系数。

d. 通用措施项目费中，人工费占 20%，其余部分均为材料费。

②冬、雨季施工增加费。

雨季施工增加费按表 2-3 中的费率计算。冬季施工增加费按下列规定计算。

a. 需要冬季施工的工程，其措施费由施工单位编制冬季施工措施和冬季施工方案，连同增加费用一并报建设、监理单位批准后实施。

b. 人工、机械降效费用按冬季施工工程人工费、机械费之和的 15%计取。

c. 对于冬季停止施工的工程，施工单位可以按实际停工天数计算看护费用（包括看护人员工资及其取暖、用水、用电费用）。费用计算标准如下：单项工程每天 120 元；由一个总包单位承包的建设项目每天 180 元；专业分包工程不计取看护费。

由于冬季机械停滞时间已经在台班费用定额的考虑范围内，故而无须再计算冬季施工机械停滞费。

③已完、未完工程及设备保护费。

已完、未完工程及设备保护费按表 2-3 中的费率计算。

④规费。

规费以不含税工程造价为计算基础，并且不参与投标报价竞争。

a. 工程排污费按实际发生计算。

b. 社会保障费、住房公积金、危险作业意外伤害保险、工伤保险、生育保险、水利建设基金按规费费率表中规定的费率计算。

⑤企业管理费。

企业管理费费率是综合测算的，其计算基础为人工费（不含机上人工费）与机械费之和。企业管理费属于竞争性费用，企业投标报价时，应视拟建工程规模、复杂程度、技术含量和企业管理水平进行浮动。专业承包资质施工企业的管理费应在总承包企业管理费费率基础上乘以 0.8 的系数。

⑥利润。

利润中包括技术装备费和工具用具购置费，是以人工费（不含机上人工费）与机械费之和为计算基础，按行业平均水平进行测算的。如果施工企业按市场租赁价格计算机械设备费和模板脚手架费用时，利润不应超过表 2-3 中利润率的 60%。利润属于竞争性费用，企业投标报价时，应视拟建工程规模、复杂程度、技术含量和企业管理水平进行浮动。

⑦税金。

根据 2016 年 5 月 1 日颁布的营改增文件，税金统一按 11%计取。

【知识拓展】

1. 定额采用定额基价，基价中规定的人工、材料、机械资源的消耗量反映了定额水平，定额水平是一定时期社会生产力的综合反映。

2. 我国建筑安装工程计价市场经历了国家定价、国家指导价、国家调控价三个阶段，在三个阶段中，定额在计价过程中发挥的作用也发生变化。

3. 人工消耗定额、材料消耗定额和机械消耗定额是其他定额的基本组成部分。这三种定额的制定应从有利于提高企业的施工水平出发，并遵循能反映平均先进的消耗量水平的原则。

4. 各种计价定额间关系的比较见表 2-4。

表 2-4　各类定额的关系比较

名称	预算定额	概算定额	概算指标	投资估算指标
对象	分部分项工程	扩大的分部分项工程	整个建筑物或构筑物	独立的单项工程或完整的工程项目
用途	编制施工图预算	编制设计概算	编制初步设计概算	编制投资估算
项目划分层次	细	较粗	粗	很粗
定额水平	平均	平均	平均	平均

2.2　工程量清单计价

定额计价模式是我国传统的计价模式，在整个过程中，计价依据是固定的。法定的定额指令性和条款性都比较强，不利于市场的竞争。而工程量清单计价模式是依托于市场定价，与国际惯例相接轨的一种计价模式，它与工料单价法计价模式截然不同。

2.2.1　工程量清单一般规定

工程量清单计价是一种国际通行的工程计价方式，指建设工程在施工发包与承包计价活动中，发包人按照《建设工程工程量清单计价规范》(以下简称计价规范)GB 50500—2013 的要求以及施工图，提供工程量清单，由投标人根据工程量清单、施工图、企业定额、行业定额、地方定额及其他计价依据自主报价，并经评审后，以合理低价中标的工程造价计价方式。

(1) 工程量清单计价模式下的投标报价，投标人必须依据招标工程量清单填报价格。项目编码、项目名称、项目特征、计量单位、工程量必须与招标工程量清单一致，投标人不得擅自对招投标工程量进行增减调整。同时投标报价不得低于工程成本，投标价应该满足招标文件的实质要求，并不得低于成本价格。

（2）使用国有资金投资的建设工程发承包，必须采用工程量清单计价。

（3）非国有资金投资的建设工程，宜采用工程量清单计价。

（4）不采用工程量清单计价的建设工程，应执行本规范除工程量清单等专门性规定外的其他规定。

2.2.2 工程量清单的模式下造价的组成

在采用工程量清单计价模式下，建设工程造价由分部分项工程费、措施项目费、其他项目费、规费和税金组成，其中分部分项工程费由清单工程量与综合单价构成。

招标文件中的工程量清单标明的工程量是投标人投标报价的基础，其所列工程量是一个预计工程量，是各投标人进行报价的共同基础，另一方面也是对各投标人的投标报价进行评审的共同平台，不允许投标人随意改动。

措施项目清单计价应由投标人根据拟建工程的施工组织设计和可计算工程量的措施项目，按分部分项工程量清单的方式采用综合单价计价，其余的措施项目可以以“项”为单位进行计价，应包括除规费、税金外的全部费用。措施项目费用中的安全文明施工费以及规费与税金应按国家或省级、行业建设主管部门的规定计价，不得作为竞争性费用。

2.2.3 工程量清单的作用

工程量清单作为招标文件的组成部分，从工程招投标开始至竣工结算为止，是发包方和承包方进行经济核算、处理经济关系、进行工程管理等活动不可缺少的工程内容及数量依据。工程量清单的作用主要有如下几个方面。

（1）工程量清单为投标人的投标竞争提供了一个平等和共同的基础。

由于在招投标时，招标人要编制工程量清单，将要求投标人完成的工程项目及相应工程实体数量全部列出，同时为投标人提供拟建工程的基本内容、实体数量和质量要求等基础信息。工程量清单使所有参加投标的投标人均是在拟完成相同的工程项目、相同的工程实体数量和质量要求的条件下进行公平竞争，每一个投标人所掌握的信息和受到的待遇都是客观、公正和公平的。

（2）工程量清单是工程付款和结算的依据。

在工程施工阶段，发包人根据承包人是否完成工程量清单规定的内容以及投标时在工程量清单中所报的单价作为支付工程款和进行结算的依据。工程结算时，发包人按照工程量清单加价表中的序号对已实施的分部分项工程或计价项目，按合同单价和相关的合同条款计算应支付给承包人的工程款项。

（3）工程量清单是调整工程量、进行工程索赔的依据。

在发生工程变更、索赔和增加新的工程项目等情况时，可以选用或者参照工程量清单中的分部分项工程或计价项目与合同单价来确定变更或索赔项目的单价和相关费用。

2.2.4　工程清单的编制

工程量清单应当由具有编制招标文件能力的招标人，或其授权委托具有相应资质的服务机构进行编制。工程量清单作为招标文件的重要组成部分，由分部分项工程量清单、措施项目清单、其他项目清单（计日工、暂列金额、总包服务费）等组成。

1. 分部分项工程量清单

分部分项工程量清单是不可调整的闭口清单，投标人对招标文件提供的分部分项工程量清单不可随便做任何更改，分部分项工程量清单由项目编码、项目名称、项目特征、计量单位、工程量等几部分组成。

（1）项目编码。分部分项工程量清单项目编码以五级编码设置，用十二位阿拉伯数字表示。一、二、三、四级编码为全国统一编码，第五级编码由工程量清单编制者根据所编制的工程清单项目特征而分别编制。各级编码代表含义如下。

①第一级表示分类码（分两位），即建筑工程 01、装饰工程 02、安装工程 03、市政工程 04 等。

②第二级表示章顺序码（分两位）。

③第三级表示节顺序码（分两位）。

④第四级表示清单项目码（分三位）。

⑤第五级表示具体清单项目编码（分三位）。

例如：03 为安装工程，04 表示第四章电气设备安装，08 表示电缆安装，001 表示电力电缆，故而 030408001 为电力电缆安装清单子目。

（2）项目名称。分部分项工程名称一般以工程实体而命名，项目名称如有缺项，招标人可按相应原则进行补充，并报当地工程造价管理部门备案。

（3）项目特征。项目特征是对项目准确描述，是影响价格的因素和设置具体清单项目的依据。项目特征按不同的工程部位、施工工艺或材料品牌、品种、规格等分别列项，凡项目特征中未描述到的独有特征，由清单编制人视项目具体情况确定，以准确描述清单项目为准。

（4）计量单位。采用各附录中规定的计量单位，计价规范中计量单位均为基本计量单位，不得使用不一致的单位。

（5）工程量。工程量的计算应按照计价规范的相关规定统一计算。

（6）分部分项工程量清单的编制程序。

在进行分部分项工程量清单编制时，其编制程序如图 2-1 所示。

2. 措施项目清单

措施项目清单是表明为完成分项实体工程而必须采取的一些措施性工作的清单表。措施项目清单为可调整清单，投标人对招标文件中所列项目可根据企业自身情况做适当的调整。

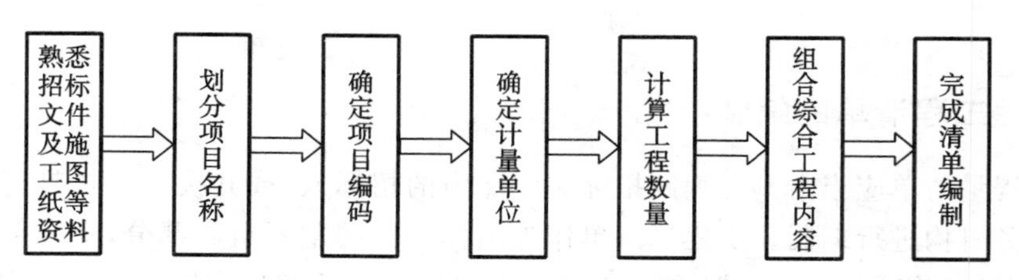

图 2-1　分部分项工程量清单的编制程序

（1）措施项目清单应根据拟建工程的具体情况参照表 2-5 列项。

（2）编制措施项目清单时，表 2-5 的项目为应列项目，编制人可以自行补充。

表 2-5　措施项目一览表

序号	项目名称	发生情况说明
1	环境保护	一般情况均可发生
2	文明施工	一般情况均可发生
3	安全施工	一般情况均可发生
4	临时设施	一般情况均可发生
5	夜间施工	夜间施工时发生
6	二次搬运	场地狭小时发生
7	大型机械进出场及安拆	机械挖土、吊装、打桩、碾压及其他需要大型机械施工的工程发生
8	混凝土及钢筋混凝土模板及支架	混凝土及钢筋混凝土（含现浇、现场预制）及其他需要支架、模板的工程发生
9	脚手架	除个别工程外，一般均可发生
10	已完工程及设备保护	需要进行成品保护的项目发生
11	施工排水	在地下水位较高的场地上施工的深基础发生

3．其他项目清单

其他项目清单的内容由招标人和投标人部分组成。

（1）招标人部分（不可竞争性）包括预留金、材料购置费两项。预留金是主要考虑可能发生的工程量变更而预留的金额；材料购置费是指招标人自行采购的费用。

（2）投标人部分（可竞争费用）包括总包服务费、计日工、工程暂列金额及其他零星项目等费用，其中总包服务费是指为配合协调招标人进行的工程分包和材料采购所需的费用；零星工程项目费是指完成招标人提出的，不能以实物量计量的零星工作项目所需的费用。

（3）其他项目清单在编制时应根据国家或省级行业建设主管部门的相关规定计价，并结合投标人自身情况报价，将所得数据直接填入表格内。

2.2.5 工程量清单的计价方法

工程量清单计价的基本过程可以作如下描述：在统一的工程量清单项目设置基础上，制定统一的工程计算规则，根据具体工程的施工图纸计算出各个清单项目的工程量，再根据各类渠道获得的工程造价信息和经验数据计算得出工程造价。编制过程中可以分为工程量清单的编制和利用工程量清单投标报价两个阶段，投标报价是在业主提供的清单项目工程量和清单项目所含施工过程的基础上，根据企业自身的情况自主报价。

（1）分部分项工程费＝∑分部分项工程量清单项目工程量×清单项目综合单价，其中清单项目综合单价是由人工费、材料费、机械使用费、企业管理费、利润和风险费用组成。

（2）措施项目费＝∑措施项目工程量×措施项目综合单价，措施项目综合单价与分部分项工程量清单项目综合单价的组成相同。

（3）其他项目费＝招标人部分金额＋投标人部分金额，其中投标人部分的金额中应包括零星工作项目费。

【知识拓展】

工程量清单由封面、总说明、分部分项工程量清单、措施项目清单和其他项目清单组成。

各组成部分的内容可参照附表。

____________________工程

招标控制价

招标控制价（小写）：______________________________

（大写）：______________________________

招标人：____________________
（单位盖章）

工程造价咨询人：____________________
（单位资质专用章）

法定代表人
或其授权人：____________________
（签字或盖章）

法定代表人
或其授权人：____________________
（签字或盖章）

编制人：____________________
（造价人员签字盖专用章）

复核人：____________________
（造价工程师签字盖专用章）

总说明

工程名称：　　　　　　　　　　　　　　　　　　第　页共　页

分部分项工程量清单与计价表

工程名称：　　　　　　　　标段：　　　　　　　　第　页共　页

序号	项目编码	项目名称	项目特征描述	计量单位	工程量	金额(元)		
						综合单价	合价	其中：暂估价
本页小计								
合　计								

措施项目清单与计价表(一)

工程名称：　　　　　　　　　　标段：　　　　　　　　　　第　页共　页

序号	项目名称	计算基础	费率(%)	金额(元)
1	安全文明施工费			
2	夜间施工费			
3	二次搬运费			
4	冬、雨季施工增加费			
5	大型机械设备进出场及安拆费			
6	施工排水费			
7	施工降水费			
8	地上、地下设施和建筑物的临时保护设施费			
9	已完工程及设备保护费			
10	各专业工程的措施项目费			
11				
12				
合　计				

其他项目清单与计价汇总表

工程名称：　　　　　　　　　　标段：　　　　　　　　　　第　页共　页

序号	项目名称	计量单位	暂定金额(元)	备注
1	暂列金额			
2	暂估价			
2.1	材料暂估价		—	
2.2	专业工程暂估价			
3	计日工			
4	总承包服务费			
5				
合　计				—

暂列金额明细表

工程名称：　　　　　　　　　　　　标段：　　　　　　　　　　　　第　页共　页

序号	项目名称	计量单位	暂定金额(元)	备注
1				
2				
3				
4				
5				
6				
7				
8				
9				
10				
11				
合　计				—

专业工程暂估价表

工程名称：　　　　　　　　　　　　标段：　　　　　　　　　　　　第　页共　页

序号	工程名称	工程内容	金额(元)	备注
合　计				—

计日工表

工程名称：　　　　　　　　　　标段：　　　　　　　　　　第　页共　页

编号	项目名称	单位	暂定数量	综合单价	合价
一	人工				
1					
2					
3					
4					
人工小计					
二	材料				
1					
2					
3					
4					
5					
6					
材料小计					
三	施工机械				
1					
2					
3					
4					
施工机械小计					
合　计					

总承包服务费计价表

工程名称：　　　　　　　　　　标段：　　　　　　　　　　第　页共　页

序号	工程名称	项目价值(元)	服务内容	费率(%)	金额(元)
1	发包人发包专业工程				
2	发包人供应材料				
合　计					

2.3 其他计价依据

2.3.1 市场参考信息价

构成建设工程投资的要素(包括人工费、材料费、机械费等)的价格由市场价格形成,是影响建设工程投资的关键因素。建设工程投资采用的基本子项所需资源的价格来自市场,随着市场的变化,要素价格亦随之发生变化。因此,建设工程投资必须随时掌握市场价格信息和了解市场价格行情,熟悉市场上各类资源的供求变化及价格动态,这样得到的建设工程投资情况才能反映市场需求和工程建造所需的真实性费用。

2.3.2 工程技术文件

工程技术文件是反映建设工程项目的规模、内容、标准、功能等的文件,只有依据工程技术文件,才能对工程的分部分项即工程结构作出分解,得到计算的基本子项;只有依据工程技术文件及其反映的工程内容和尺寸,才能测算或计算出工程实物量,得到分部分项工程的实物数量。因此,工程技术文件是建设工程投资确定的重要依据。在工程建设的不同阶段所产生的工程技术文件是不同的。

(1) 在项目决策阶段(包括项目意向、项目建议书、可行性研究报告等阶段),工程技术文件表现为项目策划文件、功能描述书、项目建议书或可行性研究报告等。在此阶段的投资估算主要就是依据上述的工程技术文件进行编制。

(2) 在初步设计阶段,工程技术文件主要表现为初步设计所产生的初步设计图纸及有关设计资料。设计概算的编制主要是以初步设计图纸等有关设计资料作为依据。

(3) 在施工图设计阶段,随着工程设计的深入,工程技术文件又表现为施工图设计资料,包括建筑施工图纸、结构施工图纸、设备施工图纸、其他施工图纸和设计资料。施工图预算的编制必须以施工图纸等有关工程技术文件为依据。

(4) 在工程招标阶段,工程技术文件主要是以招标文件、建设单位的特殊要求、相应的工程设计文件等来体现。

工程建设各个阶段对应的建设工程投资的差异是由于人们的认识不能超越客观条件而造成的。在建设前期工作中,特别是项目决策阶段,人们对拟建项目的策划难以详尽、具体,因而对建设工程投资的确定也不可能很精准,随着工程建设各个阶段工作的深化且愈接近后期时,掌握的资料就越充分,人们对工程建设的认识程度就会越来越接近实体工程,建设工程投资的确定就愈加接近实际的投资。由此可见,影响建设项目投资的准确性和成本核算的准确性的因素之一就是工程技术文件的合理性、准确性和可靠性。如果工程技术文件出现了重大的偏离,将会导致建设项目投资的偏离。

2.3.3　企业定额编制

企业定额是指企业根据自身的施工技术和管理水平，以及有关工程造价资料制定的并供本企业使用的人工、材料和机械台班消耗量标准。企业定额只在企业内部使用，是企业素质的一个标志。企业定额水平一般应高于国家现行定额，才能满足生产技术发展、企业管理和市场竞争的需要。

2.3.4　其他依据

按照国家对建设工程费用计算的有关规定和国家税法规定须计取的相关税费等构成了建设工程造价确定的依据。

【知识拓展】

《建设工程工程量清单计价规范》中最能表现“竞争性”的内容是措施项目。措施项目是企业根据自身的情况进行投标报价的，这一部分也是企业竞争的空间，投标人要想提升自己的竞争能力，就要对该部分内容精心编制施工组织设计、优化施工方案，而规费、税金属于不可竞争费用，不可进行让利。

【本章小结】

本章重点介绍建设工程造价编制的依据，包含定额计价、工程量清单计价、要素市场价格信息、工程技术文件等相关内容。在这些内容中，需要了解和掌握工程量清单计价模式与定额计价模式两种不同计价模式的概念与作用。这些内容构成了建设工程造价的依据，也为不同阶段的计价提供了重要的参考依据。

第3章　建设工程施工阶段造价控制

【学习目标】

了解施工阶段的特点，掌握合同变更及合同价款调整以及工程索赔及建设工程价款结算。

【学习要求】

能力目标	知识点梳理与归纳
了解施工阶段工程造价控制的基本内容	建设工程施工阶段工作特点
掌握合同变更及合同价款调整	工程变更及合同价款调整
掌握工程索赔	工程索赔的分类及内容
掌握建设工程价款结算	建设工程价款结算的方式和方法

3.1　施工阶段造价控制概述

前述章节详细介绍了决策阶段、设计阶段和招投标阶段的相关知识，分别对应于建设工程决策阶段的投资估算、设计阶段的投资概算和招投标阶段的施工图预算。由于工程项目管理是在不成熟的市场竞争下进行的，因此建设工程施工阶段的工程管理就显得尤为重要，本章将重点对工程施工阶段的造价管理进行详细的介绍。

3.1.1　建设工程施工阶段工作特点

(1) 施工阶段是以执行计划为主的阶段。进入施工阶段后，建设工程目标规划和计划的制定工作已基本完成，余下的主要工作是伴随着控制而进行的计划调整和完善。

(2) 施工阶段是实现建设工程价值和使用价值的主要阶段。建设工程的价值主要是在施工过程中形成的，包括转移价值和活劳动价值或新增价值。施工是根据设计图纸和有关设计文件的规定，将施工对象由设想转变为实际的、可供使用的建设工程的物质生产活动，是形成建设工程实体和实现建设工程使用价值的过程。

(3) 施工阶段是资金投入量最大的阶段。建设工程价值的形成过程，也是其资金不断投入的过程。虽然施工阶段影响投资的程度只有10%左右，但在保证施工质量、保证实现设计所规定的功能和使用价值的前提下，仍然存在通过优化的施工方案来降低物化劳动和活劳动消耗，从而降低建设工程投资的可能性。

(4) 施工质量对建设工程总体质量起保证作用。设计质量能否真正实现，或其实现程度如何，取决于施工质量的好坏。施工质量不仅对设计质量的实现起到保证作用，也对整个建设工程的总体质量起到保证作用。

(5) 施工阶段工程信息内容广泛、时间性强、数量大，需要协调的内容也较多。在施工阶段，工程状态时时刻刻都在发生变化，各种工程信息和外部环境信息数量大、类型多、周期短、内容杂。因此在施工过程中，存在伴随着控制而进行的计划调整和完善，但尽量以执行计划为主，不要因更改计划而造成索赔。

(6) 施工阶段存在着众多影响目标实现的因素。在施工阶段往往会遇到众多因素的干扰，而影响目标的实现，其中以人员、材料、设备、机械与机具、设计方案、工作方法和工作环境等方面的因素较为突出。面对众多因素干扰，要做好风险管理，减少风险的发生。

3.1.2　施工阶段工程造价控制的任务

施工阶段工期长、资金投入大、资源消耗多、不可预见因素多。在较长的施工期内，外界情况和市场瞬息万变，随时都会影响到工程造价。同时，工期和质量也是影响工程造价的必然因素。三者互相制约、互相影响、互相补充，而又形成统一的有机整体。所以，控制工程造价必须同时控制工程建设的工期和质量，以构成一个目标系统。

(1) 组织措施。设置专门的目标控制管理机构和选配专职人员，制定目标控制的工作制度，明确各层次目标控制人员的职权、任务和管理职责；制定工作考核标准，力求使之一体化运行；充实控制机构，挑选与其工作相称的管理人员；建立激励机制，调动员工们实现目标的积极性、创造性，加强团队建设，并组织人员培训等。只有采取适当的组织措施，保证目标控制的组织工作明确、完善，才能使目标控制取得良好的效果。

(2) 技术措施。项目目标的有效控制在很大程度上要通过技术来解决问题。实施有效技术控制的主要措施有如下几方面：①对多个可能的主要技术方案进行技术可行性分析；②审核、比较各种技术数据；③确定设计方案的评审原则；④通过科学试验确定新材料、新工艺、新设备、新结构的适用性；⑤对各投标文件中的主要技术方案做必要的评比论证；⑥审查施工组织设计；⑦在整个项目实施阶段寻求节约投资、保障工期和质量的技术措施等。

(3) 经济措施。经济措施是实现项目目标的资金保证措施。为了实现目标，监督管理人员要深入实际，跟踪检查，收集、加工、整理工程经济信息和数据。要对各种实现目标的计划进行资源、经济、财务诸多方面的可行性分析，并对经常出现的各种设计变更和其他工程变更方案进行经济分析，力求减少对计划目标实现的影响。与此同时，也要对工程概、预算进行审核，编制资金使用计划，对工程付款进行核查等。在项目控制过程中忽略了经济措施，不但会使工程造价目标难以实现，而且会影响到工程质量和进度目标的实现。

(4) 合同措施。参加工程建设的设计单位、工程承建单位和材料、设备供应单位分别与业主签订设计合同、施工合同和供销合同，与业主构成了承发包关系。承包设计的单位要保证项目设计工期和项目设计的安全可靠性，提高项目的适用性和经济性。承包施工的单位要在规定的工期、造价范围内保质保量完成建设施工任务。而承包材料和设备供应的单位则要保证按照规格、型号，保质保量按时供应材料和设备。为了对这些建设工程合同进行科学管理，实现对工程项目目标的有效控制，业主应委托专业化、社会化的项目管理单位，在业主授权范围内对建设合同的履行实施监督管理。一切工作都应围绕对目标有效控制展开。项目管理单位应参加承发包方式和合同结构的确定、拟订合同条款、参加合同谈判、处理合同执行过程中的问题、做好合理规避索赔和处理索赔工作、做好参建各方的协调工作、根据合同做好对承包商申报文件的审批工作等各项造价管理活动。

【知识拓展】

工程造价由根据《建设工程工程量清单计价规范》确定的造价和工程单价的计价构成主要内容，计算公式如下。

工程造价＝分部分项工程量清单总价＋措施项目清单总价＋其他项目清单总价＋规费＋税金

综合单价＝人工费＋材料费＋机械费＋管理费＋利润＋风险费用

3.2 工程变更及合同调整

3.2.1 工程变更概述

在工程项目的实施过程中，由于种种原因，常常会出现设计、工程量、计划进度、使用材料等方面的变化，这些变化统称工程变更，包括设计变更、进度计划变更、施工条件变更以及原招标文件和工程量清单中未包括的“新增工程”。通常来讲，工程变更分为两类，即设计变更和其他变更。

(1) 设计变更。

设计变更是指设计单位依据建设、施工单位要求或设计单位发现设计错误时对原设计做出的调整，包括对原设计内容进行修改、完善、优化。设计变更应以图纸或设计变更通知单的形式发出。

改变有关工程的施工时间和顺序属于设计变更。变更有关工程价款的报告应由承包人提出。承包人在施工过程中更改施工组织设计的，应经业主和监理方同意。

（2）其他变更。

合同履行中发包人要求变更工程质量标准及发生其他实质性变更，应由双方协商解决。

3.2.2　工程变更处理要求

（1）如果出现必须变更的情况，应当尽快变更。如果变更不可避免，不论是停止施工等待变更指令还是继续施工，无疑都会增加损失。

（2）工程变更后，应尽快落实变更。工程变更指令发出后，应当迅速落实指令，全面修改相关的各种文件。承包人也应当抓紧落实，如果承包人不能全面落实变更指令，则扩大的损失应当由承包人承担。

（3）对工程变更的影响应当进一步分析。工程变更的影响往往是多方面的，影响持续的时间往往较长，对此应当有充分的分析。

3.2.3　工程变更处理程序

1. 设计变更的处理程序

从合同的角度看，不论因为什么原因导致的设计变更，必须首先由一方提出，因此可以分为发包人原因对原设计进行变更和承包人原因对原设计进行变更两种情况。

（1）发包人原因对原设计进行变更。施工过程发包人如果需要对原设计进行变更，应不迟于变更前 14 天以书面形式向承包人发出变更通知，承包人对于发包人的变更通知没有拒绝的权利，这是合同赋予发包人的一项权利。因为发包人是工程的出资人、所有人和管理者，对将来工程的运行承担主要责任，只有赋予发包人这样的权利才能减少更大的损失。如果变更超过原设计标准或者批准的建筑规模，须经原规划管理部门和相关部门进行重新审批，并提出说明，附原设计单位提供的变更的相应图纸。

（2）承包人原因对原设计进行变更。承包人应严格按照施工图纸，不得随意变更设计。施工中，承包人提出的合理化建议涉及对设计图纸或者施工组织设计的更改及对原材料、设备的更换需经过工程师的同意。工程师同意变更后，并由原设计单位提供变更的相应图纸和说明，变更超过原设计标准或者批准的建设规模时，还需要经过原规划管理部门及其他相关部门的重新审查和批准。承包人未经工程师同意擅自更改或换用时，由承包人承担由此发生的费用并赔偿发包人的有关损失，延误的工期不得顺延。

（3）设计变更事项中能够构成设计变更的事项包括以下变更范围。

①更改有关部分的标高、基线、位置和尺寸。

②增减合同约定的工程量。

③改变有关工程的施工时间和顺序。

④其他有关工程变更需要的附加工作。

2. 其他变更的处理程序

从合同角度看，除设计变更外，其他能够导致合同内容变更的都属于其他变更，如双方对工程质量要求的变化（涉及强制性标准变化）、双方对工期要求的变化、施工条件和环境变化导致的施工机械和材料变化等。这些变更首先应当由一方提出，与对方协商一致并签署补充协议后，方可进行变更，其处理程序与设计变更的处理程序相同。

3.2.4 工程变更价款的确定

1. 工程变更价款的确定程序

承包人在设计变更确定后 14 天内应提出变更工程价款的报告，经工程师确认后调整合同价款。工程师无正当理由不确认的，自变更价款报告送达之日起 14 天后变更工程价款报告自行生效。双方对变更价款的确定产生矛盾，按合同约定的方法处理。

2. 工程变更价款的确定方法

我国现行工程变更价款的确定方法按以下说明进行。

(1)《建设工程施工合同（示范文本）》约定的工程变更价款的确定方法如下：

①合同中已有适用于变更工程的价格，按合同已有的价格变更合同价款；

②合同中只有类似于变更工程的价格，可以参照类似价格变更合同价款；

③合同中没有适用或类似于变更工程的价格，由承包人提出适当的变更价格，经工程师确认后执行。

(2) 采用合同中工程量清单的单价和价格。合同中工程量清单的单价和价格由承包商投标时提供，用于变更工程时容易被业主、承包商及监理工程师所接受，从合同意义上讲也是比较公平的。

采用合同中工程量清单的单价或价格分为直接套用、间接套用、部分套用三种情况。

(3)协商单价和价格。协商单价和价格是基于合同中没有或者有但不合适的情况而采取的一种方法。

【知识拓展】

工程变更处理的主要事项包括以下三点。

1. 变更工作在工程量表中有同种工作内容的单价，应以该费率计算变更工程费用。

2. 工程量中虽然列有同类工作的单价或价格，但对具体变更工作而言已不适用，则应在原单价和价格的基础上制定合理的新单价或价格。

3. 变更的工作内容在工程量表中没有同类工作的费率和价格，应按照与合同单价水平相一致的原则确定新的费率或价格。

3.3　工程索赔

3.3.1　工程索赔的概念

工程索赔是指在合同履行过程中，对于并非自己的过错，而是应由对方承担责任的情况造成的实际损失，向对方提出经济补偿和(或)时间补偿的要求。索赔是工程承包中经常发生的正常现象。由于施工现场条件、气候条件，施工进度、物价的变化，以及合同条款、规范、标准文件和施工图纸的变更、差异、延误等因素的影响，使得工程承包中不可避免地出现索赔。

索赔涵盖内容较为广泛，可以概括为以下三个方面。

(1) 一方违约使另一方蒙受损失，受损方向对方提出赔偿损失的要求。

(2) 发生应由业主承担责任的特殊风险或遇到不利自然条件等情况，使承包商蒙受较大损失而向业主提出补偿损失的要求。

(3) 承包商本人应获得正当利益，由于没能及时得到监理工程师的确认和业主应给予的支付而以正式函件向业主索赔。

3.3.2　工程索赔产生的原因

(1) 当事人违约。

当事人违约常常表现为没有按合同约定履行自己的义务。发包人违约常常表现为没有为承包人提供合同约定的施工条件、未按照合同约定的期限和数额付款等。工程师未能按照合同约定完成工作，如未能及时发出图纸、指令等也视为发包人违约。承包人违约的情况则主要是没有按照合同约定的质量、期限完成施工，或者由于不当行为给发包人造成其他损害。

(2) 不可抗力。

不可抗力可以是自然原因(如地震、水灾、旱灾等)酿成的，也可以是人为或社会因素(如战争、政府禁令、罢工等)引起的。不可抗力所造成的是一种法律事实。不可抗力事故发生后，可能会导致原有经济法律关系的变更、消灭，如必须变更或解除经济合同，也可能导致新的经济法律关系的产生，如财产投保人在遇到因不可抗力所受到的在保险范围内的财产损失时，与保险公司之间产生出赔偿关系。当不可抗力事故发生后，遭遇事故一方应采取一切措施，使损失减少到最低限度。

(3) 合同缺陷。

合同缺陷是指合同文件规定的不严谨甚至矛盾及合同中的遗漏或错误，包括商务条款中的缺陷和技术规程以及图纸中的缺陷。

(4) 合同变更。

合同变更指有效成立的合同在尚未履行或未履行完毕之前，由于一定法律事实的出现而使合同内容发生改变。

(5) 工程师指令。

有时工程师指令也会产生索赔，主要表现为工程师指令承包方加速施工、进行某项工作、更换某些材料、采取某些措施等方面。

(6) 其他第三方原因。

其他第三方原因常常表现为与工程有关的第三方的问题而引起的对工程的不利影响。

3.3.3 工程索赔的内容与分类

(1) 工程索赔的内容。

工程索赔包括经济索赔和工期索赔(即要求对方偿付一定的费用或要求业主允许延长原合同期限，作为非承包商原因造成工期延误的补偿)。而在实际工程中，往往同一索赔事项既有经济索赔又有工期索赔。

(2) 工程索赔的分类。

①按涉及的当事双方分为承包商与业主间的索赔、承包商与分包商间的索赔、承包商与供应商间的索赔。

②按索赔依据分为合同规定内的索赔、非合同规定的索赔、道义索赔。

③按索赔处理方法和处理时间不同分为单项索赔、综合索赔(又称总索赔、一揽子索赔)。

索赔应提出正式的书面报告，内容力求确凿，简明扼要，证据充分，以获得应有的索赔款项。

3.3.4 工程索赔的条件和程序

《建设工程工程量清单计价规范》GB 50500—2013 对索赔涉及事项作了详细的补充，规定更加明确具体，更具操作性。

(1) 工程索赔的条件。

索赔成立的条件包含以下三个:一是正当的索赔理由；二是有效的索赔证据；三是在合同约定的时间内提出。具有正当的索赔理由是任何索赔事件成立的前提条件。对正当索赔理由的说明必须有证据，没有证据或证据不足，索赔是难以成功的。所以索赔证据要真实、全面、关联、及时并具有法律证明效力。

(2) 承包人索赔的程序。

①承包人在合同约定的时间内向发包人递交费用索赔意向通知书。

②发包人指定专人收集与索赔有关的资料。

③承包人在合同约定的时间内向发包人递交费用索赔申请表。

④发包人指定专人初步审查费用索赔申请表，认为索赔理由正当，索赔证据充分真实、全面、有说服力时予以受理。

⑤发包人指定专人进行费用索赔核对，经造价工程师复核索赔金额后，与承包人协商确定并由发包人批准。

⑥发包人指定专人应在合同约定的时间内签署费用索赔审批表或发出要求承包人提交有关索赔的进一步详细资料的通知，待收到详细资料后，重新按④、⑤条执行。发包人在收到最终索赔报告后在合同约定时间内未向承包人作出答复的，视为该项索赔已被认可。

⑦承包人应发包人要求完成合同以外的零星工作或非承包人责任事件发生时，承包人应按合同约定及时向发包人提出现场签证。

⑧发、承包人双方确认的索赔与现场签证费用和工程进度款同期支付。

3.3.5　工程索赔的处理原则和计算

1. 工程索赔的处理原则

（1）工程索赔必须以合同为依据。遇到索赔事件时，监理工程师应以完全独立的身份，站在客观公正的立场上，以合同为依据审查索赔要求的合理性、索赔价款的正确性。另外，承包商也只有以合同为依据提出索赔时，才容易索赔成功。

（2）及时、合理处理索赔。如承包方的合理索赔要求长时间得不到解决，积累下来可能会影响其资金周转，从而影响工程进度。此外，索赔初期可能只是普通的信件来往的单项索赔，拖到后期可能会演变成综合索赔，将使索赔问题复杂化（如涉及利息、预期利润补偿、工程结算及责任的划分、质量的处理等），大大增加处理索赔的难度。

（3）必须注意资料的积累。积累一切可能涉及索赔论证的资料，技术问题、进度问题和其他重大问题的会议应做好文字记录，并争取会议参加者签字，作为正式文档资料。同时应建立严密的工程日志，建立业务往来文件编号档案等制度，做到处理索赔时以事实和数据为依据。

（4）加强索赔的前瞻性，有效避免过多的索赔事件的发生。监理工程师应对可能引起的索赔有所预测，及时采取补救措施，避免过多索赔事件的发生。

2. 索赔计算

（1）可索赔的费用内容一般包括以下几个方面。

①人工费。包括增加工作内容的人工费、停工损失费和工作效率降低的损失费等累计费用，但不能简单地用计日工费计算。

②设备费。包括机械台班费、机械折旧费、设备租赁费等几种形式。

③材料费。

④保函手续费。工程延期时，保函手续费相应增加。反之，取消部分工程且发包人与承包人达成提前竣工协议时，承包人的保函金额相应折减，则计入合同价内的保函手续费也应扣减。

⑤贷款利息。

⑥保险费。

⑦利润。

⑧管理费。管理费又可分为现场管理费和公司管理费两部分，由于二者的计算方法不一样，所以在审核过程中应区别对待。

（2）索赔费用的计算方法主要有以下几种。

①实际费用法。该方法是按照单项索赔事件所引起损失的费用项目分别分析计算索赔值，然后将各费用项目的索赔值汇总，即可得到总索赔费用值。这种方法以承包商为某项索赔工作所支付的实际开支为依据，但仅限于由于索赔事项引起的、超过原计划的费用，故也称额外成本法。需要注意的是，在运用实际费用法计算时不要遗漏费用项目。

②修正的总费用法。该方法是对总费用法的改进，即在总费用计算的原则上，去掉一些不确定的可能因素，对总费用法进行相应的修改和调整，使其更加合理。其具体做法如下。

a. 将计算索赔额的时段局限于受到外界影响的时间，而不是整个施工期。

b. 只计算受影响时段内某项工作所受影响的损失，而不是计算该时段内所有施工所受的损失。

c. 与该项工作无关的费用不列入总费用中。

d. 对投标报价费用重新进行核算，按受影响时段内该项工作的实际单价进行核算，乘以实际完成的该项工作的工程量，得出调整后的报价费用。修正的总费用法的计算公式如下：索赔金额＝某项工作调整后的实际总费用－该项工作的报价费用。

（3）工期索赔的计算。

工期索赔的计算主要有网络图分析和比例计算法两种。

①网络分析法是利用进度计划的网络图，分析其关键线路。如果延误的工作为关键工作，则总延误的时间为批准顺延的工期；如果延误的工作为非关键工作，当该工作由于延误超过时差限制而成为关键工作时，可以批准延误时间与时差的差值；若该工作延误后仍为非关键工作，则不存在工期索赔问题。

②比例计算法的公式如下。

a. 对于已知部分工程的延期的时间：

工期索赔值＝受干扰部分工程的合同价/原合同总价×该受干扰部分工期拖延时间

b. 对于已知额外增加工程量的价格：

工期索赔值＝额外增加工程量的价格/原合同总价×原合同总工期

比例计算法简单方便，但有时不尽符合实际情况，并且不适用于变更施工顺序、加速施工、删减工程量等事件的索赔。

3.3.6 共同延误的处理

在实际施工过程中，工期拖延很少是只由一方造成的，往往是两三种甚至更多的原因同时发生(或者相互作用)而形成的,故称为共同延误。在这种情况下,应遵循以下原则进行处理。

(1) 首先应判断造成工期拖延的哪一种原因是最先发生的,即确定初始延误者,它应对工期拖延负责,在初始延误发生作用期间,其他并发的延误者不承担延期责任。

(2) 如果初始延误者是发包人原因,则在发包人原因造成的延误期内,承包人既可得到工期延长,又可得到经济补偿。

(3) 如果初始延误者是客观原因,则在客观因素发生影响的延误期内,承包人可以得到工期延长,但是很难得到费用补偿。

(4) 如果初始延误者是承包人原因,则在承包人原因造成的延误期内,承包人既不能得到工期延长,也不能得到费用补偿。

3.3.7　索赔报告的内容和编写内容的一般要求

(1) 索赔报告内容。

完整的索赔报告应包括以下四个部分。

①总论部分。一般包括序言、索赔事项概述、具体索赔要求、索赔报告编写及审核人员名单。

②根据部分。主要说明自己具有的索赔权利,施工单位应引用合同中的具体条款,说明自己理应获得经济补偿或工期延长。

③计算部分。以具体的计算方法和计算过程,说明自己应得经济补偿的款额或延长时间。

④证据部分。包括该索赔事件所涉及的一切证据资料,以及对这些证据的说明。

(2) 编写索赔报告的一般要求。

索赔报告是具有法律效力的正规的书面文件。重大的索赔,最好在律师或索赔专家的指导下进行。索赔报告的一般要求有以下几方面。

①索赔事件应该真实。索赔报告中所提出的干扰事件,必须有可靠的证据或证明。对索赔事件的叙述,必须明确、肯定,不包含任何估计的猜测。

②责任分析应清楚、准确、有根据。索赔报告应仔细分析事件的责任,明确指出索赔所依据的合同条款或法律条文,且说明施工单位的索赔是完全按照合同规定程序进行的。

③充分论证事件造成施工单位的实际损失。应强调由于事件影响,施工单位在实施工程中所受到干扰的严重程度,导致工期拖延、费用增加,并充分论证事件影响与实际损失之间的直接因果关系。报告中还应说明施工单位为了避免和减轻事件影响和损失已尽了最大的努力,采取了所能采用的全部措施。

④索赔计算必须合理、正确。要采用合理的计算方法和数据,正确地计算出应取得的经济补偿款额或工期延长。

【知识拓展】

施工索赔须注意以下事项。

1. 索赔时效。索赔事件发生后，承包人必须在合同约定的时间内提出索赔。

2. 承包人必须按照合同约定的程序进行，否则可能会丧失索赔利益的实现。

3. 施工索赔实现的关键是承包人提供的证据确实充分。

4. 施工索赔是单方主张权利要求，经对方签字确认后即成为工程签证，在双方未能协商一致的情况下，通过诉讼是施工索赔最后的救济手段。

3.4 建设工程价款结算

工程价款结算主要是依托合同，承包人在签订合同时对于工程价款的约定可以选用固定总价、固定单价、可调价格等几种约定方式。实际建设工程中，通常采用固定总价合同。在按合同约定办理工程价款结算时，若合同内涉及未约定的或约定不明确的条款，发、承包双方应依照规定文件协商处理。协商时主要依据包括：国家有关法律、法规和规章制度及相关司法解释；国务院建设行政主管部门及各省、自治区、直辖市和相关部门发布的工程计价标准、计价标准（即定额）、有关规定及相关解释；建设项目合同、补充协议、变更签证和现场签证，以及经发、承包人认可的其他有效文件；其他可依据的材料、文件。

3.4.1 工程价款的主要结算方式与结算程序

1. 工程价款的结算方式

目前我国对于工程价款的结算有按月结算、竣工一次结算、分段结算、目标结款、双方约定结算等方式。

(1) 按月结算。

按月结算即指先预付部分工程款，施工中按月支付进度款，竣工后清算的办法。合同工期在两个年度以上的工程，在年终进行工程盘点，办理年度结算。如有些发包商与承包商协商后进行约定形成合同主要条款，本月××日提交形象进度完成资料，次月××日支付上月进度款。

按月结算的工程合同应分期确认合同价款收入的实现，即各月份末期与发包单位进行已完工程价款结算时，确认承包合同已完工部分的工程收入实现，本期收入额为月终结算的已完工程价款金额。

(2) 竣工一次结算。

建设项目或单项工程全部建筑安装工程建设期在12个月内，或者工程承包合同价值在100万以下的，可以实行工程价款每月月中预支，竣工后一次结算的办法。实行合同完成后一次结算工程价款办法的工程合同，应于合同完成、承包商与发包单位进行工程合同价款计算时，确认为收入实现，实现的收入额为承发包双方结算的合同价款总额。

（3）分段结算。

分段结算即当年开工、当年不能竣工的单项工程或单位工程，按照工程形象进度划分不同阶段进行结算。分段的划分标准由各部门或省、自治区、直辖市规定，分段结算可以按月预支工程款。实行按工程形象进度划分不同阶段，分段结算工程价款办法的工程合同应按合同规定的形象进度或工程阶段，分次确认已完阶段工程收入实现。

分段结算由于不受月度限制，常运用于中小型工程的价款结算中。结算比例一般如下：工程开工后，按工程合同造价拨付30%～50%；工程基础完工后，拨付20%；工程主体完工后拨付25%～45%；工程竣工验收后，拨付5%。实行竣工后一次结算和分段结算的工程，当年结算的工程款应与分年度完成工程量一致，年终不另清算。

（4）目标结款。

目标结款是在工程合同中，将承包工程的内容分解成不同的控制界面，以业主验收控制界面为支付工程价款的前提条件。具体而言，是将合同中的工程内容分解成为不同的验收单元，当承包商完成单元工程内容并经业主（或其委托人）验收后，业主支付构成单元工程内容的工程价款。

目标结款方式下，承包商要想尽早获得工程价款，必须按照合同约定的质量标准，完成验收控制界面内的工程内容，同时，必须充分发挥自己的组织实施能力，在保证质量的前提下，加快施工进度。这意味着承包商拖延工期时，业主推迟付款，将增加承包商的财务费用和运营成本，并降低承包商的收益，客观上使承包商因延迟工期而遭受损失。同样，当承包商积极组织施工，提前完成控制界面内的工程内容，则承包商可提前获得工程价款，增加承包收益，客观上承包商因提前工期而增加了有效利润。但若承包商在控制界面内质量达不到合同约定的标准而业主不预收，承包商也会因此而遭受损失。目标结款方式实质上是运用合同手段、财务手段，对工程的完成进行主动控制。目标结款方式中，对控制界面的设定应明确描述，便于量化和质量控制，同时要适应项目资金的供应周期和支付频率。

（5）双方约定结算。

双方约定结算是承、发包双方协商后约定支付方式、支付比例、支付时间、支付金额等重要信息并将其形成合同主要条款，根据约定进行支付。如固定总价合同，典型工程为EPC工程总承包。

2. 工程价款结算程序

（1）工程预付款的拨付与扣还。

工程预付款的拨付与扣还是指在承包合同或协议中应明确发包单位（甲方）在开工前拨付给承包单位（乙方）工程备料款的预付数额、预付时间，开工后扣还备料款的起扣点、逐次扣还的比例，以及办理的手续和方法。

按照我国有关规定，备料款的预付时间应不迟于约定的开工日期前7天。发包方不按约定预付的，承包方在约定预付时间7天后发包方发出要求预付的通知。发包方收到通知后仍不能按要求预付，承包方可在发出通知后7天停止施工，发包方应从约定应付之日起向承包方支付应付款的贷款利息，并承担违约责任。

①预付备料款的预收。

施工单位向建设单位预收备料款的数额取决于主要材料(包括外购构件)占合同造价的比重、材料储备期和施工工期等因素。预付备料款数额可按下式计算，即预付备料款＝出包工程年度建筑安装工作量×预付备料款额度。

【例3-1】 某住宅工程年度计划完成建筑安装工作量400万元，年度施工天数为390天，材料费占造价的比重为60%，材料储备期为130天，试确定该住宅工程备料款数额。

【解】 根据上述公式，工程备料款数额为

$$(400\times60\%\div390)\times130=80(万元)$$

一般情况下建筑工程的备料款不应超过当年建筑工作量(包括水、暖、电)的30%，安装工程的备料款不应超过年安装工作量的10%，材料比重较多的安装工程按年计划产值的15%左右拨付。

②工程备料款的扣还。

施工企业对工程备料款只有使用权，没有所有权。工程备料款是建设单位(业主)为保证施工生产顺利进行而预交给施工单位的一部分垫款。当施工到一定程度(工程备料款的起扣点)后，材料和构配件的储备量将减少，需要的工程备料款也随之减少，此后办理工程价款结算时，应开始扣还工程备料款。扣还的工程备料款以冲减工程结算价款的方法逐次抵扣，工程竣工时备料款全部扣完。

a. 确定工程备料款起扣点的原则：未完工程所需主要材料和构件的费用，等于工程备料款的数额。

b. 工程备料款的起扣点有以下两种表示方法。

工程备料款的起扣通常用累计方法完成建筑安装工作量的数额表示，也可以用累计完成建筑安装工作量与承包工程价款总额的百分比表示。

按累计工作量确定起扣点时，应以未完工程所需主材及结构构件的价值刚好和备料款相等为原则。工作备料款的起扣点可按下式计算。

$$T=P-M/N$$

式中：T——起扣点，即预付备料款开始扣回时的累计完成工作量(元)；

P——承包工程价款总额；

M——预付备料款限额；

N——主要材料所占比重。

【例3-2】 某工程合同造价为860万元，工程备料款为215万元，材料工程造价的比例为50%，工程备料款起点是累计完成工作量430万元，7月份累计完成工作量

510万元，当月完成工作量112万元，8月份累计完成工作量618万元。试计算7月份和8月份终结算时应抵扣备料款的数额（6月份未达起扣点）。

【解】 第一次扣还为7月份，应抵扣的数额为

$$(510-430)\times 50\%=40(\text{万元})$$

第二次扣还为8月份，应抵扣的数额为

$$(618-510)\times 50\%=54(\text{万元})$$

在实际经济活动中，有些工程工期较短，无需分期扣回。有些工程工期较长，如跨年度施工，在上一年预付备料款可以不扣或少扣，并于次年按应付备料款调整，多退少补。

（2）中间计价（工程进度款支付）。

①根据确定的工程计量结果，承包人向发包人提出支付工程进度款申请，14天内，发包人应按不低于工程价款的60%，不高于工程价款的90%向承包人支付工程进度款。按约定时间发包人应扣回的预付款，与工程进度款同期结算抵扣。

②发包人超过约定的支付时间不支付工程进度款，承包人应及时向发包人发出要求付款的通知。发包人收到承包人通知后仍不能按要求付款，可与承包人协商签订延期付款协议，经承包人同意后可延期支付，协议应明确延期支付的时间和从工程计量结果确认后第15天起计算应付款的利息（利率按同期银行贷款利率计）。

③发包人不按合同约定支付工程进度款，双方又未达成延期付款协议，导致施工无法进行，承包人可停止施工，由发包人承担违约责任。

④工程进度款按月进行结算，需要对现场已施工完毕的工程逐一进行清点，资料提出后要交监理工程师和建设单位审查签证，具体结算流程如图3-1所示。为简化手续，通常采用的办法是以承包商提出的统计进度报表为支取工程款的凭证，即通常所称的工程进度款。

图3-1 工程款结算流程

3. 构成建筑工程的其他费用

（1）无负荷联合试运转费。

无负荷联合试运转费是指生产性建设项目按照设计要求完成全部设备安装工程之后，在验收之前所进行的无负荷（不投料）联合试运转所发生的费用。该项费用按设备安装工程人工费的6%计算。

（2）总包服务费。

总包服务费是指在实行总分包的工程中，总包单位与专业分包单位在同一施工现场同时施工时，总包单位向专业分包单位提供服务并收取的服务费。专业承包单位向总包单位或建设单位分包专业工程施工任务并享受总包服务后，应向总包单位缴纳总包服务费。

①总包服务费的内容。

a. 配合分包单位施工的非生产人员(包括医务人员、安保人员、炊事员等)工资。

b. 现场生产、生活用水、电费,水电设施、管线敷设摊销费(不包括施工现场制作的非标准设施、钢结构用电)。

c. 共用脚手架搭拆、摊销费(不包括为分包单位单独搭设脚手架所产生的费用)。

d. 共用垂直运输设备(包括人员升降设备)、加压设备的使用、折旧、维修费。

②总包服务费的计算方法。

a. 电梯、通风空调、给水加压、消防设备安装工程,按分包工程总价的 2.5%计算(不包括外购设备价值),其他工程按分包工程总价的 2%计算。

b. 分包工程与总包工程同时施工的(如建筑主体工程完工后进行施工的装饰工程),总包单位不提供服务,不得收取总包服务费。

c. 虽在同一施工现场同时施工,总包单位没有提供总包服务的不应收取总包服务费。

d. 在同一施工现场同时施工,总包单位要求分包单位自行装设水电表,并由分包单位支付水电费的,分包单位按工程总价的 1%支付总包服务费。

e. 总包服务费内容和计算方法也可以由总、分包单位另行协商确定。

③停窝工损失费。

停窝工损失费是指建筑安装施工企业进入施工现场后,由于设计变更、停水、停电(不包括周期性停水、停电)以及按规定应由建设单位承担责任的原因造成的,现场调剂不了的停工、窝工损失费用。

a. 停窝工损失费的内容主要包括现场在用施工机械的停滞费、现场停窝工人员生活补贴及管理费。

b. 施工机械停滞费按定额台班单价的 40%乘以停滞台班数计算,停窝工人员生活补贴按每人每天人工单价乘以停工工日数计算,管理费按人工停窝工费的 20%计算,连续 7 天之内累计停工小于 8 小时的不计算停窝工损失费。计算公式如下。

人工费=停窝工天数×人数×人工单价

管理费=停窝工天数×人数×人工单价×20%

停窝工机械费=停窝工台班数×台班单价×40%

④工程变更签证费。

工程变更签证费是指施工过程中,由于设计变更和施工条件变化,建设单位供应的材料、设备、成品及半成品不满足设计要求,由施工单位经济技术人员提出并经设计人员或建设单位(监理单位)驻工地代表认定的、超出或低于各类定额或中标价格的费用。施工合同中没有明确规定计算方法的经济签证费用应按以下规定计算。

a. 设计变更引起的经济签证费用应计算工程量,按各类定额规定或投标报价中的综合单价(指工程量清单报价)计算。按定额规定计算直接费的应该按费用定额计取各项费用。

b. 施工条件变化、建设单位供应的材料、设备、成品及半成品不能满足设计要求引起的经济签证，由建设单位（监理单位）与施工单位协商确定费用。按预算定额基价及劳动定额用工数量、定额人工单价计算的部分应该按费用定额规定计取各项费用。不按定额基价计算的，只计取行业规费和税金。

⑤专业分包工程施工管理费。

由建设单位按照有关规定直接发包给专业施工单位并签订合同的分包工程，如果与总包单位在同一施工现场同时交叉施工时，除分包单位支付的总包服务费外，建设单位应另外支付给总包单位分包工程造价（计算方法同总包服务费）1%的专业分包工程施工管理费。

3.4.2　工程价款的动态结算

动态结算是指把各种动态因素渗透到结算过程中，使结算价大体能反映实际的消耗费用。工程价款的动态结算主要是工程价款价差调整，其方法主要有工程造价指数调整法、实际价格调整法、调价文件调整法、调值公式法等。

其中，调值公式法的调值公式为

$$P=P_0[a_0+\sum(a_i\cdot A_{ij}/A_{i0})]$$

式中：P——工程实际结算款；

P_0——合同价款；

a_0——合同规定的不能调整部分，在0.15～0.35范围内取值，由合同约定；

a_i——各项变动费用（如人工、材料等费用）在合同总价中所占的比例（$a_0+\sum a_i=1$），由合同约定；

A_{i0}——各项费用的基期价格或价格指数；

A_{ij}——各项费用的现行价格或价格指数。

工程结算时是否实行动态结算，选用什么方法调整价差，都应根据施工合同规定进行。

1. 按实际价格结算

按实际价格结算是指某些工程的施工合同规定对承包商的主要材料价格按实际价格结算的方法。

2. 按调价文件结算

按调价文件结算是指施工合同双方采用当时的预算价格进行承发包，施工合同期内按照工程造价管理部门调价文件规定的材料指导价格，用结算期内已完工程材料用量乘以价差进行材料价款调整的方法，其计算公式为

各项材料用量＝∑结算期已完工程量×定额用量

调价值＝∑各项材料用量×（结算期预算指导价－原预算价格）

【知识拓展】

工程静态投资与动态投资

工程静态投资：不含利息的工程造价。

工程动态投资：含利息的工程造价(以1年贷款为例：不含利息的工程造价＋1年的贷款利息)。

工程总投资：工程动态投资。

静态投资应包含建筑安装工程费，设备和工、器具的购置费，工程建设其他费用和基本预算费，动态投资包括建设期贷款利息、投资方向调节税、涨价预备金、新征的税费及汇率变动部分。

动态投资与静态投资既彼此区分，又互相密切联系。动态投资包含静态投资，静态投资是动态投资最主要的组成部分，也是动态投资的计算基础。这两个概念的产生都和工程造价的计算有直接的关联。

【本章小结】

本章对建设工程施工阶段工程造价的管理作了较详细的阐述，包括施工阶段特点、工程变更及合同价款调整、工程索赔及建设工程价款结算的编制与应用。

施工阶段具有工作量大、投入最多、持续时间长和动态性强等特点。施工阶段是形成工程建设项目实体的阶段，涉及的单位数量多，工程信息内容广泛、时间性强、数量大，存在着众多影响因素。

第4章　建设工程竣工验收阶段造价控制

【学习目标】

了解工程决算的内容与编制的全部内容，掌握工程质保金与保修费的原则。

【学习要求】

能力目标	知识点梳理与归纳
了解竣工决算的概念 掌握竣工决算与竣工结算的区别	竣工结算与竣工决算
熟悉各类工程保修问题的处理原则	工程保修费用处理规定

4.1　工程竣工决算

4.1.1　竣工决算的内容

竣工决算是建设工程经济效益的全面反映，是项目法人核定各类新增资产价值，办理其交付使用的依据。通过竣工决算，一方面能够正确反映建设工程的实际造价和投资结果；另一方面可以通过竣工决算与概算、预算的对比分析，考核投资控制的工作成效，总结经验教训，积累技术经济方面的基础资料，以提高未来建设工程的投资效益。

工程竣工决算是指在工程竣工验收、交付使用阶段，由建设单位编制的建设项目从筹建到竣工验收、交付使用全过程中实际支付的全部建设费用。竣工决算是整个建设工程的最终价格，反映了建设项目实际造价和投资效果，是建设单位财务部门汇总固定资产的主要依据。

竣工决算的内容应包括从项目策划到竣工投产全过程的全部实际费用，主要有竣工财务决算说明书、竣工财务决算报表、工程竣工图和工程造价对比分析四个部分。其中竣工财务决算说明书和竣工财务决算报表又合称为竣工财务决算，它是竣工决算的核心内容。

4.1.2 竣工决算的编制

1. 编制依据

(1) 经批准的可行性研究报告及其投资估算书。

(2) 经批准的初步设计或扩大初步设计及其概算书或修正概算书。

(3) 经批准的施工图设计及其施工图预算书。

(4) 设计交底或图纸会审会议纪要。

(5) 招投标的标底、承包合同、工程结算资料。

(6) 施工记录或施工签证单及其他施工发生的费用记录。

(7) 竣工图及各种竣工验收资料。

(8) 历年基建资料、财务决算及批复文件。

(9) 设备、材料等调价文件和调价记录。

(10) 有关财务核算制度、办法和其他有关资料、文件等。

2. 编制竣工决算报表

竣工决算报表共有 9 个，按大、中、小型建设项目分别制定，包括建设项目竣工工程概况表、建设项目竣工财务决算总表、建设项目竣工财务决算明细表、交付使用固定资产明细表、交付使用流动资产明细表、交付使用无形资产明细表、递延资产明细表、建设项目工程造价执行情况分析表和待摊投资明细表。

4.1.3 造价经济指标的分析

在竣工决算报告中，必须对控制工程造价所采用的措施、效果及其动态的变化进行认真的比较分析，总结经验教训。批准的概算是考核建设工程造价的依据，在分析时可将决算报表中所提供的实际数据和相关资料与批准的概算作对比，从而得出原投资额与最终形成的固定资产之间的差额。为考核概算执行情况和正确核算建设工程造价，财务部门首先必须积累概算动态变化资料(如材料价差、设备价差、人工价差、费率价差等)和设计方案变化，以及对工程造价有重大影响的设计变更资料。其次，考察竣工形成的实际工程造价节约或超支的数额，为了便于比较，可先对比整个项目的总概算，之后对比工程项目(或单项工程)的综合概算和其他工程费用概算。最后再对比单位工程概算，并分别将建筑安装工程费用，设备及工、器具购置费用和其他工程费用逐一与项目竣工决算编制的实际工程造价进行对比，找出节约或超支的具体内容和原因。

根据经审定的竣工结算等原始资料，对原概、预算进行调整，重新核定各单项工程和单位工程的造价。属于增加固定资产价值的其他投资，如建设单位管理费、研究试验费、土地征用及拆迁补偿费等，应分摊于受益工程，共同构成新增固定资产价值。

4.1.4 整理归档

按国家规定上报审批、存档概算、预算指标并进行对比，以考核竣工项目总投资控制的水平，在对比的基础上总结先进经验，找出落后的原因，提出改进措施。

4.1.5 竣工结算与竣工决算的区别

（1）二者包含的范围不同。

工程竣工结算是指按工程进度、施工合同、施工监理情况办理的工程价款结算，以及根据工程实施过程中发生的超出施工合同范围的工程变更情况，调整施工图预算价格，确定工程项目最终结算价格。它分为单位工程竣工结算、单项工程竣工结算和建设项目竣工总结算。竣工结算工程价款等于合同价款和施工过程中合同价款调整数额之和减去预付及已结算的工程价款和保修金。

竣工决算包括从筹集到竣工投产全过程的全部实际费用，即建筑工程费，安装工程费，设备及工、器具购置费用及预备费和投资方向调解税等费用。

（2）编制人和审查人不同。

单位工程竣工结算由承包人编制，发包人审查。实行总承包的工程，由具体承包人编制，在总承包人审查的基础上，再经发包人审查。单项工程竣工结算或建设项目竣工总结算由总（承）包人编制，发包人可直接审查，也可以委托具有相应资质的工程造价咨询机构进行审查。

建设工程竣工决算的文件，由建设单位负责组织人员编写，上报主管部门审查，同时抄送有关设计单位。大中型建设项目的竣工决算还应抄送财政部、建设银行总行和省、市、自治区的财政局以及建设银行分行各一份。

（3）二者的目标不同。

结算是在施工完成，已经竣工后编制的，反映的是基本建设工程的实际造价。决算是竣工验收报告的重要组成部分，是正确核算新增固定资产价值，考核分析投资效果，建立健全经济责任的依据，是反映建设项目实际造价和投资效果的文件。

【知识拓展】

竣工决算可以用来反映建设项目的全部资金来源和资金占用（支出）情况，是考核和分析投资效果的依据。其采用的是平衡表的形式，即资金来源合计等于资金占用合计。在编制竣工财务决算表时，应注意以下几个问题。

（1）资金来源中的资本金与资本公积金的区别。资本金是项目投资者按照规定，筹集并投入项目的非负债资金，竣工后形成该项目（企业）在工商行政管理部分登记的注册资金；资本公积金是指投资者对该项目实际投入的资金超过其应投入的资本金，项目竣工后这部分资金差额形成项目（企业）的资本公积金。

（2）项目资本金与借入资金的区别。资本金是非负债资金，属于项目的自有资金；而借入资金，无论是基建借款、投资借款，还是发行债券等都属于项目的负债资金。这是两者根本性的区别。

（3）资金占用中的交付使用资产与库存器材的区别。交付使用资产是指项目竣工后，交付使用的各项新增资产的价值；而库存器材是指未投入项目建设过程中使用而剩余的工、器具及材料等，属于项目的节余，不形成新增资产。

4.2 保修费用处理

4.2.1 建设项目保修期限

国务院的《建设工程质量管理条例》第三十二条规定：施工单位对施工中出现质量问题的建设工程或者竣工验收不合格的建设工程，应当负责返修。

国务院的《建设工程质量管理条例》第四十条规定：在正常使用条件下，建设工程的最低保修期限为：

（1）基础设施工程、房屋建筑的地基基础工程和主体结构工程，为设计文件规定的该工程的合理使用年限；

（2）屋面防水工程、有防水要求的卫生间、房间和外墙面的防渗漏，为5年；

（3）供热与供冷系统，为2个采暖期、供冷期；

（4）电气管线、给排水管道、设备安装和装修工程，为2年。

国务院的《建设工程质量管理条例》第四十一条规定：建设工程在保修范围和保修期限内发生质量问题的，施工单位应当履行保修义务，并对造成的损失承担赔偿责任。

4.2.2 工程质量保修金与质量保证金

质量保修金是由合同双方约定从应付合同价款中预留的，用于因标的物出现质量问题时支付修理费用的资金。

质量保证金是施工单位根据建设单位的要求，在建设工程承包合同签订之前，预先交付给建设单位用以保证施工质量的资金。

质量保修金主要是为了方便对标的物进行维修，防止事后因维修费用问题导致维修不能及时进行的情况，其用途是特定的。在司法实践中，如果当事人对质保金能够明确为质量保修金，那么司法处理就比较简单。即只要在质量保证期或质量保修期内，出现了质量问题需要进行维修的情况，即可先动用此质保金或以此质保金充抵。如果质保期或保修期届满，标的物质量并未出现问题或并未维修，或者虽进行了维修，但费用仍有剩余的，那么付款义务方就有义务应对方当事人的请求向其给付相应款项，因为该款项本来是合同应付价款的一部分，是其根据合同应当享有的权利。需要注意的是，如未明确约定，质量保修金不是合同质量责任的上限，即如果在质保期或保修期内，因标的物质量问题，质量保修金不足以抵充实际支出费用的，付款义务方仍有权继续向相对方追究质量违约责任。当然，如果维修是由维修义务方自己承担费用，那么在质保期届满后，付款义务方自应将质量保修金给付对方。

相对于质量保修金而言，质量保证金的认定和处理就比较复杂一些。就主合同与担保的主从关系来看，质量保证金本身就是主合同价款的一部分，如果认定其为一种担保，那么就会出现以主合同价款来担保主合同的不合担保逻辑的现象。从构成要件来分析，约定质保金与担保法规定的担保种类也无一相符。并且法定担保中没有质保金这一种类。因此，约定质保金不宜解释为担保。

就表面含义而言，质量保证金是合同一方就所供标的物的质量向对方所作的一种承诺。这一承诺为合同价款中的特定部分的给付设定了特定条件，这个条件就是标的物的质量。这意味着如果标的物的质量符合约定，那么付款义务方就必须向对方给付该款项。但如果标的物质量不合格，合同中又没有明确质量保证金的具体用途时，质量保证金该如何处理？

一种意见认为，在标的物质量不合格的情况下，应当将质量保证金作为或比照违约金来处理，即交付标的物的一方因质量不合格构成违约，给付质量保证金的一方可以拒付该部分质量保证金。如果质量不合格造成的损失大于质量保证金的，交付标的物的违约方还应就超出部分承担赔偿责任。但如果质量不合格造成的损失过分低于质量保证金的，按照最高人民法院相关司法解释，低于30%的，交付标的物的违约方可以请求法院作相应的调整，在调整后，给付质量保证金的一方仍应给付剩余部分。另一种意见认为，双方既然约定了质量保证金，就应当信守承诺，严格按照约定履行。因此，只要质量不合格，给付质量保证金的一方即可拒付，其有权不再给付该部分特定化的货款。交付标的物的违约方不但要承担因质量不合格造成的超出质量保证金的损失部分，而且在损失低于质量保证金的情况下，也不能请求法院作相应的调整。

上述两种意见各有其合理之处。在实际工程建设中，有必要将质量保证金和合同中的违约条款联系起来考虑，理解才能更全面、更准确。

综上分析，质保金作为特定化的货款，可以是质量保修金，也可以是质量保证金。如作为质量保修金，当标的物出现质量问题，即用于充抵维修标的物的费用；当标的物质量合格后，其给付条件成立，即应按约给付。如作为质量保证金，在没有违约条款并存的情况下，其性质类似违约金，可以比照合同法的违约金规则来处理；在与违约条款并存的情况下，如果标的物质量不合格构成根本违约，违约方即无权请求给付质量保证金，如果不构成根本违约，违约方应当先按照违约条款承担违约责任，然后才能请求给付质量保证金。

4.2.3　工程保修费用的处理

工程保修费用一般按照“谁的责任，由谁负责”的原则执行，具体规定如下。

(1) 由于业主提供的材料、构配件或设备质量不合格造成质量缺陷，或发包人竣工验收后未经许可自行对建设项目进行改建造成的质量问题，应由业主自行承担经济责任。

(2) 由于发包人指定分包单位或者违规肢解发包工程，导致施工接口不好造成质量问题，应由发包人自行承担经济责任。

(3) 由于勘察、设计的原因造成的质量缺陷应当由勘察、设计人员继续完成勘察和设计，减收或者免收勘察、设计费用，施工单位进行维修、处理的，费用支出应按照合同约定，通过建设单位向设计人员索赔，不足部分由建设单位补偿。

(4)由于施工单位未按照国家有关施工质量验收规范、设计文件要求和施工合同约定组织施工而造成的质量问题，应由施工单位负责无偿返修并承担经济责任。如果在合同规定的时间和程序内施工单位未到现场修理，建设单位可以根据情况另行委托其他单位修理，由原施工单位承担经济责任。

【知识拓展】

保修期和缺陷责任期的区别

缺陷责任期指承包单位对所完成的工程产品发生质量缺陷后的修补预留的期限。如房屋是按照七级抗震设防烈度来设计的，其目的是要保证房屋在七级地震的情况下不损坏，这种特殊的要求就是缺陷的责任。由于该责任无法立刻完成，但责任的时间又不可能无限制的放大，因此长达 24 个月的修补预留期限就称为缺陷责任期。

保修期指承包单位对所完成工程的保修期限，超过这个保修期限则无义务实施保修。

【本章小结】

本章主要介绍了建设项目竣工决算和保修费用的处理。建设项目竣工决算是建设项目竣工交付使用的最后一个环节，因此也是建设项目过程中进行工程造价控制的最后一个环节。工程竣工决算反映了建设项目的经济效益，是建设单位掌握建设项目实际造价的重要文件，也是建设单位核算的主要资料。建设项目竣工交付使用后，施工单位还应定期对建设单位和建设项目的使用者进行回访，如果建设项目出现质量问题应及时进行维修和处理。

第二篇

安装工程识图与预算编制

第5章　给排水工程

【学习目标】

通过学习本章的知识，熟悉《内蒙古自治区安装工程预算定额》第八册《给排水、采暖、燃气工程》（DYD15-508—2009）的内容，了解本册定额中给排水工程的计算规则，并掌握管道之间的划分界限及给排水工程预算的编制。

【学习要求】

能力目标	知识点梳理与归纳
了解管道划分界限	本章管道与其他管道的划分界限
熟悉《给排水、采暖、燃气工程》（DYD15-508—2009）消耗量定额的内容	消耗量定额中的各分项工程的工作内容
掌握给排水工程工程量计算规则及预算书的编制要求	工程量计算规则与使用

5.1　给排水工程概述

给排水是城市给水系统、排水系统和建筑给排水的简称。给水工程为居民和厂矿、运输企业供应生活、生产用水，由给水水源、取水构筑物、输水道、给水处理厂和给水管网组成，具有收集和输送原水、改善水质的作用。

（1）给水水源主要有地表水、地下水和再用水三部分。地表水主要指江河、湖泊、水库和海洋的水，水量充沛，是城市和工厂用水的主要水源，但水质易受环境污染；地下水水质洁净，水温稳定，是良好的饮用水水源；再用水是工业用水的重复使用或循环使用，发达国家的工业用水中60%～80%是再用水。

（2）取水构筑物包括地表水取水构筑物和地下水取水构筑物。

排水工程是排除人类生活污水和生产中的各种废水、多余的地面水的工程，由排水管系（或沟道）、废水处理厂和最终处理设施组成，通常还包括抽升设施（如排水泵站）。

①排水管系是收集和输送废水（污水）的管网，包括合流管系和分流管系。合流

管系只有一个排水系统，雨水和污水用同一管道排输。分流管系有两个排水系统，雨水系统收集雨水和冷却水等污染程度很低、不经过处理直接排入水体的工业废水，其管道称为雨水管道。污水系统收集生活污水及需要处理后才能排入水体的工业废水，其管道称为污水管道。

②废水处理厂包括沉淀池、沉砂池、曝气池、生物滤池、澄清池等设施及泵站以及化验室、污泥脱水机房和修理工厂等建筑。废水处理的一般目标是去除悬浮物和改善耗氧性，有时还进行消毒和进一步处理。

③最终处理设施根据不同的排水对象设有水泵或其他提水机械，将经过处理厂处理满足规定的排放要求的废水排入水体或排放在土地上。

5.1.1 给排水工程的施工工序

以一项工程为例，如一栋建筑住宅楼，从进场开始，需完成以下工序。

(1) 熟悉图纸，检查工程项目是否存在互相干扰的地方，或图纸标注是否清晰合理，以做好图纸会审工作。

(2) 计算给排水工程需要的用料种类及数量。

(3) 统筹安排施工计划，包括留洞时间，什么阶段安装主管道以及人工分配情况等。

(4) 基础施工前，做好基础工程中要用到的各种套管和预留管等材料的采购计划，并交由项目部计划人员进行购置。在基础施工中，预留专人进行预留洞留眼和套管制作安装工作。

(5) 主体工程施工步骤同上，逐层地安排计划。

(6) 主体工程接近完成时，安装主管道，一般先安装进户管和主立管，然后是各户主管道。

(7) 在地面工程施工前，制作安装埋地管道，先打压，然后再进行土建地面施工。

(8) 安装各户支管及卫生洁具。

(9) 清理验收。

5.1.2 给排水工程预算编制要求

(1) 正确识别给排水工程施工图纸是做好预算的前提条件。预算中要求相关人员能够准确无误地读出图纸中的相关信息，如管道规格、位置、走向，卫生洁具的安装和阀门计量表等内容。特别强调的是，由于定额中各材料连接方式的不同会造成基价的差异性，而图纸设计说明又涉及编制预算时使用的信息（如管道、阀门等的连接方式）。因此，识图中对于设计说明必须重点阅读。

(2) 熟悉给排水工程的计算规则。

(3) 能够准确地选取套用定额。

5.2　给排水工程识图

5.2.1　给水工程识图中的预算知识

1. 室内给水工程施工顺序

室内给水工程施工顺序如下：引入管→干管→立管→支管→阀门类→水压试验→管道冲洗消毒。

2. 引入管(也称进户管)

(1) 室内外管道界限划分。

①入户处有阀门者以阀门为界(水表节点)。

②入户处无阀门者以建筑物外墙皮 1.5 m 处为界。

(2) 防水套管。

入户管在穿越地下室等外墙时，要设置防水套管。根据不同的防水要求，入户管分为刚性、柔性两种。刚性防水套管在一般防水要求时使用，柔性防水套管在防水要求较高时使用，如水池壁、与水泵连接处。

①定额单位：个。

②规格：按被套管的管径确定。

3. 管道计算(干管、立管、支管)

(1) 定额单位：各种管道均按施工图所示中心长度计量，以“10 m”为计量单位，不扣除阀门、管件(包括减压器、疏水器、水表、伸缩器等组成安装)及各种井类所占的长度。

(2) 计算：按不同材质、不同管径分别累计长度。

准确计算管道长度的关键是找准管道变径点的位置，对于螺纹连接的管道来说，变径点发生在三通处。

注意：管道的弯头、阀门、穿楼板、穿墙等处一般不会是管道变径点的位置。

①水平管计算应根据平面图上标注的尺寸来进行。因为图纸设计原因，安装工程施工图中很少有尺寸标注，或因计算太烦琐，实际工作中可利用比例尺进行计量。将不同规格的管道分别计算，然后汇总。

②垂直管应根据系统图标注的标高进行计算。系统图上切忌用比例尺量计。

4. 管道的防腐、保温

不同的管材防腐的要求不同，焊接钢管管道除锈后要刷防锈漆和银粉，镀锌钢管丝扣处补刷防锈漆后刷银粉，塑料管不用防腐。

(1) 管道的防腐(除锈、刷油)。

①定额单位：10 m^2。

②计算：按不同管径分别计算管道的外表面积，再求和。

a. 公式法：

$$S=\pi\times D\times L$$

式中：S 为管道外表面积；D 为管道外径；L 为管道的长度。

b. 查表计算法：查表 5-1 中的保温厚度 δ 为 0 时的一列刷油面积的数值（其数值是按公式法计算出来供大家使用的），单位为 m^2/m。如 DN50 对应刷油面积为 0.1885 m^2/m。

(2) 管道的保温（防结露做法同保温，只是保温厚度 δ 值较小）。

①定额单位：10 m^3。

②计算：按不同管径计算管道外保温材料的体积，再求和。

a. 公式法：

$$V=\pi\times(D+1.033\delta)\times1.033\delta\times L$$

式中：V 为管道外保温材料的体积；D 为管道外径；δ 为绝热层厚度；1.033 为保温材料允许超厚系数；L 为管道的长度。

b. 查表计算法：查表 5-1 中不同保温厚度对应的保温体积的数值，单位为 m^3/m（注：有的表格中的单位是 $m^3/100$ m）。如 DN50，$\delta=40$ mm，对应保温体积为 0.0131 m^3/m。

(3) 管道防潮层、保护层及刷漆。

①定额单位：10 m^2。

②计算：按不同管径计算管道保温外表面积，再求和。

a. 公式法：

$$S=\pi\times(D+2\delta+2\delta\times5\%+2d_1+3d_2)\times L=\pi\times(D+2.1\delta+0.0082)\times L$$

式中：5% 为保温材料允许超厚系数；d_1 为捆扎保温材料的金属钢丝直径（$2d_1=0.0032$）；d_2 为防潮层厚度（$3d_2=0.005$）；其他同上。

b. 查表计算法：查表 5-1 中不同保温厚度对应的保温外刷油面积的数值，单位为 m^2/m。如 DN50，$\delta=40$ mm，对应保温外刷油面积为 0.4779 m^2/m。

表 5-1 焊接钢管绝热（m^3/m）、刷油（m^2/m）工程量计算表

公称直径	绝热层厚度 δ(mm)							
	$\delta=0$	20	25	30	35	40	45	50
DN15	0.0669	0.0027	0.0038	0.0051	0.0065	0.0082	0.0099	0.0119
		0.2246	0.2576	0.2906	0.3236	0.3566	0.3896	0.4225
DN20	0.0855	0.0031	0.0043	0.0057	0.0072	0.0089	0.0107	0.0128
		0.2432	0.2761	0.3091	0.3421	0.3751	0.4081	0.4411
DN25	0.1059	0.0035	0.0049	0.0063	0.008	0.0097	0.0117	0.0138
		0.2636	0.2966	0.3296	0.3625	0.3955	0.4285	0.4615
DN32	0.1297	0.004	0.0055	0.007	0.0088	0.0107	0.0128	0.0146
		0.2875	0.3204	0.3534	0.3864	0.4194	0.4521	0.4854

续表

公称直径	绝热层厚度δ(mm)							
	δ=0	20	25	30	35	40	45	50
DN40	0.1507	0.0044	0.006	0.0076	0.0096	0.0116	0.0138	0.0151
		0.3083	0.3413	0.3743	0.4073	0.4402	0.4732	0.5062
DN50	0.1885	0.0053	0.0069	0.0089	0.0109	0.0131	0.0155	0.0181
		0.346	0.379	0.412	0.4449	0.4779	0.5109	0.5438
DN65	0.2376	0.0063	0.0083	0.0104	0.0127	0.0152	0.0179	0.0207
		0.3963	0.4292	0.4622	0.4953	0.5281	0.5611	0.5941
DN80	0.2795	0.0071	0.0093	0.0117	0.0143	0.0169	0.0197	0.0228
		0.4371	0.4701	0.503	0.536	0.569	0.6019	0.6349
DN100	0.3580	0.0088	0.0114	0.0142	0.017	0.0201	0.0234	0.0269
		0.5156	0.5486	0.5812	0.6145	0.6475	0.6804	0.7134
DN125	0.4810	0.01	0.0129	0.0159	0.0192	0.0226	0.0262	0.03
		0.5752	0.6082	0.6412	0.6804	0.7071	0.7401	0.7731
DN150	0.5181	0.0121	0.0155	0.0191	0.0228	0.0268	0.0309	0.0351
		0.6757	0.7087	0.7417	0.7746	0.8076	0.8406	0.8735
DN200	0.6880	0.0156	0.0198	0.0243	0.0289	0.0338	0.0387	0.0439
		0.8453	0.8782	0.9112	0.6442	0.9772	1.0101	1.0431

5. 管道支架

不同材质的管道需要不同的支架支撑。钢管需要型钢支架,塑料管需要塑料管夹,相应的工程量计算也不同。

(1) 塑料管管夹。

①定额单位:个。

②计算:按不同管径分别计算数量,再汇总。具体计算公式如下。

立管夹数量=层高或垂直长度/立管最大间距数值

水平管夹数量=管子水平长度/水平管最大间距数值

塑料管支架间距见表5-2中的数据。

表5-2　塑料管支架间距

管径(mm)			12	14	16	18	20	25	32	40	50	63	75	90	110
最大间距(m)	立管		0.5	0.6	0.7	0.8	0.9	1.0	1.1	1.3	1.6	1.8	2.0	2.2	2.4
	水平管	冷水管	0.4	0.4	0.5	0.5	0.6	0.7	0.8	0.9	1.0	1.1	1.2	1.35	1.55
		热水管	0.2	0.2	0.25	0.3	0.3	0.35	0.4	0.5	0.6	0.7	0.8		

（2）型钢支架。

①定额单位：100 kg。

②计算：分步进行，先统计不同规格的支架数量，再根据标准图集计算每个支架的重量，最后计算总重量。

第一步：统计支架数量。

管道支架按安装形式一般分为立管支架、水平管支架、吊架。

a. 立管支架数量的确定，分不同管径计算：

楼层层高小于或等于 4 m 时，每层设一个；

楼层层高大于 4 m 时，每层不得少于两个。

b. 水平管支架数量的确定，分不同管径计算，计算公式如下。

$$支架数量=\frac{某规格管子的长度}{该管子的最大支架间距}$$

c. 单管吊架数量计算同水平管支架数量的计算公式。水平钢管支架、吊架最大间距值参考表 5-3。

表 5-3 水平钢管支架、吊架最大间距 (m)

管子公称直径(mm)		15	20	25	32	40	50	70	80	100	125	150
支架最大间距(m)	保温管	1.5	2	2	2.5	3	3	4	4	4.5	5	6
	非保温管	2.5	3	3.5	4	4.5	5	6	6	6.5	7	8

第二步：重量计算。

根据标准图集的具体要求，计算每个规格支架的单个重量，乘以支架数量，再求和得到总重量。不同类型的支架单个重量参考表 5-4 至表 5-7 的数据。

表 5-4 砖墙上单管立式支架重量(Ⅱ型) (kg)

公称直径(mm)	DN15	DN20	DN25	DN32	DN40	DN50	DN65	DN80
保温	0.49	0.5	0.60	0.84	0.87	0.90	1.11	1.32
非保温	0.17	0.19	0.20	0.22	0.23	0.25	0.28	0.38

表 5-5 砖墙上单管立式支架重量 (kg)

公称直径(mm)	DN50	DN65	DN80	DN100	DN125	DN150	DN200
保温	1.502	1.726	1.851	2.139	2.547	2.678	4.908
非保温	1.38	1.54	1.66	1.95	2.27	2.41	4.63

表 5-6 沿墙安装单管托架重量 (kg)

管道	DN15	DN20	DN25	DN32	DN40	DN50	DN65	DN80	DN100	DN125	DN150
保温	1.362	1.365	1.423	1.433	1.471	1.512	1.716	1.801	2.479	2.847	5.348
非保温管	0.96	0.99	1.05	1.06	1.10	1.14	1.29	1.35	1.95	2.27	3.57

表 5-7　沿墙安装单管滑动支座重量　(kg)

管道	DN15	DN20	DN25	DN32	DN40	DN50	DN65	DN80	DN100	DN125	DN150
保温	2.96	3.0	3.19	3.19	3.36	3.43	3.94	4.18	5.02	7.61	10.68
非保温管	2.18	2.23	2.38	2.5	2.65	2.72	3.1	3.34	4.06	6.17	7.89

注:这些表格根据国家建筑标准图集 03S402《室内管道支架及吊架》提供的有关数据汇总而来,仅是个别型号的数据,供学习参考。实际工作时一定要根据最新的标准图集及施工图纸的具体要求认真计算单个重量。

6. 阀门类

(1) 阀门。

DN≤50 mm 时宜采用截止阀,多为螺纹连接;DN>50 mm 时宜采用闸阀或蝶阀,多为法兰连接;经常起闭的管段上宜采用截止阀。

①定额单位:个。

②计算:视其所在管道的管径大小而定,统计数量。

如:DN25 的管子上的阀门一般为截止阀 DN25;DN100 的管子上的阀门一般为闸阀 DN100。

注意:De 表示的是管道外径,其上的阀门若不是塑料阀门时,按其公称直径的规格而定,一般 De 比 DN 大 1#。

(2) 水表、减压阀、疏水器。

①定额单位:组。每组定额中包含的管件(阀门等)不应重复计算。

②计算:视其所在管道的管径大小而定,统计数量。

7. 管道消毒、冲洗

(1) 定额单位:管道消毒、冲洗、压力试验,均按管道长度以“100 m”为计量单位,不扣除阀门、管件所占长度。

(2) 计算:定额分为 DN50、DN100、DN200、DN300 等,将定额按段划分,则 DN15～DN50 归为一个定额子目,即 DN50;DN65～DN100 归为一个定额子目,即 DN100,其他依此类推。

8. 阻火圈、伸缩节

阻火圈、伸缩节安装以“个”为计量单位。

5.2.2 水箱(选学章节)

水箱的安装较为简单,直接按照体积的不同套用相应的定额。

1. 水箱的制作

(1) 定额单位:100 kg。

(2) 计算。

①标准产品按照标准图集的重量数据。

②非标准产品的计算的方法分为内插法(精确)和估算法(粗略)。

【例 5-1】 矩形给水箱 10#的尺寸为 1800 mm×1800 mm×1000 mm，重量为 794.8 kg，水箱 11#的尺寸为 2400 mm×1600 mm×1500 mm，其重量为 907.4 kg，问：(1)非标准水箱 2000×1800×1500 的重量是多少？(2)非标准水箱体积 V 为 5.4 m^3，那么其重量 G 该是多少？

【解】 10#水箱体积 $V_1=1.8\times1.8\times1.5=4.86\ (m^3)$；$G_1=794.8\ (kg)$

11#水箱体积 $V_2=2.4\times1.6\times1.5=5.76\ (m^3)$；$G_2=907.4(kg)$

应用内插法公式，有

$$\frac{V_2-V}{V-V_1}=\frac{G_2-G}{G-G_1}$$

则 $(5.76-5.4)/(5.4-4.86)=(907.4-G)/(G-794.8)$

解得 $G=862.36(kg)$

2. 水箱的防腐(两种方法)

(1) 按重量计算：按照金属构件考虑。

(2) 按表面积 S_b 计算：$S_b\times2=(L\times B\times2+L\times H\times2+B\times H\times2)\times2$(内外)。

注意：水箱制作完成后内外都要进行防腐。

3. 水箱的保温(保温厚度 δ)

水箱的保温体积的计算公式如下：$V=S_b\times\delta$。

4. 水箱保温外的保护层

保护层在保温层的外面，计算保护层的面积应为保温外表面积，水箱保温后的表面尺寸增加，则每面都增加了一个保温厚度 δ。

$$S_{bh}=(L+2\delta)\times(B+2\delta)\times2+(L+2\delta)\times(H+2\delta)\times2+(B+2\delta)\times(H+2\delta)\times2$$

式中：S_{bh} 为保护层面积；

L、B、H 分别为水箱的长、宽、高。

【例 5-2】 安装尺寸为 2000 mm×1800 mm×1500 mm 的非标准水箱，除锈、刷防锈漆两道和银粉一道，保温采用 50 mm 厚岩棉板，保护层采用外缠玻璃丝布两道，布外刷调和漆两道。试计算水箱的防腐、保温、保护层的工程量。

【解】 (1) 水箱除锈、刷油工程量。

按重量计算：工程量为 862.3 kg。

按表面积计算：

$$S_b\times2=(2\times1.8\times2+2\times1.5\times2+1.8\times1.5\times2)\times2=37.2\ (m^2)$$

(2) 水箱保温工程量。

$$V=S_b\times\delta=18.6\times0.05\ m=0.93\ (m^3)$$

(3) 水箱保护层工程量(水箱保温外的尺寸为 2100 mm×1900 mm×1600 mm)。

$$S_{bh}=2.1\times1.9\times2+2.1\times1.6\times2+1.9\times1.6\times2=20.78\ (m^2)$$

5.2.3　排水工程识图中的预算知识

1. 室内排水工程施工顺序

室内排水工程施工顺序如下：排出管→立管→横管→支管→卫生器具→通水试验。

2. 排出管(也称出户管)

室内外管道界限划分标准如下。

(1) 以出户第一个检查井为界。

(2) 没有检查井，以建筑物外墙皮 1.5 m 处为界。

3. 管道

管道工程量计算方法与给水工程量相同，分别按水平管和垂直管计算，然后汇总。

排水管道的材料有排水塑料管、排水铸铁管(已逐渐被淘汰)。

(1) 排水铸铁管的防腐(除锈、刷油)。

①定额单位：10 m^2。

②计算：分不同管径计算管道的表面积，排水铸铁管的表面积计算可通过查看表 5-1 中的数据，因有承口，需要用系数 K 进行修正，$K=1.2$。

(2) 管道防结露及保护层(刷漆)。

排水管道安装在潮湿的环境中，管道需要防结露。防结露及保护层的计算方法与给水管道保温相同，用系数 K 进行修正。

4. 埋地管道土方工程

室内外管道土石方、安装定额中不列此项，套用土建定额，工程量计算方法如下。

(1) 管沟断面如图 5-1 所示，管沟挖方量计算公式如下。

$$V=h(b+Kh)L$$

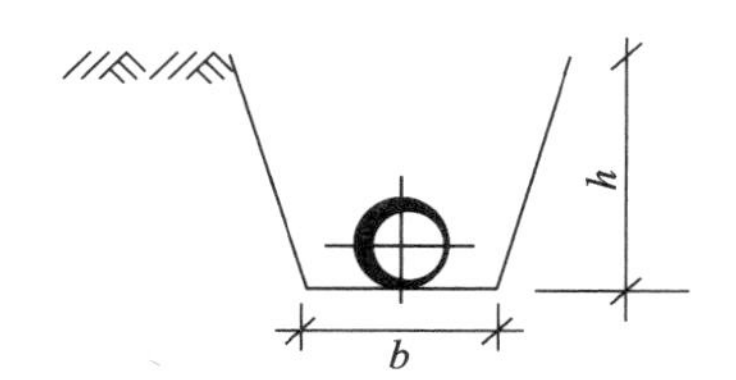

图 5-1　管沟断面

式中：h 为沟深，按设计管底标高计算；

b 为沟底宽，采用铸铁管、钢管、塑料管、玻璃钢管时，DN50～DN75 对应的沟底宽 b 为 0.6 m，DN100～DN200 对应的沟底宽 b 为 0.7 m，也可根据实际情况计算；

L 为沟长；

K 为放坡系数。

（2）管沟回填土方工程量。

DN500以下的管沟回填土方量不扣除管道所占体积，计算方法同管沟挖方。

5. 卫生器具定额分类

给水管的连接方式按材质分为镀锌钢管连接、复合管连接两类。对于成组安装的卫生器具，项目均已按标准图集计算了与给水、排水管道连接的人工和材料。现就定额的划分进行介绍。

（1）收集口类。

①地漏。定额单位：10个。按不同管径统计数量，如DN50、DN75等。

②排水栓是阻止杂物进入排水管的设施，功能同地漏箅子。定额单位：10个。按不同管径统计数量，如DN32、DN40、DN50等。

注意：卫生器具本身所带排水栓不计入统计数量内，如洗脸盆、洗涤盆、浴盆等的排水栓。需要计算的是如盥洗槽、非瓷的拖布池等的排水栓。

（2）检查口类。

①清扫口。定额单位：10个。按不同管径统计，如DN50、DN75等。

a. 地面清扫口：一般设在无地下室的一层排水管上，安装弯头上返到地面。

b. 水平清扫口：安装于水平支管上，不上返到地面。

②立式检查口包含在排水立管的安装费用里，不单独计算。

（3）水龙头（水嘴）。

①定额单位：10个。

②按不同管径划分子目，分为DN15、DN20、DN25三档。卫生器具的水龙头（水嘴）包括在卫生器具的安装定额中，无须计算，只计盥洗槽、污水池的水龙头。

（4）卫生器具类。

①大便器。

a. 定额单位：10套。

b. 定额划分类型如下。

蹲式大便器分为瓷高水箱、瓷低水箱、普通阀冲洗、手压阀冲洗、脚踏阀冲洗、自闭式冲洗六类。

坐式大便器分为低水箱、带水箱、连体水箱、自闭冲洗阀四类。

②小便器。

a. 定额单位：10套。

b. 定额划分类型如下。

挂斗式小便器分为普通式、自动冲洗（分三档）、按钮冲洗阀、光控自动冲洗阀四类。

立式小便器分为普通式、自闭冲洗阀、自动冲洗（分三档）三类。

（5）浴盆类。

①定额单位：10组。

②定额划分类型如下。

a. 浴盆:冷热水。

b. 净身盆:冷热水、冷热水带喷头。

c. 裙板浴盆:恒温龙头、单板暗装混合龙头。

(6) 洗脸盆、洗手盆。

①定额单位:10 组。

②定额划分类型如下。

a. 钢管组成洗脸盆:普通冷水嘴、冷水、冷热水。

b. 铜管:冷热水。

c. 洗脸盆:立式冷热水、理发冷热水、脚踏开关、肘式开关、儿童普通水嘴、冷水延时自闭龙头、角式冷热水、双联混合冷热水、立式双联混合冷热水。

d. 洗手盆:冷水。

e. 台式洗脸盆:单把龙头、双联混合龙头、光电控龙头。

(7) 洗涤盆、化验盆。

①定额单位:10 组。

②定额划分类型如下。

a. 洗涤盆:单嘴、双嘴、肘式开关(单、双)、脚踏开关、回转龙头、回转混合龙头。

b. 化验盆:单联、双联、三联、脚踏开关、鹅颈水嘴、恒温柜内。

(8) 淋浴器。

①定额单位:10 组。

②定额划分类型如下。

a. 钢管组成、安装:冷水、冷热水。

b. 成品安装:冷水、冷热水、移动式。

c. 脚踏开关:单管、双管、双管调温式。

(9) 大便槽自动冲洗水箱。

①定额单位:10 套。

②定额划分类型如下。

按水箱体积(L)划分为 40 L、48 L、64.4 L 等共七档。

(10) 小便槽自动冲洗水箱。

①定额单位:10 套。

②定额划分类型如下。

按水箱体积(L)划分为 8.4 L、10.9 L、16.1 L 等共五档。

(11) 小便槽冲洗管制作、安装。

①定额单位:10 m。

②按不同管径划分为 DN15、DN20、DN25 共三档。

5.2.4 卫生器具的定额含量

卫生器具的定额含量是指每组卫生器具定额所含给排水管道的数量，卫生器具安装已按标准图计算了给水、排水管道连接的人工和材料。各种卫生器具安装项目中所包括的给水、排水管道与管道延长米计算的界限划分是做好准确预算的关键，否则会重复计算或漏算，造成误差。

1. 洗脸盆、洗涤盆

定额主材有盆及排水配件（排水栓、S型存水弯DN32及弯下软管）、水嘴或阀门类两项。

定额辅材有角型阀、给水管及附件、承插塑料排水管、盆托架等内容。

2. 给水管界限

(1) 上给水形式：水嘴与水平管连接的三通处，标高一般为1.0 m，如图5-2所示。

(2) 下给水形式：算至角阀，其标高一般为0.45 m，角阀以上部分的管包含在洗脸盆、洗涤盆内，如图5-3所示。

图5-2　上给水形式　　　图5-3　下给水形式

3. 排水管界限

(1) 一般是排水横支管与器具立支管的交接处，定额中每组洗脸盆（洗涤盆）包含DN50承插塑料排水管0.4 m，如图5-4(a)所示。

(2) 若排水横管安装高度 h 大于0.4 m，则要计算立支管长度，其工程量是高度 h 与0.4 m的差值，即$(h-0.4)$ m/组，如图5-4(b)所示。

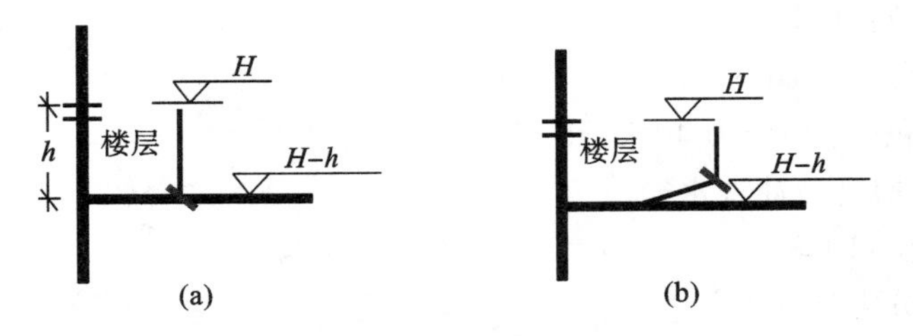

图5-4　排水管界限

4. 大便器

(1) 给水管界限。

①高瓷水箱：水平管与水箱支管的交叉处，如图5-5(a)所示。

②阀冲洗：一般情况按标准图安装时是水平管与冲洗管交叉处，定额包含1.0～

1.5 m 的冲洗管，特殊时按整个高度减去定额含量，如图 5-5(b)和图 5-5(c)所示。

③坐便器：算至水箱进水管的角阀 0.25 m 高处，如图 5-5(d)所示。

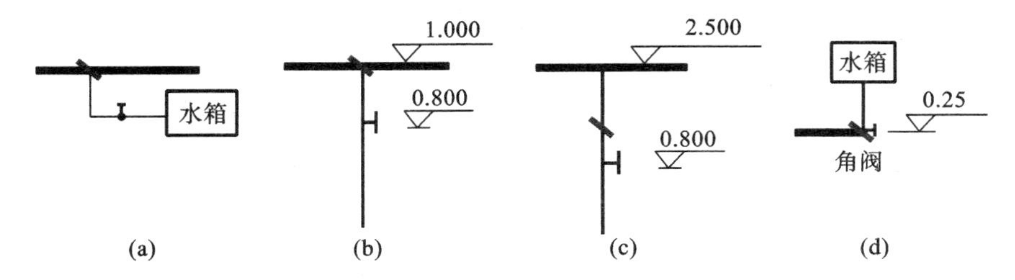

图 5-5　大便器给水管界限

(2) 排水管界限。

每组大便器的定额中包含 DN100 排水管 0.4 m/组。

①蹲便器(图 5-6(a))含存水弯一个，应以存水弯排出口的三通为界。

②坐便器(图 5-6(b))本身有水封设施，定额不含存水弯，应以排出口的三通为界。

③特殊高度时要按(h−0.4) m/组计算排水管工程量。

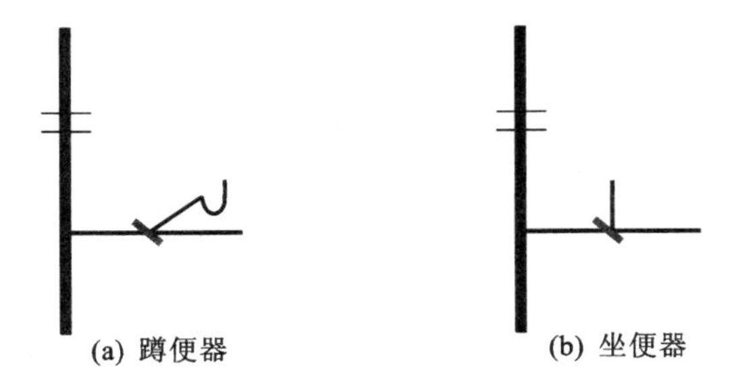

图 5-6　排水管界限

5. 浴盆

每组浴盆的安装中包含排水管 0.4 m/组，也含一个存水弯。

(1) 给水管界限：水平管与支管的交接处。

(2) 排水管界限：以存水弯排出口的三通为界，与蹲便器的情况相同。

6. 小便器

(1) 给水管界限：参照蹲便器的高水箱或冲洗阀规定。

(2) 排水管界限：排水横支管与器具立支管的交接处，定额中包含 DN50 排水管 0.4 m/组。

7. 淋浴器

(1) 给水管界限：水平管与支管的交接处，如图 5-7 所示。

(2) 排水管界限：地漏另计。

8. 地漏、地面清扫口

定额中包含排水管 0.4 m/个，一般是排水横支管与器具立支管的交接处，特殊高度时要按(h−0.4)m/个计算管道工程量，如图 5-8 所示。

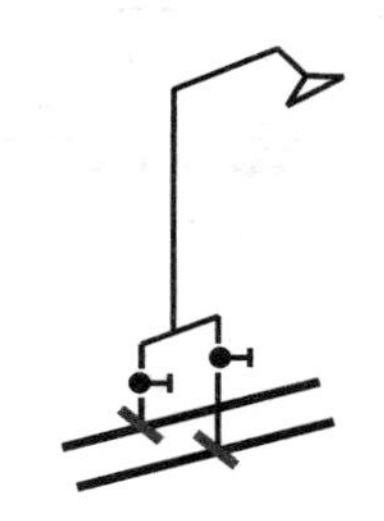

图 5-7 淋浴器给水管界限

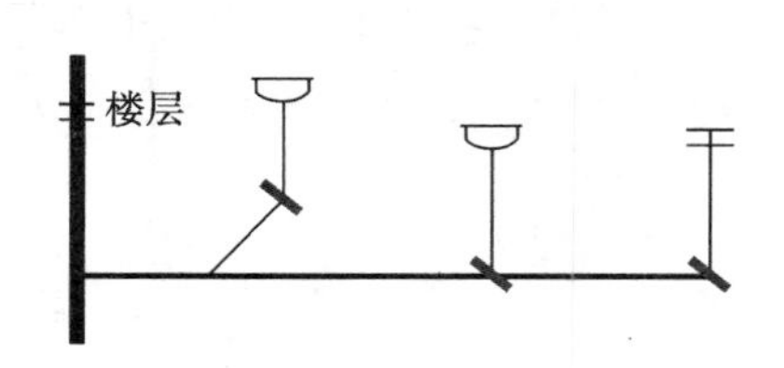

图 5-8 地漏、地面清扫口排水管界限

9. 排水栓

排水栓定额分类有两种：带存水弯的排水栓，定额内含存水弯一个；不带存水弯的排水栓，定额含排水管 0.5 m/个。

排水栓安装形式有Ⅰ型和Ⅱ型，排水管分界如图 5-9 所示。

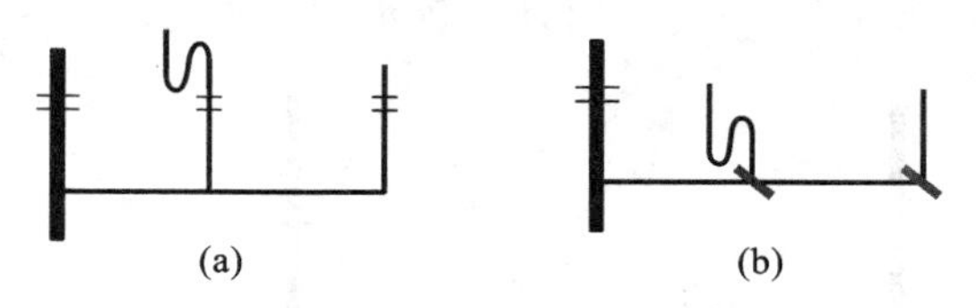

图 5-9 排水栓排水管分界

10. 小便槽

(1) 给水管界限：算至冲洗花管的高度(图 5-10)，阀门、冲洗花管另计算。

(2) 排水管界限：一般按地漏的规定计算。

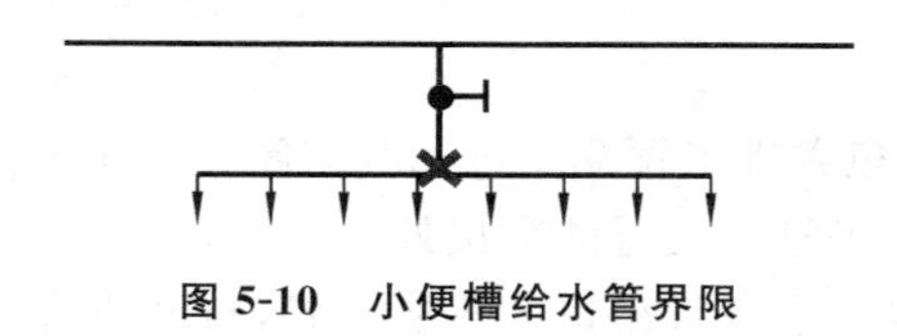

图 5-10 小便槽给水管界限

5.2.5 给排水工程量计算规则

(1) 基价项目。

室内给排水工程施工图预算所套用的项目主要有如下几个方面。

①室内给排水管管道安装(钢管、给水复合管)。

②套管(防水套管、钢套管)的制作安装。

③给水管道支架的制作安装。

④法兰安装。

⑤阀门安装。

⑥水表的组成与安装。

⑦卫生器具的安装。

⑧给水管道的消毒冲洗。

⑨管道、支架及设备的除锈、刷油等。

⑩热水供应管道伸缩器、减压器、疏水器的安装。

⑪热水供应管道的绝热。

⑫室内外给排水管道土方工程。

(2) 管道安装的说明及计算规则。

①各种管道均以施工图所示中心长度计算延长米，不扣除阀门和管件(包括减压阀、疏水器、水表、伸缩器等组成安装)所占的长度。

②管道安装已经综合考虑了接头零件、水压试验、灌水试验及钢管弯管制作、安装(伸缩器除外)。

③室内 DN≤32 mm 的给水、采暖管道均已包括管卡及托钩制作安装，支架防腐的工程量需要另计。

④钢套管的制作、安装按室外管道(焊接)子目计算。

⑤管道须消毒、冲洗。如设计要求仅冲洗不消毒时，可扣除材料费中漂白粉的价格，其余不变。

⑥室内外管道挖填土方及管道基础的工程量需另计，需参考土建定额。

⑦室内塑料排水管综合考虑了消音器安装所需的人工，但消音器本身的价格应按设计要求另计。

(3) 阀门、水位标尺安装的说明及计算规则。

①螺纹阀门安装适用于各种内外连接的阀门安装。如管件材质与项目给定的材料不同时，可做调整。

②法兰阀门安装适用于各种法兰阀门的安装。如仅为一侧法兰连接时，法兰、带帽螺栓及钢垫圈数量应减半。

③三通调节阀安装按相应阀门安装项目乘以系数 1.5。

④各种阀门安装均以“个”为计量定额单位。浮球阀已包括了联杆及浮球的安装。

(4) 低压器具、水表组成与安装的说明及计算规则。

①减压器、疏水器组成安装以“组”为计量定额单位，按标准图集 N108 编制。如实际组成与此不同时，阀门和压力表数量可按设计用量进行调整。

②法兰水表安装按标准图集 S145 编制，其中已包括旁通管及止回阀的安装。如实际形式与此不同时，阀门及止回阀数量可按实际调整。

③水表安装以“组”为计量定额单位，不分冷、热水表，均执行水表组成安装相应项目。如阀门、管件材质不同时，可按实际调整。螺纹水表安装已包括配套阀门的安

装人工及材料，不应重复计算。

④减压器安装按高压侧的直径计算。

⑤远传式水表、热量表不包括电气接线。

(5) 卫生器具制作安装的说明及计算规则。

①浴盆安装适用于各种型号和材质，但不包括浴盆支座和周边的砌砖、瓷砖的粘贴。

②洗脸盆、洗手盆、洗涤盆适用于各种型号，但台式洗脸盆不包括台板、支架。

③冷热水混合器安装项目中，已包括温度计的安装，但不包括支架制作安装及阀门安装。

④蒸汽-水加热器安装项目中，已包括莲蓬头安装，但不包括支架制作安装、阀门和疏水器安装。

⑤复合管连接的卫生器具安装项目中，人工按热熔连接、粘接或卡套、卡箍连接综合取定。如设计管道和管件不同时，可做调整，其他不变。

⑥电热水器、开水炉安装项目内只考虑了本体安装，连接管、连接件等可按相应项目另计。

⑦饮水器安装项目中未包括阀门和脚踏开关的安装，可按相应项目另计。

⑧大、小便槽水箱托架安装项目中已按标准图集计算在相应的项目内。

⑨蹲式大便器安装项目中，已包括了固定大便器的垫砖，但不包括大便器的蹲台砌筑。

5.3 给排水工程案例分析

5.3.1 某给排水工程的工程概况、施工图与施工说明

1. 工程概况

某五层住宅楼共三个单元，每单元十户。

由户外阀门井埋地引入自来水供水管道，通过立管经各户横支管上的水表向厨房和卫生间设备供水。由小区换热站经地沟引入热水管道，并通过立管经各户热水表。由横支管向厨房和卫生间设备供水。热水回水立管返回地沟，通向小区换热站。卫生间与厨房的排水管道经不同排水立管分别经其排出管引至室外化粪池。

本工程预算范围如下。

给水工程：自户外阀门井至各户用水器具。

热水工程：自管沟入口阀门至各户用水器具。

排水工程：自各户排水器具至室外化粪池。

2. 施工图

由于本住宅三个单元给水、热水、排水工程完全一致，为简单、清楚和便于学习起

见，仅给出中间单元的给水、热水、排水工程施工图。

(1) 中间单元底层给水、热水、排水工程平面图(图5-11)。

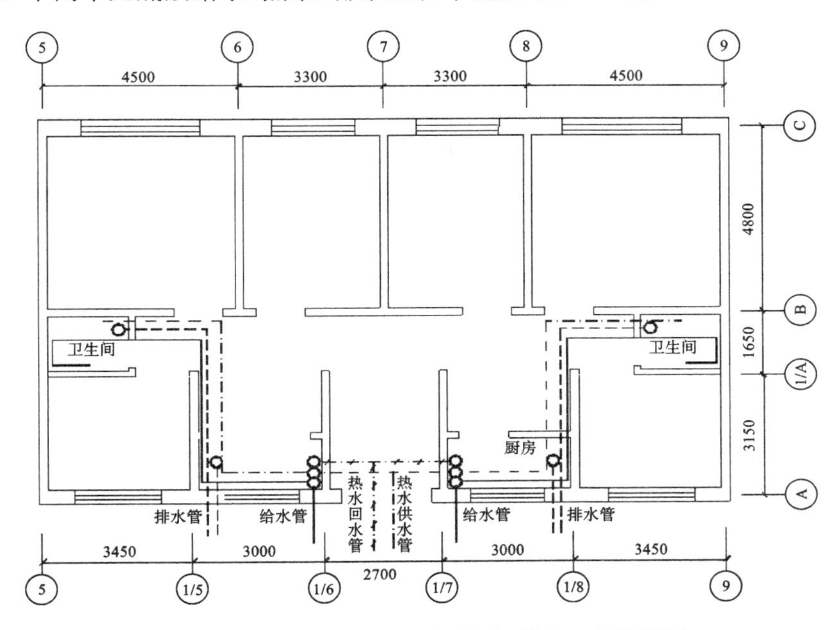

图5-11　中间单元底层给水、热水、排水工程平面图

(2) 厨房给水、热水、排水工程平面图(图5-12)。

(3) 卫生间给水、热水、排水工程平面图(图5-13)。

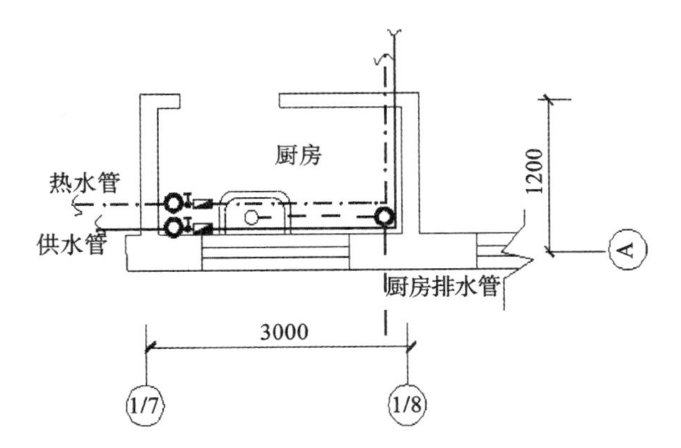

图5-12　厨房给水、热水、排水工程平面图

(4) 中间单元给水系统轴测图(图5-14)。

(5) 中间单元热水系统轴测图(图5-15)。

(6) 中间单元排水系统轴测图(仅右边五层用户，图5-16)。

3. 施工说明

(1) 给水管道采用镀锌钢管(螺纹连接)，进户埋地引入，室内立管明敷设于房间

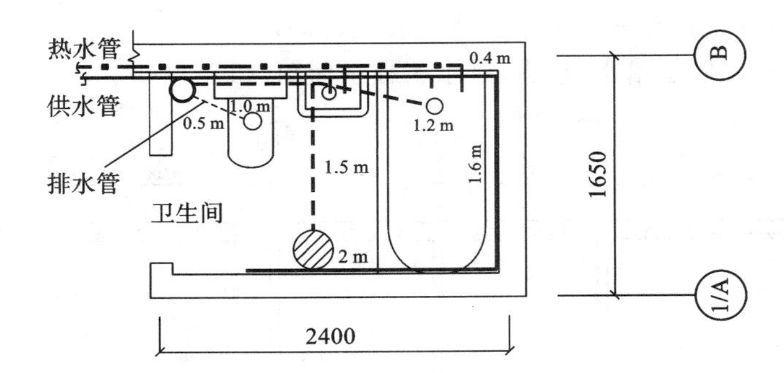

图 5-13 卫生间给水、热水、排水工程平面图

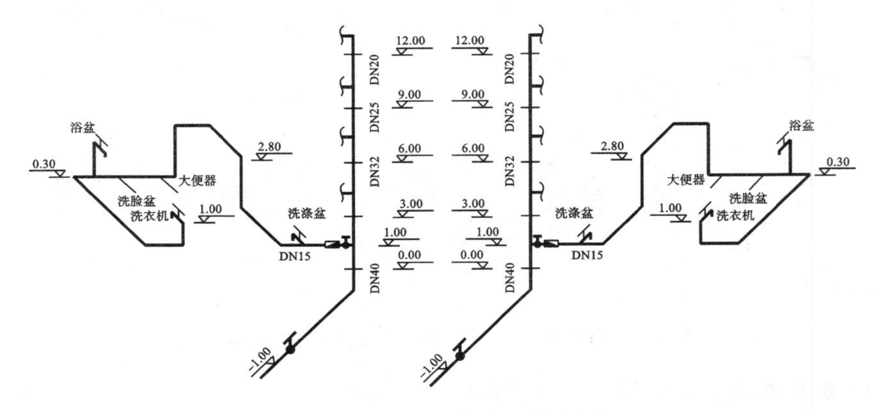

图 5-14 中间单元给水系统轴测图

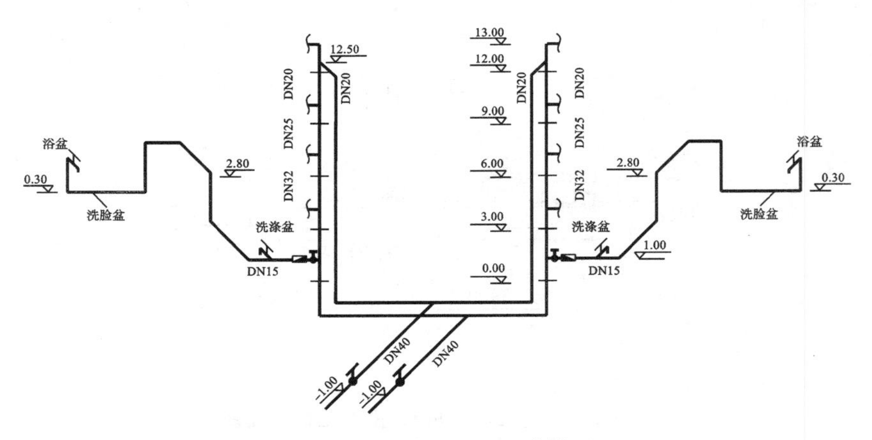

图 5-15 中间单元热水系统轴测图

阴角处，各户横支管沿墙、沿吊顶明敷设，安装高度见相应施工图。

(2) 热水管道、热水回水管道在地沟内并排敷设于水平支架上，亦采用镀锌钢管(螺纹连接)，其立管与横管的敷设方式与给水管道相同。热水及热水回水管道穿墙设镀锌铁皮套管，穿楼板时设钢套管。

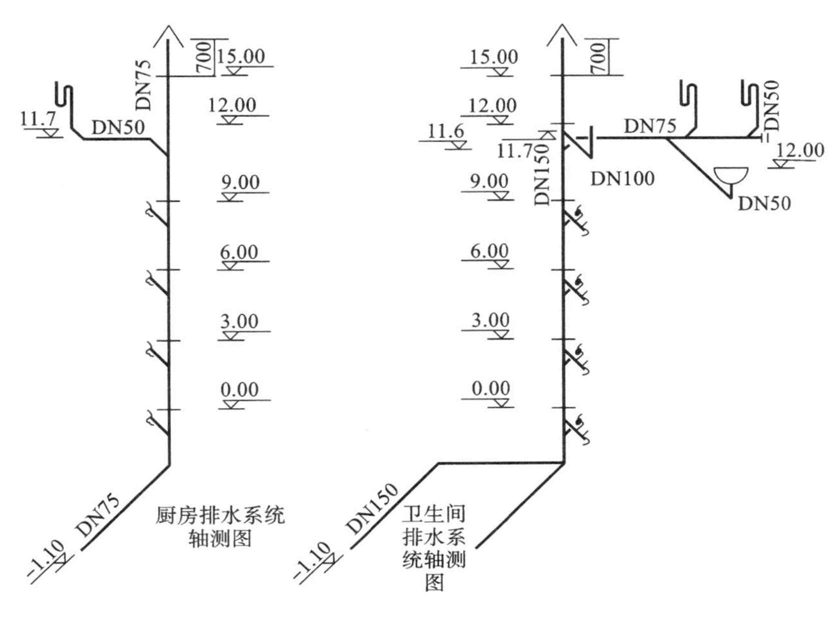

图 5-16 中间单元排水系统轴测图(仅右边五层用户)

(3) 冷、热水管道同时安装时应符合下列规定。

①上、下平行安装时热水管道应在冷水管道上方。

②垂直平行安装时热水管道应在冷水管道左侧。

③给水管道在交付使用前必须冲洗和消毒。

④热水管道在交付使用前必须冲洗。

⑤地沟内的热水管采用泡沫塑料瓦块(δ=40 mm)保温,缠绕玻璃丝布保护层后刷沥青漆两道。

⑥排水管道采用承插铸铁排水管(水泥接口),明敷设时,铸铁管除锈刷红丹防锈漆一道,银粉漆两道。埋地敷设时,铸铁管除锈后刷热沥青两道防腐。

⑦排水立管明敷设于厨房、卫生间墙阴角。横管(除底层外)设于下层顶棚下,横管与立管三通连接点距楼板下表面距离不超过 500 mm,底层横支管埋在地坪下。

⑧其他未详尽事宜均按国家颁发的施工及验收规范的有关规定执行。

5.3.2 编制的依据

(1) 中间单元的给水、热水、排水工程施工图。

(2)《内蒙古自治区安装工程预算定额》计算规则。

(3)《内蒙古自治区安装工程预算定额》第八册《给排水、采暖、燃气工程》,第十一册《刷油、防腐蚀、绝热工程》。

(4)《内蒙古自治区安装工程预算定额》费用定额。

(5) 该工程项目所在地区 2017 年 3—4 月份建设工程材料价格信息。

5.3.3 工程量计算

1. 室内给水系统安装

(1) 镀锌钢管(螺纹连接)。

DN40:[1.6(阀门井至外墙皮)+0.4(外墙皮至立管)+1+1+3(高低差)]×6=42(m)。

DN32:3×6=18(m)。

DN25:3×6=18(m)。

DN20:3×6=18(m)。

DN15:[3(轴线1/7~1/8距离)+(3.15+1.65)(轴线Ⓐ~Ⓑ距离)+3.45(轴线1/8~⑨距离)+(2.8−1)+(2.8−0.3)(轴线1/A~Ⓑ标高差)+(1−0.3)×2(水龙头安装点标高差)+(1.6+2)(图5-13标注)]×30=617(m)

(2) 管道支架制作安装。

DN40支架:每根立管上1个,6根立管共6个。支架尺寸为∟40×4×375,ϕ10圆钢长度为190 mm。

查得单位长度理论重量如下:∟40×4角钢为2.42 kg/m;ϕ10圆钢为0.62 kg/m。

故管道支架重量为(2.42×0.375+0.62×0.19)×6≈6.2(kg)。

(3) 管道消毒冲洗。

DN50以下管道为42+18+18+18+617=713(m)。

(4) 阀门安装。

每个进户阀门井安装DN40螺纹阀门1个,全楼6处阀门井共6个。

(5) 水表组成与安装。

水表定额包括表前阀门安装。每户给水管道安装DN15螺纹水表1组,全楼共30户共30组。

(6) 洗衣机水龙头安装。

每户给水管道安装DN15水龙头1个,全楼共30户,共30个。

2. 热水供应系统安装

(1) 镀锌钢管(螺纹连接)。

①DN40为45+6=51(m)。

DN40供热管:[1.5(室外至外墙皮)+0.5(外墙皮至管沟)+2.7(轴线1/6~1/7距离)+0.3(轴线1/6~1/7至两边立管距离之和)+(1+1+3)×2(标高差)]×3=45(m)。

DN40回水管:[1.5(室外至外墙皮)+0.5(外墙皮至管沟)]×3=6(m)。

②DN32:3×6=18(m)。

③DN25:3×6=18(m)。

④DN20共18+93=111(m)。

DN20 供热管：3×6＝18(m)。

DN20 回水管：[0.5(供水与回水管的连管)＋(12.5＋1)(回水立管长度)]×6＋[2.7(轴线1/6～1/7距离)＋0.3(轴线1/6～1/7至两边立管距离之和)]×3＝93(m)。

⑤DN15：[3(轴线1/7～1/8距离)＋(3.15＋1.65)(轴线Ⓐ～Ⓑ距离)＋(3.45－0.4)(轴线1/8～浴盆水龙头)＋(2.8－1)＋(2.8－0.3)(轴线1/A～Ⓑ标高差)＋(1－0.3)(浴盆水龙头安装点标高差)]×30＝476(m)。

(2) 管道穿楼板钢套管制作安装(套管长度均按 300 mm 计，见表 5-8)。

表 5-8　穿楼板钢套管长度

管道	穿楼板钢套管	数量(个)	钢管长度(m)
DN20	DN32	1×30＝30	0.3×30＝9
DN25	DN40	2×30＝60	0.3×60＝18
DN32	DN40		
DN40	DN50	2×30＝60	0.3×30＝9

(3) 管道穿墙镀锌铁皮套管制作(见表 5-9)。

表 5-9　管道穿墙镀锌铁皮套管制作数量

管道	穿墙镀锌铁皮套管	数量(个)
DN15	DN25	2×30＝60

(4) 管道支架制作安装。

DN40 支架：

地沟内安装 DN40 双管支架 4 个，3 个单元共 12 个；

立管上安装 DN40 双管支架 1 个，6 根立管共 6 个。

支架及其圆钢卡箍的规格如下：单管支架尺寸为∟ 40×4×375，ϕ10 圆钢长度为 190 mm。查得单位长度理论重量如下：∟ 40×4 角钢为 2.42 kg/m；ϕ10 圆钢为 0.62 kg/m。故单管支架总质量为[2.42×0.375 ＋ 0.62×0.19] ×6≈6.2(kg)。

(5) 管道消毒冲洗。

DN50 以下管道为 51＋18＋18＋111＋476＝674(m)。

(6) 阀门安装。

每单元进户安装 DN40 螺纹阀门 2 个，全楼共 6 个。

(7) 水表组成与安装。

水表定额包括表前阀门安装。每户给水管道安装 DN15 螺纹水表 1 组，全楼共 30 户共 30 组。

3. 室内排水系统安装

(1) 承插铸铁排水管安装。

①厨房。

DN75:[2(户外化粪池至厨房立管)+(1.1+15+0.7)(立管总高度)]×6=112.8(m)。

DN50:[(12−11.7)(标高差)+1.5(图 5-12)+0.07(45°斜三通增加长度)]×30=56.1(m)。

②卫生间。

DN150:[(2+3.15+1.65)(户外化粪池至轴线Ⓑ)+(3.45−2.4+0.4)(轴线1/8至立管)+(1.1+15+0.7)(立管总高度)]×6=150.3(m)。

DN100:[0.5(图 5-13 标注)+(12−11.7)(标高差)+0.1(45°斜三通增加部分)] ×30=27(m)。

DN75:[(1.2+1.0)(图 5-13 标注)+0.1(45°斜三通增加部分)]×30=69(m)。

DN50:[1.5(图 5-13 标注)+(12−11.7)×3(标高差)+0.07×3(45°斜三通增加部分)] ×30=78.3(m)。

(2) 浴盆安装(冷热水带喷头搪瓷浴盆 30 组)。

(3) 洗脸盆安装(冷热水洗脸盆 30 组)。

(4) 洗涤盆安装(双嘴洗涤盆 30 组)。

(5) 坐式大便器安装(连体水箱坐便器 30 套)。

(6) 地漏安装(DN50 地漏 30 个)。

(7) 水平清扫口和地面扫除口安装(水平清扫口(清通口)24 个,地面扫除口 6 个)。

4. 除锈刷油保温工程

(1) 埋地镀锌钢管刷热沥青。

DN40:[1.6(阀门井至外墙皮)+0.4(外墙皮至立管)+1(高低差)]×6=18(m)。除锈刷油工程量见表 5-10。

表 5-10 埋地镀锌钢管除锈刷油工程量

管型	外径 D(m)	长度 L(m)	表面积 $S=\pi DL$(m^2)
DN40	0.048	18	2.7≈3

(2) 铸铁排水管除锈与刷油。

①埋地部分。

DN50:1.87×6(底层厨房)+2.61×6(底层卫生间)=26.9(m)。

DN75:(2+1.1)×6+2.3×6(底层卫生间)=32.4(m)。

DN100:0.9×6(底层卫生间)=5.4(m)。

DN150:[(2+3.15+1.65)(户外化粪池至轴线Ⓑ)+(3.45−2.4+0.4)(轴线1/8至立管)+1.1(标高差)] ×6=56.1(m)。

除锈刷油工程量见表 5-11。

②明敷设部分:按全长减埋地部分计算。

DN50：56.1＋78.3－26.9＝107.5(m)。

DN75：112.8＋69－32.4＝149.4(m)。

DN100：27－5.4＝21.6(m)。

DN150：150.3－56.1＝94.2(m)。

除锈刷油工程量见表 5-12。

表 5-11　铸铁排水管埋地部分除锈刷油工程量

管型	外径 D(m)	长度 L(m)	表面积 $S=1.2\pi DL$(m^2)
DN50	0.06	26.9	6.1
DN75	0.085	32.4	10.4
DN100	0.11	5.4	2.23
DN150	0.162	56.1	34.3
埋地部分铸铁排水管除锈与刷油总面积			54

表 5-12　铸铁排水管明敷设部分除锈刷油工程量

管型	外径 D(m)	长度 L(m)	表面积 $S=1.2\pi DL$(m^2)
DN50	0.06	107.5	24.3
DN75	0.085	149.4	47.9
DN100	0.11	21.6	8.95
DN150	0.162	94.2	57.5
明敷设部分铸铁排水管除锈与刷油总面积			139

(3) 管道支架除锈与刷油。

①6.2(单管支架)＋56.12(双管支架)≈62(kg)。

②楼板下铸铁管吊架重量按 DN100(2.2 kg/个)、DN75(1.5 kg/个)、DN50(1 kg/个)计算。

厨房：DN50 吊架 1 个。

卫生间：DN50 吊架 2 个、DN75 吊架 2 个、DN100 吊架 1 个。

铸铁管吊架总重量为(3×1＋2×1.5＋1×2.2)×24≈197(kg)。

③单立管角钢卡子重量按 DN20(0.19 kg/个)、DN25(0.20 kg/个)、DN32(0.22 kg/个)、DN75(1.5 kg/个)、DN150(2.2 kg/个)计算。

单立管角钢卡子总重量为{0.19×[2(给水立管)＋2＋2×5(热水立管及回水管)]＋0.20×4＋0.22×4(给水及热水立管)＋1.5×2×5＋2.2×2×5(排水立管)}×3(单元)≈124(kg)。

④管道支架总重量为 62＋197＋124＋17(零星部分)＝400(kg)。

(4) 绝热层安装。

①DN40 共 21＋6＝27(m)。

DN40 供热管：[1.5(室外至外墙皮)+0.5(外墙皮至管沟)+2.7(轴线⑯～⑰距离)+0.3(轴线⑯～⑰至两边立管距离之和)+1×2(标高差)]×3=21(m)。

DN40 回水管：[1.5(室外至外墙皮)+0.5(外墙皮至管沟)] ×3=6(m)。

②DN20：[1(回水立管地下部分)]×6+2.7(轴线⑯～⑰距离)+0.3(轴线⑯～⑰至两边立管距离之和)=9(m)。

保温层体积的计算(绝热层厚 δ=40 mm)见表 5-13。

表 5-13 保温层体积的计算

管型	外径 D(m)	长度 L(m)	保温层体积(m³) $V=\pi L\ (D+1.033\delta)\times1.033\delta$
DN40	0.048	27	0.313
DN20	0.027	9	0.08
保温层体积			0.4

(5) 绝热保护层安装、刷油保护层面积的计算见表 5-14。

表 5-14 绝热保护层安装、刷油保护层面积的计算

管型	外径 D(m)	长度 L(m)	保护层面积(m²) $S=\pi L\ (D+2.1\delta)$
DN40	0.048	27	11.2
DN20	0.027	9	3.14
保护层面积			14.34≈15

5. 埋地管道挖土、回填土及砌筑工程(略)

6. 工程量计算表

为使初学者掌握工程量的计算步骤与方法，在以上工程量计算中，尽量用文字将计算过程表述出来。但在实际工作中，为简明、清楚起见，一般不用文字说明计算过程，而是采用填写工程量计算表的方法进行计算。即将各分项工程名称、计算公式、计量单位和数量逐项填入工程量计算表的相应栏目内。本例住宅楼给水、排水工程工程量计算见表 5-15。

当按施工图计算管道工程量时，各管段长度在工程量计算表中的“计算式”一栏中，只列水平段长度(按平面图量取)和垂直段长度(按标高差计算)。

7. 工程量汇总表

根据预算定额中分项工程子目和各子目的定额编号，把工程量计算表中的同类项(即型号、规格相同的相目)工程量合并，填入工程量汇总表，详细计算结果见表 5-16至表 5-19。

工程量汇总表中的分项工程子目名称、定额编号和计量单位必须与所用定额一致。该工程量汇总表中的工程量数值，才是计算定额直接费时直接使用的数据。

表 5-15　工程量计算表(工程名称:住宅楼给水、排水工程)

序号	分项工程名称	计算式	单位	工程量
1	室内给水系统安装			
(1)	镀锌钢管(螺纹连接)			
	DN40	[1.6+0.4+(1+1+3)]×6	m	42
	DN32	3×6	m	18
	DN25	3×6	m	18
	DN20	3×6	m	18
	DN15	[3+(3.15+1.65)+3.45+(2.8−1)+(2.8−0.3)+(1−0.3)×2+(1.6+2)]×30	m	617
(2)	管道支架制作安装			
	DN40 支架	(2.42×0.375 + 0.62×0.19)×6	kg	6.2
(3)	管道消毒冲洗			
	DN50 以下管道	42+18+18+18+617	m	713
(4)	阀门安装			
	DN40 螺纹闸阀	1×6	个	6
(5)	水表组成与安装			
	DN15 螺纹水表	1×30	个	30
(6)	洗衣机水龙头安装			
	DN15 水龙头	1×30	个	30
2	热水供应系统安装			
(1)	镀锌钢管(螺纹连接)			
	DN40	供热管:[1.5+0.5+2.7+0.3+(1+1+3)×2]×3=45 回水管:(1.5+0.5)×3=6	m	51
	DN32	3×6	m	18
	DN25	3×6	m	18
	DN20	供热管:3×6=18 回水管:[0.5+(12.5+1)]×6+(2.7+0.3)×3=93	m	111
	DN15	[3+(3.15+1.65)+(3.45−0.4)+(2.8−1)+(2.8−0.3)+(1−0.3)]×30	m	476
(2)	管道穿楼板钢套管			
	DN32	1×30	个	30

续表

序号	分项工程名称	计算式	单位	工程量
	DN40	2×30	个	60
	DN50	2×30	个	60
(3)	穿墙镀锌铁皮套管			
	DN25	2×30	个	60
(4)	管道支架制作安装			
	单管支架 双管支架	(2.42×0.375+0.62×0.19)×6≈6.2 8×0.555×12 ＋ 0.62×0.19×12×2 ≈56.12	kg	63
(5)	管道消毒冲洗			
	DN50 以下管道	51＋18＋18＋111＋476	m	674
(6)	阀门安装			
	DN40 螺纹阀门	2×3	个	6
(7)	水表组成与安装			
	DN15 螺纹水表	1×30	组	30
3	室内排水系统安装			
(1)	承插铸铁排水管(水泥接口)安装			
	DN50	厨房:(12－11.7＋1.5＋0.07)×30＝56.1 卫生间:[1.5＋(12－11.7)×3＋0.07×3]×30＝78.3	m	134.4
	DN75	厨房:[2＋(1.1＋15＋0.7)]×6＝112.8 卫生间:(1.2＋1.0 ＋0.1)×30＝69	m	181.8
	DN100	[0.5＋(12－11.7)＋0.1]×30＝27	m	27
	DN150	[(2＋3.15＋1.65)＋(3.45－2.4＋0.4)＋(1.1＋15＋0.7)]×6	m	150.3
(2)	浴盆安装			
	冷热水带喷头搪瓷浴盆	1×30	组	30
(3)	洗脸盆安装			
	冷热水洗脸盆	1×30	组	30
(4)	洗涤盆安装			
	双嘴洗涤盆	1×30	组	30

续表

序号	分项工程名称	计算式	单位	工程量
(5)	坐式大便器安装			
	连体水箱坐便器	1×30	套	30
(6)	地漏安装			
	DN50 地漏	1×30	个	30
(7)	水平清扫口和地面扫除口安装			
	水平清扫口(清通口) 地面扫除口	1×24 1×6	个	24 6
4	除锈刷油保温工程			
(1)	DN40 埋地镀锌钢管刷热沥青	π×0.048×18	m^2	3
(2)	铸铁排水管除锈与刷油			
	埋地部分	1.2×π×(0.06×26.9+0.085×32.4+0.11×5.4+0.162×56.1)	m^2	54
	明敷设部分	1.2×π×(0.06×107.5+0.085×149.4+0.11×21.6+0.162×94.2)	m^2	139
(3)	管道支架除锈与刷油	6.2(单管支架)+56.12(双管支架)≈62 铸铁管吊架总重量为(3×1+2×1.5+1×2.2)×24=197 单立管角钢卡子总重量为{0.19×[2(给水立管)+2+2×5(热水立管及回水管)]+0.20×4+0.22×4(给水及热水立管)+1.5×2×5+2.2×2×5(排水立管)}×3(单元)≈124 零星部分:17 管道支架总重量为 62+197+124+17	kg	400
(4)	绝热层(泡沫塑料瓦块)安装	保温层体积:DN40 为 π×27(0.048+1.033×0.04)×1.033×0.04 DN20 为 π×9(0.027+1.033×0.04)×1.033×0.04	m^3	0.4
(5)	绝热保护层(玻璃丝布保护层)安装	DN40 为 π×9×(0.048+2.1×0.04) DN20 为 π×27×(0.027+2.1×0.04)	m^2	15
(6)	绝热保护层刷油	同上	m^2	15

表 5-16　单位工程费汇总表

代号	项目名称	计算公式	费率(%)	金额(元)
一	直接费	按定额及相关规定计算		39874
	直接工程费	按定额及相关规定计算		39198
A	其中:人工费	按定额计算		6728
	材料费	定额材料费×材料综合扣税系数	0.86	32278
B	机械费	定额机械费×机械综合扣税系数	0.89	192
	措施项目费	按定额及相关规定计算		676
	单价或专业措施项目费	按定额及相关规定计算		
C	其中:人工费	按定额计算		
	材料费	定额材料费×材料综合扣税系数		
D	机械费	定额机械费×机械综合扣税系数		
	通用措施项目费	(A+B+商折+沥青混凝土折)×费率		676
E	其中:人工费	(A+B+商折+沥青混凝土折)×费率×20%		135
	材料费	(A+B+商折+沥青混凝土折)×费率×80%		541
	通用措施项目费明细			
	安全文明施工费	(A+B+商折+沥青混凝土折)×费率	2.1	146
	临时设施费	(A+B+商折+沥青混凝土折)×费率	4.5	312
	雨季施工增加费	(A+B+商折+沥青混凝土折)×费率	0.3	21
	已完、未完工程保护费	(A+B+商折+沥青混凝土折)×费率	0.5	35
	远程视频监控增加费	(A+B+商折+沥青混凝土折)×费率	0.82	57
	扬尘治理增加费	(A+B+商折+沥青混凝土折)×费率	1.15	80
Z1	商品混凝土折合取费基数	2010-10 文商品混凝土取费基数		
Z2	沥青混凝土中人工费+机械费			
二	企业管理费	(A+B+C+D+E+Z1+Z2)×费率	18	1270
三	利润	(A+B+C+D+E+Z1+Z2)×费率	17.5	1235
Q1	总包服务费	按合同约定计算		
Q2	单项材料调整	明细附后		24292
Q3	材料系数调整	一×系数		
Q4	未计价主材费	明细附后		27635
Q5	未计价设备费			
Q6	人工费调整	按相关规定计算	56	3864

续表

代号	项目名称	计算公式	费率(%)	金额(元)
	其中:定额人工费调整	人工费×系数	56	3843
	其中:机械人工费调整	人工费×系数	56	21
四	价差调整、总包服务费、人工费调整	以上6项合计		55791
五	规费前合计	一+二+三+四		98170
	规费:养老失业保险	五×费率	2.5	2454
	基本医疗保险	五×费率	0.7	687
	住房公积金	五×费率	0.7	687
	工伤保险	五×费率	0.1	98
	生育保险	五×费率	0.07	69
	水利建设基金	五×费率	0.1	98
六	规费合计	以上7项规费合计	4.17	4093
	甲供人、材、机	甲供人、材、机		
七	税前合计	五+六		102263
八	税金	七×税率	11	11249
九	含税工程造价	壹拾壹万叁仟伍佰壹拾贰元整		113512

表5-17　定额计价(工程名称:住宅楼给水、排水工程)

序号	定额号	名　称	单位	工程量	基价	直接费
1	a8-98	室内镀锌钢管(螺纹连接)安装　公称直径15 mm以内	m	109.3	15.63	1708
2	a8-99	室内镀锌钢管(螺纹连接)安装　公称直径20 mm以内	m	12.9	17.31	223
3	a8-100	室内镀锌钢管(螺纹连接)安装　公称直径25 mm以内	m	3.6	22.19	80
4	a8-101	室内镀锌钢管(螺纹连接)安装　公称直径32 mm以内	m	3.6	25.62	92
5	a8-102	室内镀锌钢管(螺纹连接)安装　公称直径40 mm以内	m	9.3	29.38	273
6	a8-155	室内承插铸铁排水管(水泥接口)安装　公称直径50 mm以内	m	13.44	57.37	771
7	a8-156	室内承插铸铁排水管(水泥接口)安装　公称直径75 mm以内	m	18.18	89.31	1624

续表

序号	定额号	名　　称	单位	工程量	基价	直接费
8	a8-157	室内承插铸铁排水管(水泥接口)安装　公称直径 100 mm 以内	m	2.7	139.03	375
9	a8-158	室内承插铸铁排水管(水泥接口)安装　公称直径 150 mm 以内	m	15.03	188.45	2832
10	a8-198	室内穿楼板钢套管制作安装　公称直径 32 mm 以内	个	18	8.05	145
11	a8-199	室内穿楼板钢套管制作安装　公称直径 40 mm 以内	个	36	10.8	389
12	a8-200	室内穿楼板钢套管制作安装　公称直径 50 mm 以内	个	18	12.89	232
13	a8-176	镀锌铁皮套管制作　公称直径 25 mm 以内	个	60	2.31	139
14	a8-215	室内管道支架制作安装	kg	63	11.81	744
15	a8-279	管道消毒、冲洗　公称直径 50 mm 以内	m	1337	0.5	668
16	a8-294	螺纹阀门安装　公称直径 40 mm 以内	个	12	19.11	229
17	a8-1002	(塑料管件粘接)螺纹水表(不带旁通管及止回阀)安装　公称直径 15 mm 以内	组	60	78.81	4729
18	a8-456	搪瓷浴盆安装　冷热水带喷头	组	30	302.89	9087
19	a8-467	洗脸盆安装　钢管组成　冷热水	组	30	219.82	6595
20	a8-467	洗脸盆安装　钢管组成　冷热水	组	30	219.82	6595
21	a8-500	坐式大便器安装　连体水箱	套	30	386.69	11601
22	a8-523	普通水嘴安装　公称直径 15 mm 以内	个	30	13.9	417
23	a8-535	地漏安装	个	30	34.4	1032
24	a8-540	地面扫除口安装	个	30	18.45	553
25	a11-1	手工除管道轻锈	m^2	193	1.64	317
26	a11-7	手工除一般钢结构轻锈	kg	4	0.21	1
27	a11-66	管道刷沥青漆　第一遍	m^2	0.3	3.78	1
28	a11-67	管道刷沥青漆　第二遍	m^2	0.3	3.38	1
29	a11-51	管道刷红丹防锈漆　第一遍	m^2	13.9	2.58	36
30	a11-52	管道刷红丹防锈漆　第二遍	m^2	13.9	2.41	34
31	a11-56	管道刷银粉漆　第一遍	m^2	13.9	2.2	31
32	a11-57	管道刷银粉漆　第二遍	m^2	13.9	2.07	29

续表

序号	定额号	名　　称	单位	工程量	基价	直接费
33	a11-66	管道刷沥青漆　第一遍	m^2	5.4	3.78	20
34	a11-67	管道刷沥青漆　第二遍	m^2	5.4	3.38	18
35	a11-117	一般钢结构刷红丹防锈漆　第一遍	kg	4	0.17	1
36	a11-118	一般钢结构刷红丹防锈漆　第二遍	kg	4	0.16	1
37	a11-119	一般钢结构刷防锈漆　第一遍	kg	4	0.14	1
38	a11-120	一般钢结构刷防锈漆　第二遍	kg	4	0.14	1
39	a11-1754	管道(Φ 57 mm 以下)(绝热)泡沫玻璃瓦块安装厚度 40 mm	m^3	0.4	882.68	353
40	a11-2234	管道玻璃布防潮层、保护层安装	m^2	1.5	3.34	5
41	a11-206	铸铁管、散热器刷热沥青　第一遍	m^2	1.5	16.17	24
42	a11-207	铸铁管、散热器刷热沥青　第二遍	m^2	1.5	7.43	11
		合计				52017

表 5-18　未计价主材明细表

序号	材料名称	单位	数量	定额价	合计
1	闸阀 DN40	个	12.12	180	2182
2	搪瓷浴盆	个	30	980	29400
3	泡沫玻璃瓦块	m^3	0.46	1200	552
	合计				32134

表 5-19　材料调差

序号	材料名称	单位	数量	定额价	市场价	调整额	价差合计
	材料价差(小计)						28247
1	水嘴 DN15	个	30.3	12.6	21.84	9.24	280
2	浴盆混合水嘴带喷头	套	30.3	199.5	290	90.5	2742
3	洗脸盆	个	30.3	38.35	280	241.65	7322
4	连体坐便器(包括配件)	套	30.3	352	890	538	16301
5	地面扫除口 DN50	个	30	15.26	34	18.74	562
6	镀锌钢管 DN15	m	144.486	5.06	6.7	1.64	237
7	镀锌钢管 DN20	m	22.158	6.64	7.45	0.81	18
8	镀锌钢管 DN25	m	3.672	9.08	10.99	1.91	7
9	镀锌钢管 DN32	m	3.672	11.75	12.38	0.63	2

续表

序号	材料名称	单位	数量	定额价	市场价	调整额	价差合计
10	镀锌钢管 DN40	m	9.486	14.42	15.67	1.25	12
11	镀锌钢管 DN50	m	3.672	18.32	19.87	1.55	6
12	镀锌钢管 DN65	m	7.344	24.94	25.99	1.05	8
13	镀锌钢管 DN80	m	3.672	31.32	33.97	2.65	10
14	焊接钢管 DN50	m	6	15.82	16.78	0.96	6
15	承插铸铁排水管 DN50	m	11.827	35	42	7	83
16	承插铸铁排水管 DN75	m	16.907	49	58	9	152
17	承插铸铁排水管 DN100	m	2.403	73.5	89	15.5	37
18	承插铸铁排水管 DN150	m	14.429	126	158	32	462
	合计						28247

【本章小结】

本章介绍了第八册定额的使用及相关计算规则，通过案例分析全面系统地阐述了使用第八册定额进行定额计价的过程。

本章通过典型案例讲解分析，使学生能够独立完成给排水预算的编制。

第6章　采暖工程

【学习目标】

通过学习本章的内容，熟悉《内蒙古自治区安装工程预算定额》第八册《给排水、采暖、燃气工程》(DYD15-508—2009)的内容，并了解本册定额中采暖工程的计算规则，掌握管道之间的划分界限及采暖工程预算的编制。

【学习要求】

能力目标	知识点梳理与归纳
了解管道界限划分	本章管道与其他管道的划分界限
熟悉《给排水、采暖、燃气工程》(DYD15-508—2009)消耗量定额的内容	消耗量定额中的各分项工程的工作内容
掌握采暖工程工程量计算规则及预算书的编制要求	工程量计算规则与使用

6.1　采暖工程概述

室内供暖就是用人工方法向室内供给热量，使室内保持一定的温度，以创造适宜的生活条件或工作条件的技术。供暖系统由热源(热媒制备)、热循环系统(管网或热媒输送)及散热设备(热媒利用)三个主要部分组成。

供暖系统有很多种不同的分类方法：按照热媒的不同可以分为热水供暖系统、蒸汽供暖系统、热风采暖系统；按照热源的不同又分为热电厂供暖、区域锅炉房供暖、集中供暖三大类等。

6.1.1　按系统循环动力的不同分类

按系统循环动力的不同，热水供暖系统可分为自然循环系统和机械循环系统。依靠流体的密度差进行循环的系统，称为自然循环系统；依靠外加的机械(水泵)力循环的系统，称为机械循环系统。

6.1.2 按供、回水方式的不同分类

按供、回水方式的不同，热水供暖系统可分为单管系统和双管系统，如图 6-1 所示。在高层建筑热水供暖系统中，多采用单、双管混合式系统形式。

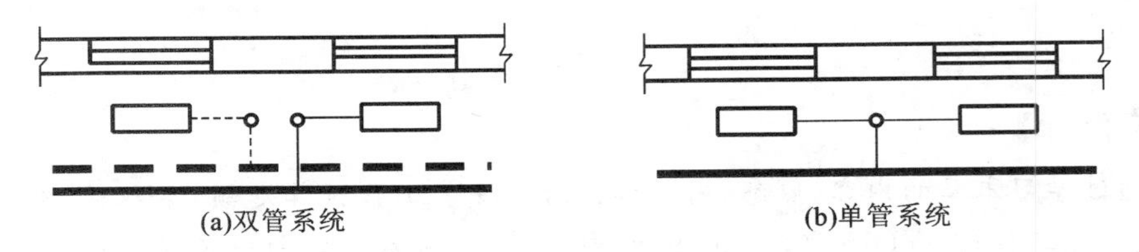

图 6-1 热水供暖系统按供、回水方式的分类

6.1.3 按管道敷设方式的不同分类

按管道敷设方式的不同，热水供暖系统可分为垂直式系统和水平式系统。

6.1.4 按热媒温度的不同分类

按热媒温度的不同，热水供暖系统可分为低温供暖系统和高温供暖系统。高温水和低温水的温度界限因每个国家的规定而有所不同。在我国，通常将温度不大于 100 ℃的热水称为低温水，超过 100 ℃的水称为高温水。室内热水供暖系统大多采用低温水供暖，设计供、回水温度采用 95 ℃/70 ℃，高温水供暖系统一般在生产厂房中使用。

6.1.5 低温热水地板辐射系统

低温热水地板辐射系统是采用以温度不高于 60 ℃的热水为热媒，在加热管内循环流动加热地板，通过地面以辐射和对流的传热方式向室内供热的供暖方式。该系统主要材料包括加热管、分水器、集水器及连接件和绝热材料。安装方式一般分为埋管式和组合式两大类。其设计要求如下。

(1) 低温热水地面辐射供暖系统的供、回水温度应由计算确定，供水温度不应大于 60 ℃。民用建筑供水温度宜采用 35～50 ℃，供回水温差不宜大于 10 ℃。

(2) 低温热水地面辐射供暖系统的工作压力不应大于 0.8 MPa；当建筑物高度高于 50 m 时，宜竖向分区设置。

(3) 无论采用何种热源，低温热水地面辐射供暖热媒的温度、流量和资用压差等参数都应同热源系统相匹配，且热源系统应设置相应的控制装置。

(4) 地面构造中，与土壤相邻的地面必须设绝热层，且绝热层下部必须设置防潮层。直接与室外空气相邻的楼板必须设绝热层。

(5) 新建住宅低温热水地面辐射供暖系统应设置分户热计量和温度控制装置。

(6) 加热管的敷设间距应按计算确定，一般不宜大于 300 mm，最大不应超过

400 mm。为了确保地面温度均匀，应采用不等距布置，在距外围结构（外墙、外门和外窗）1000～1500 mm 范围内，应采用较小的管间距，如 100～200 mm。

（7）地面辐射供暖工程施工图设计文件的内容和深度等详细设计内容和施工注意事项可参考《辐射供暖供冷技术规程》JGJ 142—2012。

6.1.6 工程预算编制要求

（1）准确识别给排水工程施工图纸是做好预算的前提条件。要求能够准确无误地读出图纸中的相关信息，如管道规格、位置、走向，卫生洁具的安装以及阀门计量表等内容。特别强调的是，由于图纸设计说明包含了编制预算时使用到的信息，如管道的连接方式、阀门的连接方式等，识图中必须对其进行重点阅读。

（2）熟悉采暖工程的计算规则。

（3）能够准确地选取套用定额。

6.2 采暖工程识图

6.2.1 采暖工程识图中的预算知识

室内采暖工程施工顺序如下：供水入户→供水立管→供水干管（大→小）→立支管→散热器→回水干管→回水出户。

1. 采暖入户

（1）室内外管道界限划分：以入口阀门或建筑物外墙皮 1.5 m 为界。

（2）入口附件的计算：设计一般采用标准图，如温度计、压力表、过滤器、平衡阀、闸阀等附件的种类、个数，要根据标准图集的形式统计计算。

2. 焊接钢管

根据管道的连接方式（图 6-2），找到管道的变径点是计算的关键。DN≤32 mm 时，管道采用螺纹连接，其变径点一般在分支三通处；DN＞32 mm 时，管道采用焊接，焊接管道的变径点一般在分支三通后的 200 mm 处。

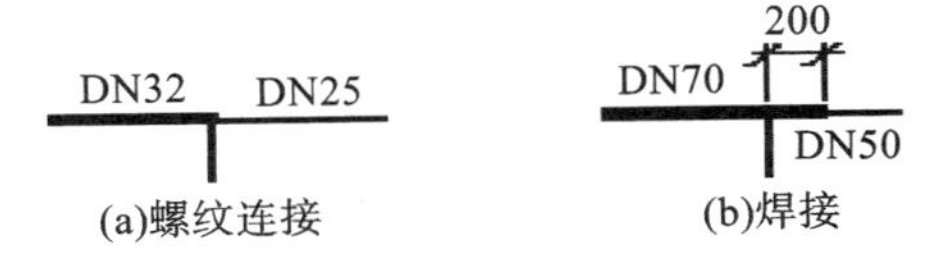

图 6-2 焊接钢管的连接方式

3. 摵弯

横干管与立支管连接处、水平支管与散热器连接处，应设乙字弯（图 6-3(a)）；立管与水平管交叉处，设括弯（图 6-3(b)）绕行。常见管道摵弯的近似增加长度可参考表 6-1。

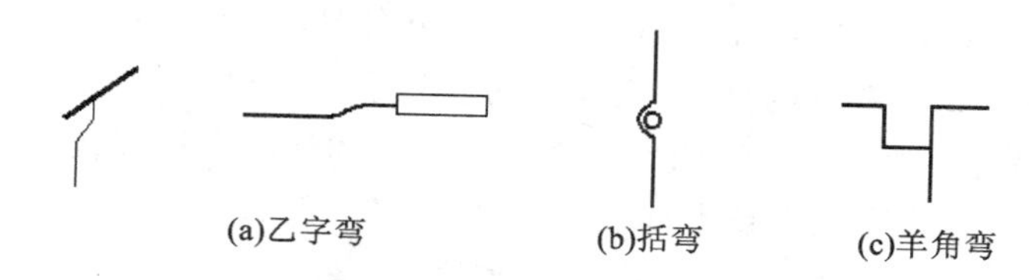

图 6-3 管道揻弯常见类型

表 6-1 乙字弯和括弯增加长度

(mm)

管道 \ 增加长度 \ 揻弯	乙字弯	括弯
立管	60	60
支管	35	50

4. 套管

套管主要有镀锌铁皮套管、钢套管。

(1) 镀锌铁皮套管，以“个”为计量单位，规格按被套管管径确定，用 DN 表示。

(2) 钢套管，以延长米“10 m”为定额单位，规格按比被套管管径大 2＃确定，套用室外焊接钢管的焊接相应子目。

套管计算过程分两步进行。

①按不同管径统计管道穿墙、楼板或梁的次数。

②按所穿部位计算每种套管的长度，最后统计同种管径的总长度。

单个套管的长度：水平穿墙、梁的套管，两端与墙饰面平齐；垂直穿楼板的套管，底部与天棚饰面平齐，顶部高出地面至少 20 mm。

如：24 墙包括饰面厚为 240＋20×2＝280(mm)，则钢套管长为 0.28(m)(按 0.3 m 计取)。

150 楼板包括饰面厚为 150＋10(顶棚)＋50(地面)＝210(mm)，则钢套管长为 0.21＋0.02＝0.23(m)(按 0.25 m 计取)。

5. 补偿器(也称伸缩器)

(1) 定额单位：个。

(2) 计算：视其所在管道的管径而定，统计数量。

(3) 定额分类如下。

①计算管道时已经包含自然补偿器在内，不用另计。

②方形伸缩器的制作安装项目中，本身的主材在计算管道时已经考虑，其两臂的长度应计入管道内；方形补偿器应该是揻弯制作而成，如果用管件组装，不属于方形伸缩器，应按管道计算规则进行。

③套筒式补偿器、波形补偿器等，以“个”计，按公称直径划分子目。

6. 管道支架重量的计算

计算管道支架的步骤和方法与给水管道的相同，只是采暖管道受热胀冷缩的影响。水平敷设的支架分为滑动支架和固定支架，其中固定支架在施工图上有标注，按其实际数量统计，滑动支架个数则按水平支架与固定支架的个数差确定。各种支架的重量参考表 5-4 和表 5-5，其他计算不变。

7. 管道工程量计算

管道工程量计算应按图示中心线计算管道延长米，管道中阀门和管件所占长度均不扣除，但要扣除散热器所占长度。采暖系统的水平干管、立干管的计算与给水管道计算相同，不再赘述，以下将通过图 6-4 至图 6-7 对水平支管和立支管的计算进行介绍。

(1) 水平支管（散热器支管）的计算。

①水平串联支管的计算（图 6-4）。

水平长度＝供、回两立管中心管线长度－散热器长度＋乙字弯增加长度

垂直长度＝散热器中心距×个数

DN25（水平长度）：15－(8＋10＋10)×0.057＋6×0.035（乙字弯）＝13.614(m)。

DN25（垂直长度）：2×0.642＝1.284(m)。

合计 DN25 为 14.898(m)。

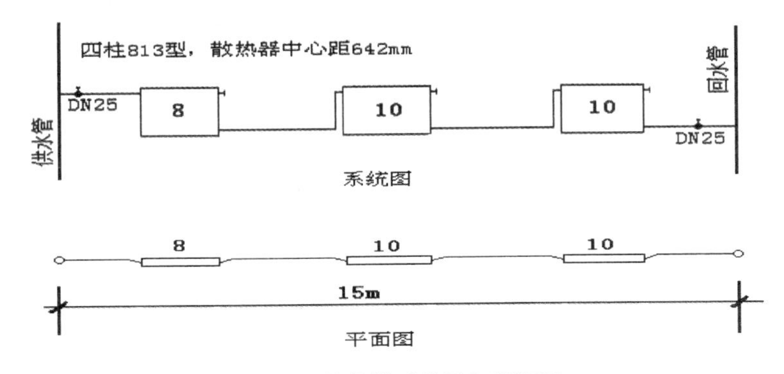

图 6-4 散热器系统图与平面图

②单侧散热器水平支管的计算（图 6-5）。

水平长度＝立管至窗中心散热器中心长度×2－散热器长度＋乙字增加长度

DN15：2.0×2－10×0.057＋2×0.035（乙字弯）＝3.5(m)。

③双侧散热器水平支管的计算（图 6-6）。

水平长度＝两组散热器中心长度×2－散热器长度＋乙字弯增加长度

DN20：3.6×2－(14＋12)×0.057＋4×0.035（乙字弯）＝5.858(m)。

(2) 垂直立管的计算（图 6-7）。

①垂直干管长度计算。

垂直干管长度的计算中，找变径点的标高是准确计算的关键，要熟悉常用散热器

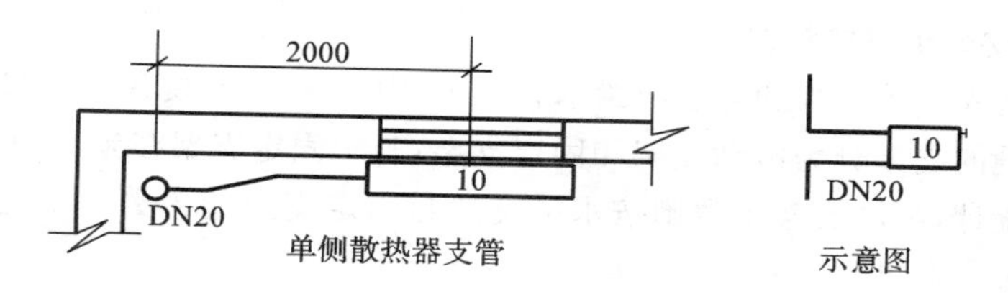

图 6-5 单侧散热器水平支管及其示意图

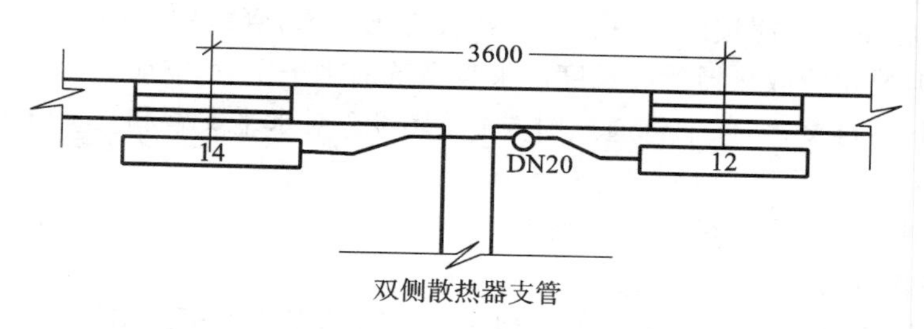

图 6-6 双侧散热器水平支管

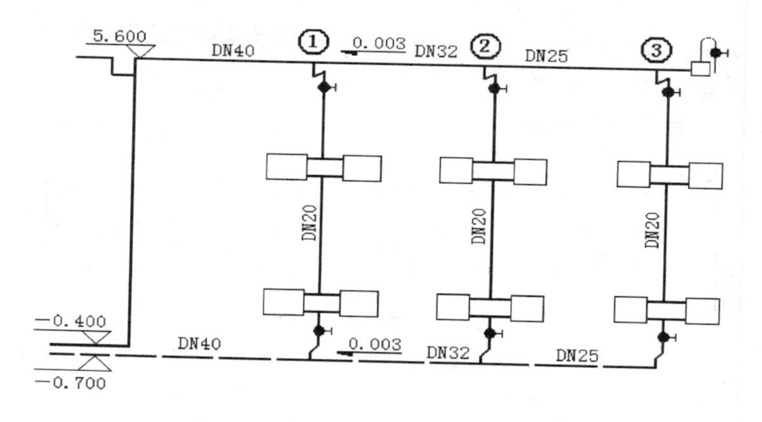

图 6-7 采暖系统立管工程量计算示意图

的基本尺寸(中心距、厚度、高度)。

垂直干管长度＝立管上、下端标高差＋各种弯的长度(羊角弯高按 0.3 m 计)

DN40:5.6＋0.4＋0.3＝6.3(m)。

②垂直支管(散热器立管)长度的计算。

立管长度＝立管上、下端标高差－散热器的中心距长＋管道各种摵弯所增加的长度

DN20(单根立管):5.6＋0.7－2×0.642＋2×0.06＝5.136(m)。

合计 DN20:5.136×3＝15.508(m)。

需要注意的是,为了便于计算管道的除锈刷油和绝热工程量,计算管道延长米时,一般要将明装、暗装管道和保温管道与非保温管道的长度分开计算,然后再将各种规格相同的合并计算出相应的工程量。

8. 散热器工程量计算

（1）定额单位:10 片或组。

（2）定额划分:落地安装的散热器定额中已经包括了膨胀螺栓(带卡子),不再计算支架制作和安装,支架防腐另计,其他形式根据设计要求计算。

（3）工程量计算。

散热器除要根据不同的型号计算数量外,铸铁的散热器还要考虑除锈、刷油的工程量。

为方便管道延长米的计算和不带阀门的散热器安装每组增加两个活接头的计算,在统计散热器的数量时,要将支管规格相同的统计在一起,然后再将散热器数量合并计算。

9. 防腐、绝热工程量计算

（1）管道的除锈、刷油、保温同给排水管道查表计算。

（2）散热器除锈、刷油。工程量计算如下。

①钢制散热器一般在出厂时已经做了除锈、刷油的工作,不用计算。

②光排管散热器工程量按管道的长度计算,散热器除锈、刷油工程量也按管道的计算方法进行。

③其他散热器的除锈、刷油工程量应按散热面积计算,各种散热器每片散热面积见表 6-2。

表 6-2　每片散热器散热面积

散热器类型	型号	厚度(mm)	散热面积(m^2/片)	进出口中心距(mm)
灰铸圆翼型	DN50	750	1.3	
	DN75	1000	1.8	
长翼型	TC0.2/5-4(小 60)	200	0.8	500
	TC0.28/5-4(大 60)	280	1.17	500
单面定向对流型	400 型	58.5	0.37	400
	500 型	58.5	0.40	500
	600 型	58.5	0.43	600
辐射对流型	TFD_1(Ⅰ)-0.9/6-5	60	0.355	600
	TFD_1(Ⅱ)-0.9/6-5	75	0.422	600
	TFD_1(Ⅲ)-1.0/6-5	65	0.420	600
	TFD_1(Ⅳ)-1.2/6-5	65	0.340	600
铸铁柱型	M-132	82	0.24	500
	TZ4-813	57	0.28	642
	ZT4-760	51	0.235	600

10. 排气装置

排气装置是用于排除系统中的空气，促进系统循环，有集气罐、自动排气阀、手动排气阀等三种。

（1）集气罐。

集气罐的制作和安装应分别计量，套用第六册定额相应子目，制作以“kg”为计量单位，安装以“个”为定额单位。现场制作，一般用 DN100～DN250 的管子制成，两侧加封堵，有立式、卧式两种，规格参见表 6-3 和图 6-8。计量时还要包括除锈、刷油的工程量，但目前新的采暖系统设计集气罐已基本被淘汰。

表 6-3 集气罐规格尺寸

规格	型号			
	1	2	3	4
公称直径(mm)	100	150	200	250
长度(高度)(mm)	300	300	320	430
重量(kg)	4.39	6.95	13.76	29.29

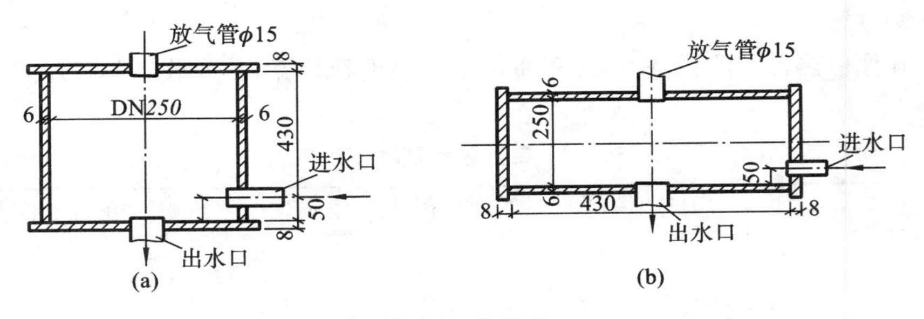

图 6-8 集气罐

（2）自动排气阀。

自动排气阀主要是通过自动阻气和排水机构使排气孔自动打开或关闭，达到排气的目的。自动排气阀属于阀门类，定额单位是“个”，按不同公称直径划分子目，有 DN15、DN20、DN25 三种。与其连接的阀门未包括在定额内，应另计。

（3）手动排气阀(手动放风阀)。

手动排气阀旋紧在散热器上部专设的丝孔上，以手动方式排除采暖系统内的空气。手动排气阀以“个”为计量定额单位，直径为 10 mm。

6.2.2 采暖工程量计算规则

室内采暖工程施工图预算编制中的工程量计量和综合基价的套用与室内给排水工程相同，这里不再讲述，仅就室内采暖工程中的散热器安装及室内给排水中未讲到的内容作为重点讲述。

1. 基价项目

室内采暖工程施工图预算工程量计算项目如下，根据《给排水、采暖、燃气工程》综合基价的规定而定。

(1) 室内管道安装。

(2) 套管。

(3) 管道支架的制作安装。

(4) 法兰安装。

(5) 伸缩器制作安装。

(6) 阀门安装。

(7) 减压阀、疏水器的组成与安装。

(8) 散热器等供暖器具安装及低温地板辐射采暖管道铺设。

(9) 膨胀水箱的制作安装。

(10) 集气罐制作安装、除污器安装等。

(11) 温度计、压力表等仪表安装。

(12) 管道、支架及散热器、水箱等的除锈、刷油或保温。

(13) 采暖系统调整。

2. 工程量计算规则

(1) 计算管道延长米时，不扣除阀门及管件(包括减压器、疏水器、伸缩器)所占长度。

(2) 散热器所占长度应从管道延长米中扣除。

(3) 方形伸缩器的两臂长度应计算到管道延长米内。

(4) 管道安装不分地沟、架空，仅分室内、外，地沟内的管道安装不能视同管廊内的管道安装乘 1.3 的系数。

(5) 不属于采暖工程的热水管道，不能计取系统调整费。

(6) 厂房柱子凸出墙面，管道应绕柱子敷设，如属于方形补偿器形式，可以套用方形补偿器制作安装相应项目。

(7) 散热器的安装中，若采用不带阀门的散热器安装时，每组增加两个活接头。

(8) 各种类型的散热器不分明装和暗装，均按类型分别套用相应项目。

(9) 光排管散热器制作安装项目中，联管作为材料已列入了项目，就光排管的长度而言，其定额单位为“10 m”。

(10) 管道支架制作安装时应注意以下几点。

①室内公称直径为 32 mm 的采暖管道安装，其相应支架的制作已包括在管道安装项目内，不应再重复计算。

②支架重量按支架所用钢材的图示几何尺寸计算，不扣除切肢开孔等重量。如采用标准图，其重量可按图集所列支架重量计算。

③水箱等设备支架如为型钢支架，可与管道支架重量合并，套用支架制作安装相应项目。

6.3 采暖工程案例分析

6.3.1 工程概况及施工要求

1. 工程概况

本工程属于办公楼采暖工程，为砖混结构，共两层，层高 3.6 m。管材采用焊接钢管，管径 DN<32 mm 时采用螺纹连接，DN≥32 mm 时采用焊接，散热器采用四柱 760 型铸铁散热器（示意图如图 6-12 所示），室内管道、散热器和支架均刷防锈漆两遍，银粉两遍。地沟内管道和支架刷防锈漆两遍，50 mm 厚岩棉管壳保温，外缠玻璃丝布，布外刷沥青漆两遍。管道穿外墙采用刚性防水套管，穿楼板和内墙采用钢套管。具体设计图纸如图 6-9～图 6-11 所示。

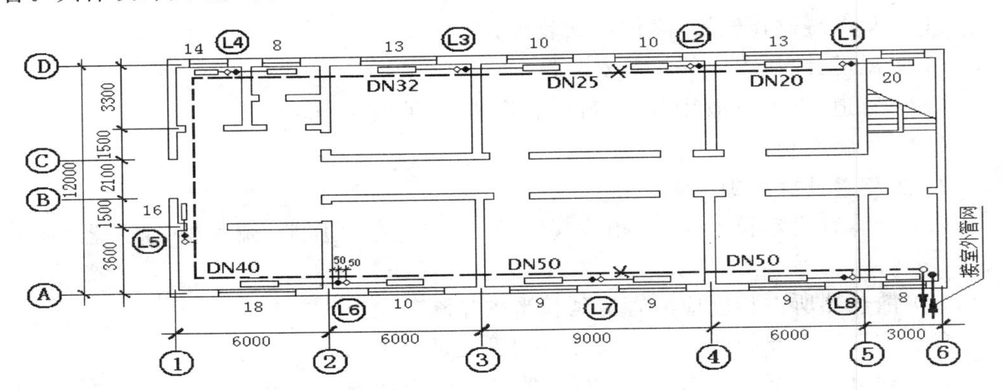

图 6-9 采暖一层平面图

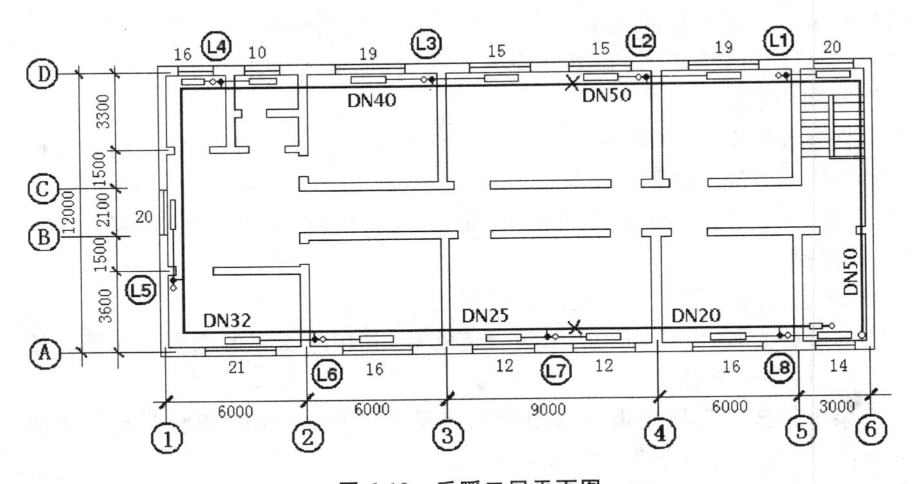

图 6-10 采暖二层平面图

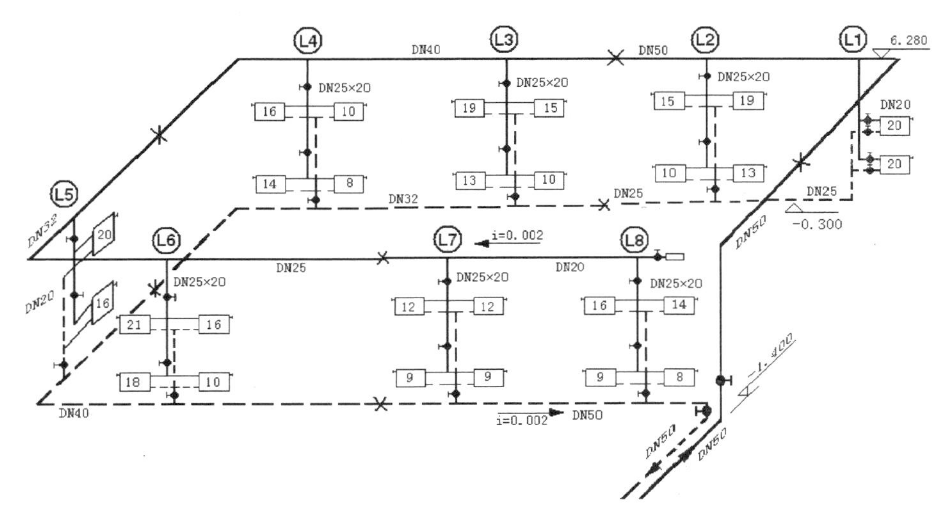

图 6-11　采暖系统图

2. 管道施工要求

采暖工程的供水干、立管中心距墙 150 mm，回水干、立管地沟内居中敷设，距墙 300 mm，立支管通过乙字弯后距墙 50 mm。建筑物内外墙均按 240 mm 计算。

6.3.2　工程量计算

1. 管道

(1) 供水干管。

DN50：1.5＋0.24＋0.15＋1.4＋6.28＋(12－0.24－0.15×2)＋(18－0.15＋0.05)＝38.93(m)。

DN40：(12－0.24－0.05－0.15)＋(8.4－0.15＋0.05)＝19.86(m)。

DN32：(3.6－0.24－0.15－0.05)＋(6－0.15＋0.05)＝9.06(m)。

DN25：(10.5－0.12－0.05)＝10.33(m)。

DN20：(10.5＋0.12)＋0.5(排气阀)＝11.12(m)。

(2) 回水干管。

DN50：1.5＋0.24＋0.3＋(1.4－0.3)＋(24－0.24－0.3－0.1)＝26.5(m)。

DN40：(6＋0.1－0.3)＋(12－0.24－0.3×2)＋(3－0.24－0.3－0.1)＝19.32(m)。

DN32：9 m。

DN25：9 m。

DN20：6 m。

立支管中，L5、L1 两根立管为 DN20，其余六根立管均为 DN25。

DN25：(6.28－0.718)－0.6＋(3.6＋0.118＋0.3)＋2×0.06(乙字弯)＋ 2×0.06(括弯)＝10.42(m)。

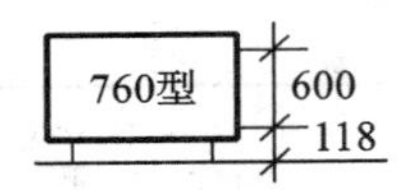

图 6-12 四柱 760 型铸铁散器示意图

六根合计：10.42×6＝62.52(m)。

DN20：(6.28－0.718)－0.6＋(3.6＋0.118＋0.3)＋2×0.06(乙字弯)＋ 1×0.06(括弯)(L5)＋(6.28－0.718)＋(2.0＋0.118＋0.3)＋3×0.06(L1 楼梯平台)＝19.12(m)。

水平支管：管径均为 DN20。

L1：[1.5＋0.12＋0.075(平均距离)－10×0.051＋0.035(水平乙字弯)]×4＝4.88(m)。

L2、L3：(5.25－14(平均片数)×0.051＋2×0.035)×4×2＝36.848(m)。

L4：(3－12×0.051＋2×0.035)×4＝9.832(m)。

L5：(2.55＋0.12＋0.075－10×0.051＋2×0.035)×2＋(0.75＋0.12＋0.075－8×0.051＋2×0.035)×2＝5.824(m)。

L6：(6－16×0.051＋2×0.035)×4＝21.016(m)。

L7：(4.5－10.5×0.051＋2×0.035)×4＝16.138(m)。

L8：(4.5—12×0.051＋2×0.035)×4＝15.832(m)。

水平支管 DN20 小计：110.37 m。

管道合计如下。

DN50：38.93＋26.5＝65.43(m)(其中保温：26.5＋1.5＋0.24＋0.15＋1.4＝29.79(m))。

DN40：19.86＋19.32＝39.18(m)(其中保温：19.32 m)。

DN32：9.06＋9＝18.06(m)(其中保温：9 m)。

DN25：10.33＋9＋62.52＝81.85(m)(其中保温：9＋0.3×6＝10.8(m))。

DN20：11.12＋6＋19.12＋110.37＝146.61(m)(其中保温：6＋0.3×2＝6.6(m))。

2. 管道除锈、刷油、保温等工程量计算

管道除锈、刷防锈漆：65.43×0.1885＋39.18×0.1507＋18.06×0.1297＋81.85×0.1059＋146.61×0.0855＝41.78 (m^2)。

管道刷银粉：(65.43－29.79) ×0.1885＋(39.18－19.32)×0.1507＋(18.06－9)×0.1297＋(81.85－10.8)×0.1059＋(146.61－6.6)×0.0855＝30.38 (m^2)。

管道保温：29.79×0.0181＋19.32×0.0151＋9×0.0146＋10.8×0.0138＋6.6×0.0128＝1.2 (m^3)。

管道保温外保护层(缠玻璃丝布)：29.79×0.5438＋19.32×0.5062＋9×0.4854＋10.8×0.4615＋6.6×0.4411＝38.24 (m^2)。

管道保护层外刷漆：同上保护层的工程量，即为 38.24 m^2。

3. 套管

(1) 刚性防水套管。DN50:2 个。

(2) 穿楼板、墙数量。DN50:2(楼板)/4 个; DN40:4 个; DN32:1 个;DN25:18(楼板)/1 个;DN20:(楼板)/30 个。

4. 阀门类

(1) 阀门(截止阀)。DN50:2 个;DN25:18 个;DN20:8 个。

(2) 自动排气阀。DN20:1 个。

5. 散热器

散热器的支管管径均为 DN20。

20 片:3 组;19 片:2 组;18 片:1 组;16 片:4 组;14 片:2 组。

21 片:1 组;15 片:2 组;13 片:2 组;12 片:2 组;10 片:4 组。

9 片:3 组; 8 片:2 组。

(1) 共计 28 组,392 片。

(2) 散热器放风阀:28 个。

(3) 支管上活接头(油任)。DN20:28×2－4(L1 支管上的阀门处)＝52(个)。

(4) 散热器除锈、刷漆工程量:392×0.235＝92.12 (m^2)。

6. 管道支架及支架刷油

(1) 管道立管支架。DN50:2 个。

(2) 管道水平支架。

①DN50 固定支架中,非保温支架 2 个,保温支架 1 个;DN40 固定支架中,非保温支架 1 个,保温支架 1 个。

②DN50 滑动支架中,非保温支架为(65.43－29.79－6.28)/5＝6－2(固定支架)＝4(个),保温支架为 29.79/3＝10－1(固定支架)＝9(个);DN40 滑动支架中,非保温支架为 19.86/4.5＝5－1(固定支架)＝4(个),保温支架为 19.32/3＝7－1(固定支架)＝6(个)。

(3) 支架重量计算如下。

2×1.38(立支架)＋2×1.14＋1×1.512＋1×1.1＋1×1.471(固定支架)＋4×2.72＋9×3.43＋4×2.65＋6×3.36(滑动支架)＝81.633(kg)。

(4) 支架除锈刷油。

定额规定 DN≤32 mm 管道支架的制作、安装包括在管道安装中,其除锈刷油工程量可以从定额含量中分析得到立支架和水平托钩的数量,再计算出重量即可。

DN32:18.06×(0.206×0.82＋0.116×1.433)＝6.05(kg)(全部按保温考虑,DN20、DN25 的不考虑保温)。

DN25:81.85×(0.206×0.20＋0.116×1.05)＝13.34(kg)。

DN20:146.61×(0.185×0.19＋0.131×0.99)＝24.17(kg)。

散热器托钩刷油工程量:28×0.3×1.58＝13.27(kg)。

支架除锈、刷油工程量:24.17+13.34+6.05+81.633+13.27=138.46(kg)。

7. 工程量计算表

为使初学者掌握工程量的计算步骤与方法,在以上工程量计算中,尽量用文字将计算过程表述出来。但在实际工作中,为简明、清楚起见,一般不用文字说明计算过程,而是采用填写工程量计算表的方法进行计算。即将各分项工程名称、计算公式、计量单位和数量逐项填入工程量计算表的相应栏目内。本例住宅楼采暖工程工程量计算见表 6-4。

当按施工图计算管道工程量时,各管段长度在工程量计算表中的“计算式”一栏中,只列水平段长度(按平面图量取)和垂直段长度(按标高差计算)。

8. 工程量汇总表

根据预算定额中分项工程子目和各子目的定额编号,把工程量计算表中的同类项(即型号、规格相同的相目)工程量合并,填入工程量汇总表,详细计算结果见表6-5至表 6-8。

工程量汇总表中的分项工程子目名称、定额编号和计量单位必须与所用定额一致。该表中的工程量数值,才是计算定额直接费时直接使用的数据。

表 6-4 工程量计算表(工程名称:住宅楼采暖工程)

序号	分项工程名称	计算式	单位	工程量
1	室内采暖系统安装			
(1)	焊接钢管(螺纹连接)			
	DN50	38.93+26.5	m	65.43
	DN40	19.86+19.32	m	39.18
	DN32	9.06+9	m	18.06
	DN25	10.33+9+62.52	m	81.85
	DN20	11.12+6+19.12+110.37	m	146.61
(2)	管道支架制作安装			
	支架	2×1.38+2×1.14+1×1.512+1×1.1+1×1.471+4×2.72+9×3.43+4×2.65+6×3.36	kg	81.633
	支架除锈、刷油工程量	24.17+13.34+6.05+81.633+13.27	kg	138.46
(3)	管道消毒冲洗	65.43+39.18+18.06+81.65+146.61	m	350.93
(4)	阀门安装			
	DN50 截止阀	2×1	个	2
	DN25 截止阀	18×1	个	18
	DN20 截止阀	8×1	个	8
	DN20 自动排气阀	1×1	个	1

续表

序号	分项工程名称	计算式	单位	工程量
(5)	散热器			
	760 型散热器	20×3+19×2+18+16×4+14×2+21+15×2+13×2+12×2+10×4	片	392
	放风阀	28×1	个	28
	散热器刷油(除锈、刷漆工程量)	392×0.235	m^2	92.12
(6)	管道除锈刷油保温			
	管道除锈	65.43×0.1885+39.18×0.1507+18.06×0.1297+81.85×0.1059+146.61×0.0855	m^2	41.78
	刷防锈漆	同上	m^2	41.78
	刷银粉	(65.43－29.79)×0.1885+(39.18－19.32)×0.1507+(18.06－9)×0.1297+(81.85－10.8)×0.1059+(146.61－6.6)×0.0855	m^2	30.38
	管道保温	29.79×0.0181+19.32×0.0151+9×0.0146+10.8×0.0138+6.6×0.0128	m^3	1.2
	管道保温外保护层(缠玻璃丝布)	29.79×0.5438+19.32×0.5062+9×0.4854+10.8×0.4615+6.6×0.4411	m^2	38.24
	管道保护层玻璃丝布刷漆	同上	m^2	38.24
(7)	套管			
	刚性防水套管 DN50	2×1	个	2
	穿楼板 DN50	2×1	个	2
	穿楼板 DN25	18×1	个	18
	穿楼板 DN20	30×1	个	30
	穿墙 DN40	4×1	个	4
	穿墙 DN32	1×1	个	1
(8)	系统调试			
	采暖系统调试	1×1	个	1

表 6-5　单位工程费汇总表

代号	项目名称	计算公式	费率(%)	金额(元)
一	直接费	按定额及相关规定计算		23638
	直接工程费	按定额及相关规定计算		23012
A	其中:人工费	按定额计算		6101
	材料费	定额材料费×材料综合扣税系数	0.86	16602
B	机械费	定额机械费×机械综合扣税系数	0.89	309
	措施项目费	按定额及相关规定计算		626
	单价或专业措施项目费	按定额及相关规定计算		
C	其中:人工费	按定额计算		
	材料费	定额材料费×材料综合扣税系数		
D	机械费	定额机械费×机械综合扣税系数		
	通用措施项目费	(A+B+商折+沥青混凝土折)×费率		626
E	其中:人工费	(A+B+商折+沥青混凝土折)×费率×20%		125
	材料费	(A+B+商折+沥青混凝土折)×费率×80%		501
	通用措施项目费明细			
	安全文明施工费	(A+B+商折+沥青混凝土折)×费率	2.1	134
	临时设施费	(A+B+商折+沥青混凝土折)×费率	4.5	288
	雨季施工增加费	(A+B+商折+沥青混凝土折)×费率	0.3	19
	已完、未完工程保护费	(A+B+商折+沥青混凝土折)×费率	0.5	32
	远程视频监控增加费	(A+B+商折+沥青混凝土折)×费率	0.82	53
	扬尘治理增加费	(A+B+商折+沥青混凝土折)×费率	1.15	74
Z1	商品混凝土折合取费基数	2010-10 文商混凝土取费基数		
Z2	沥青混凝土中人工费+机械费			
二	企业管理费	(A+B+C+D+E+Z1+Z2)×费率	18	1176
三	利润	(A+B+C+D+E+Z1+Z2)×费率	17.5	1144
Q1	总包服务费	按合同约定计算		
Q2	单项材料调整	明细附后		2973
Q3	材料系数调整	一×系数		
Q4	未计价主材费	明细附后		2384
Q5	未计价设备费			
Q6	人工费调整	按相关规定计算	56	3519

续表

代号	项目名称	计算公式	费率(%)	金额(元)
	其中:定额人工费调整	人工费×系数	56	3487
	其中:机械人工费调整	人工费×系数	56	32
四	价差调整、总包服务费、人工费调整	以上 6 项合计		8876
五	规费前合计	一+二+三+四		34834
	规费:养老失业保险	五×费率	2.5	871
	基本医疗保险	五×费率	0.7	244
	住房公积金	五×费率	0.7	244
	工伤保险	五×费率	0.1	35
	生育保险	五×费率	0.07	24
	水利建设基金	五×费率	0.1	35
六	规费合计	以上 7 项规费合计	4.17	1453
	甲供人、材、机	甲供人、材、机		
七	税前合计	五+六		36287
八	税金	七×税率	11	3992
九	含税工程造价	肆万零贰佰柒拾玖元整		40279

表 6-6 定额计价

序号	定额号	名 称	单位	工程量	基价	直接费
1	a8-114	室内焊接钢管(螺纹连接)安装 公称直径 50 mm 以内	m	65.43	32.78	2145
2	a8-113	室内焊接钢管(螺纹连接)安装 公称直径 40 mm 以内	m	39.18	27.95	1095
3	a8-112	室内焊接钢管(螺纹连接)安装 公称直径 32 mm 以内	m	18.06	24.8	448
4	a8-111	室内焊接钢管(螺纹连接)安装 公称直径 25 mm 以内	m	81.85	21.49	1759
5	a8-110	室内焊接钢管(螺纹连接)安装 公称直径 20 mm 以内	m	146.61	16.68	2446
6	a8-215	室内管道支架制作安装	kg	81.6	11.82	965
7	a11-7	手工除一般钢结构轻锈	kg	138.5	0.21	30

续表

序号	定额号	名　　称	单位	工程量	基价	直接费
8	a11-119	一般钢结构刷防锈漆　第一遍	kg	138.5	0.14	20
9	a11-120	一般钢结构刷防锈漆　第二遍	kg	138.5	0.14	19
10	a11-122	一般钢结构刷银粉漆　第一遍	kg	138.5	0.15	21
11	a11-123	一般钢结构刷银粉漆　第二遍	kg	138.5	0.14	20
12	a8-295	螺纹阀门安装　公称直径 50 mm 以内	个	2	22.54	45
13	a8-292	螺纹阀门安装　公称直径 25 mm 以内	个	18	9.83	177
14	a8-291	螺纹阀门安装　公称直径 20 mm 以内	个	8	7.67	61
15	a8-279	管道消毒、冲洗　公称直径 50 mm 以内	m	350.9	0.5	175
16	a8-349	采暖工程自动排气阀门安装　DN20	个	1	78.35	78
17	a8-351	采暖工程手动放风阀门安装　DN10	个	28	3.34	94
18	a8-582	铸铁散热器组成安装　柱型	片	392	31.16	12214
19	a11-4	手工除设备(Φ 1000 mm 以上)轻锈	m^2	92.12	1.73	159
20	a11-198	铸铁管、散热器刷防锈漆　第一遍	m^2	92.12	2.16	199
21	a11-198	铸铁管、散热器刷防锈漆　第二遍	m^2	92.12	2.16	199
22	a11-200	铸铁管、散热器刷银粉漆　第一遍	m^2	92.12	2.67	246
23	a11-201	铸铁管、散热器刷银粉漆　第二遍	m^2	92.12	2.49	229
24	a11-1	手工除管道轻锈	m^2	41.78	1.64	69
25	a11-53	管道刷防锈漆　第一遍	m^2	41.78	2.04	85
26	a11-54	管道刷防锈漆　第二遍	m^2	41.78	1.92	80
27	a11-56	管道刷银粉漆　第一遍	m^2	30.38	2.2	67
28	a11-57	管道刷银粉漆　第二遍	m^2	30.38	2.07	63
29	a11-1911	管道(Φ 57 mm 以下)(绝热)泡沫塑料瓦块安装厚度 40 mm	m^3	1.2	545.29	654
30	a11-2234	管道玻璃布防潮层、保护层安装	m^2	38.24	3.34	128
31	a11-66	管道刷沥青漆　第一遍	m^2	38.24	3.78	145
32	a11-67	管道刷沥青漆　第二遍	m^2	38.24	3.38	129
33	a6-2999	管道刚性防水套管制作　公称直径 50 mm 以内	个	2	75.63	151
34	a6-3016	管道刚性防水套管安装　公称直径 50 mm 以内	个	2	44.66	89
35	a8-200	室内穿楼板钢套管制作安装　公称直径 50 mm 以内	个	2	12.89	26

续表

序号	定额号	名　　称	单位	工程量	基价	直接费
36	a8-197	室内穿楼板钢套管制作安装　公称直径 25 mm 以内	个	18	6.38	115
37	a8-196	室内穿楼板钢套管制作安装　公称直径 20 mm 以内	个	30	5.35	160
38	a8-188	室内穿墙钢套管制作安装　公称直径 40 mm 以内	个	4	12.54	50
39	a8-187	室内穿墙钢套管制作安装　公称直径 32 mm 以内	个	1	9.11	9
40	aqt-89	采暖系统调试费	%	15	59.24	889
		合计				25752

表 6-7　未计价主材明细表

序号	材 料 名 称	单位	数量	定额价	合计
1	截止阀 DN20	个	8.08	17	137
2	截止阀 DN25	个	18.18	45	818
3	截止阀 DN50	个	2.02	165	333
4	泡沫塑料瓦块	m^3	1.236	1200	1483
合计					2772

表 6-8　材料价差调整表

序号	材料名称	单位	数量	定额价	市场价	调整额	价差合计
材料价差(小计)							3457
1	散热器(柱型)足片 760	片	125.048	27	33	6	750
2	铸铁散热器 柱型 760	片	270.872	26	32	6	1625
3	型钢 综合	kg	86.496	3.3	3.8	0.5	43
4	扁钢 <-59	kg	1.8	3.24	3.8	0.56	1
5	普通钢板 0～3＃ δ10～15	kg	7.94	3.72	3.9	0.18	1
6	角钢∟ 60	kg	0.65	3.18	3.3	0.12	0
7	圆钢 Φ 8	kg	7.9	3.9	3.3	−0.6	−5
8	镀锌钢管 DN32	m	6.12	11.75	10.8	−0.95	−6
9	镀锌钢管 DN40	m	3.672	14.42	13.1	−1.32	−5
10	镀锌钢管 DN50	m	0.306	18.32	19.22	0.9	0

续表

序号	材料名称	单位	数量	定额价	市场价	调整额	价差合计
11	镀锌钢管 DN65	m	1.224	24.94	28	3.06	4
12	镀锌钢管 DN80	m	0.408	31.32	35	3.68	2
13	焊接钢管 DN20	m	149.542	5.77	6.32	0.55	82
14	焊接钢管 DN25	m	83.487	7.85	8.8	0.95	79
15	焊接钢管 DN32	m	18.421	10.14	9.67	—0.47	—9
16	焊接钢管 DN40	m	39.964	12.44	18.11	5.67	227
17	焊接钢管 DN50	m	66.739	15.82	25	9.18	613
18	玻璃丝布	m^2	53.536	1	2	1	54
合计							3457

【本章小结】

本章介绍了第八册定额的使用及相关计算规则，通过案例分析全面系统地阐述了使用第八册定额进行定额计价的过程。

本章的教学在于通过典型案例的讲解分析，使学生具备能够独立完成采暖预算编制的能力。

第7章　通风空调工程

【学习目标】

通过学习本章的内容，熟悉《内蒙古自治区安装工程预算定额》第九册《通风空调工程》(DYD15-509—2009)的内容并了解本册定额中通风工程的计算规则，掌握通风空调工程预算的编制。

【学习要求】

能力目标	知识点梳理与归纳
了解通风空调工程的计算规则	通过了解计算规则学会计算工程量
熟悉《通风空调工程》(DYD15-508—2009)消耗量定额的内容	消耗量定额中的各分项工程的工作内容
掌握通风空调工程的工程量计算规则及预算书的编制要求	工程量计算规则与使用

7.1　通风空调工程概述

1. 通风空调简介

通风空调是工业与民用建筑的通风与空调工程中采用金属或非金属管道使空气流通，从而降低有害气体浓度的一种市政基础设施。

通风空调主要功能是提供人呼吸所需要的氧气和室内燃烧所需的空气，并稀释室内污染气体或气味，同时排出室内工艺过程产生的污染物和室内的余热或余湿，常用在民用房屋、商业楼房、酒店、学校等建筑群体中。

2. 通风系统分类

(1) 根据通风服务对象的不同，可分为民用建筑通风和工业建筑通风。

(2) 根据通风气流方向的不同，可分为排风和进风。

(3) 根据通风控制空间区域范围的不同，可分为局部通风和全面通风。

(4) 根据通风系统动力的不同，可分为机械通风和自然通风。

3. 通风空调系统组成

防排烟系统：风管与配件制作、部件制作、风管系统安装、排烟风口、常闭正压风口安装、设备安装、风管及设备防腐、系统调试。

送排风系统：风管与配件制作、部件制作、风管系统安装、设备安装、风管及设备防腐、系统调试。

除尘系统：风管与配件制作、部件制作、风管系统安装、除尘器及设备安装、风管及设备防腐、系统调试。

空调系统：风管与配件制作、部件制作、风管系统安装、消声器制作安装、高效过滤器安装、净化设备及空调设备安装、风管与设备绝热、系统调试。

净化空调系统：风管与配件制作、部件制作、风管系统安装、消声器制作安装、设备安装、风管及设备防腐、风管与设备绝热、系统调试。

制冷系统：制冷机组安装、制冷剂管道及配件安装、制冷附属设备安装、管道及设备的防腐及绝热、系统调试。

空调水系统：冷热水管道系统安装、冷却水管道系统安装、冷凝水管道系统安装、阀门及部件安装、冷却塔安装、水泵。

4. 冷热水系统的分类

(1) 按管路系统是否与大气接触，分为开式系统和闭式系统。

(2) 按系统的循环水量是否变化，分为定流量水系统和变流量水系统。

(3) 按水系统中循环水泵设置情况，分为一次泵水系统和二次泵水系统。

(4) 按与换热设备相连接的冷热水管道的根数，分为双管、三管和四管制水系统。

(5) 根据系统中循环环路流程长度是否相同，分为同程式水系统和异程式水系统。

5. 通风空调的功能

(1) 全面通风。

全面通风是指对整个控制空间进行通风换气，使室内污染物浓度低于允许的最高浓度的通风方式。全面通风实质是稀释环境空气中的污染物。对于散发热、湿或有害物质的车间或其他房间，当不能采用局部通风或采用局部通风仍达不到卫生要求时，应辅以全面通风或采用全面通风。

①全面通风分类。全面通风可分为稀释通风、单向流通风、均匀流通风和置换通风等。

②全面通风的气流组织。全面通风效果不仅取决于通风量的大小，还与通风气流组织有关。气流组织就是合理布置送、排风口和分配风量，并选用相应的风口型式，以使用最小的通风量获得最佳的通风效果。在设计全面通风系统时应遵守以下基本原则：将干净空气直接送至工作人员所在地或污染物浓度低的地方；避免通风气流发生短路。常用的送、排风方式有上送上排、下送上排及中间送、上下排等多种形式。

③事故通风。工厂中有一些工艺过程，由于操作事故和设备故障而突然产生大量有毒有害气体或有燃烧、爆炸危险的气体，为了防止对工作人员造成伤害和进一步

扩大事故，必须设有临时的排风系统——事故通风系统。

事故通风系统的排风应避开人员经常停留或通行的地点。当 20 m 内有机械进风系统的进风口时，排风口应高于进风口 16 m 以上。如果排放的是可燃气体，排风口应远离火源 20 m 以上。

事故通风系统的风机可以是离心式或轴流式的，其开关应分别设在室内、外便于操作的位置。如果条件允许，可直接在墙上或窗上安装轴流风机。排放有燃烧、爆炸危险气体的风机应选用防爆型风机。

（2）置换通风。

置换通风以低速在房间下部送风，气流以类似层流的活塞流的状态缓慢向上移动，到达一定高度时，受热源和顶板的影响，发生紊流现象，产生紊流区。气流产生热力分层现象时，会出现两个区域，即下部单向流动区和上部混合区。空气温度场和浓度场在这两个区域有非常明显的特性差异，下部单向流动区存在明显垂直温度梯度和浓度梯度，而上部紊流混合区温度场和浓度场则比较均匀，接近排风的温度和污染物浓度。

从理论上讲，只要保证分层高度在工作区之上，首先，由于送风速度极小且送风紊流度低，即可保证在工作区大部分区域内风速低于 0.15 m/s，不产生吹风感。其次，新鲜清洁空气直接送入工作区，先经过人体，可以保证人体处于一个相对清洁的空气环境中，从而有效地提高了工作区的空气品质。这种通风形式不再完全受送风的动量控制，而主要受热源的热浮升力作用，热污染源形成的烟羽因密度低于周围空气而上升。烟羽沿程不断卷吸周围空气并流向顶部。根据连续性原理，如果烟羽流量在近顶棚处大于送风量，必将有一部分热浊气流下降返回，而在顶部形成一个热浊空气层。同时由连续性原理可知，在任一个标高平面上的上升气流流量等于送风量与回返气流流量之和。因此必将在某一个平面上烟羽流量正好等于送风量，在该平面上回返空气量等于零。在稳定状态时，这个界面将室内空气在流态上分成两个区域，即上部紊流混合区和下部单向流动清洁区。

空调节能和室内空气品质是当前暖通空调界面临的两大课题，而置换通风能在一定程度上较好地解决这两个问题。

①为了在工作区获得同样的温度，置换通风系统所要求的送风温度必定高于混合通风温度。这就为利用低品位能源以及在一年中更长时间地利用自然通风冷却提供了可能性，从而达到节能的效果。根据有关资料统计，置换通风与混合通风相比，可以节省 20%～50%的制冷耗费。

②置换通风可以对工作区的 CO_2 等污染物进行更为有效的控制。它的通风效能系数大于混合通风，能达到改善室内空气品质的目的。

（3）防排烟系统。

防排烟系统是由送排风管道、管井、防火阀、门开关设备和送、排风机等设备组成，是高层民用建筑保障人民生命财产安全不可缺少的消防安全设施。防排烟系统应设置防烟楼梯间，并采用正压送风系统。机械排烟系统的排烟量与防烟分区有着直接的关系。高层建筑的防烟设施应包括机械加压送风的防烟设施和可开启外窗的自然排烟设施。

（4）露点温度。

在一定的空气压力下，逐渐降低空气的温度，当空气中所含水蒸气达到饱和状态，开始凝结形成水滴时的温度称为该空气在空气压力下的露点温度。即当温度降至露点温度以下，湿空气中便有水滴析出。降温法就是利用此原理来清除湿空气中的水分。

（5）湿球温度。

湿球温度是标定空气相对湿度的一种手段，是指某一状态下的空气同湿球温度表的湿润温包接触，发生绝热热湿交换，使其达到饱和状态时的温度。该温度是用温包上裹着湿纱布的温度表，在流速大于 2.5 m/s 且不受直接辐射的空气中所测得的纱布表面温度，以此作为空气接近饱和程度的一种度量。周围空气的饱和差愈大，湿球温度表上发生的蒸发愈强，而其湿度也就愈低。根据干、湿球温度的差值，可以确定空气的相对湿度。

（6）冷负荷。

冷负荷又称制冷负荷，是指为使室内温湿度维持在规定水平，空调设备在单位时间内必须从室内排出的热量。它与得热量有时相等，有时则不等。当房间送风量大于回风量而保持相当的正压时，如形成正压的风量大于无正压时渗入室内的空气量，则可不计算由于门、窗缝隙渗入空气的热、湿量。

6. 通风空调系统与一般空调系统的区别

（1）空气过滤的要求不同，一般空调系统采用一、二级过滤，而通风空调系统必须设置三级及三级以上过滤器。

（2）室内压力的控制方面，一般空调系统对室内压力无明显要求，而通风空调系统则对保持洁净室的压差具有明确规定。

（3）气流组织方面，一般空调系统为达到以较小的通风量尽可能地提高室内温度、湿度场的均匀性的目的，而通风空调系统则为保证所要求的清洁度，必须尽量限制和减少尘粒的扩散飞扬，使尘粒迅速排出室外。

（4）换气次数方面，通风空调系统的换气次数最少也必须达到 10 次/h，甚至达到数百次。

7.2 通风工程识图

7.2.1 通风工程识图中的预算知识

1. 机械通风系统组成

通风系统是将室内被污染的空气直接或经净化后排至室外，将室外新鲜空气补充至室内，并保持室内的空气环境符合卫生标准和生产工艺要求或人们的生活需要。

通风系统可分为自然通风系统和机械通风系统。机械通风系统又分为机械排风系统和机械送风系统两种。

机械排风系统一般由有害物收集器(吸风口)、净化设备、风管、阀门、通风机、排风口、风帽等组成。机械送风系统由进气室(进风口)、风道、通风机、送风口、阀门等组成。

(1) 风道。

风道是通风与空调系统中的主要部件。其断面形式有矩形和圆形两种。

常见的风道材料有普通薄钢板、镀锌薄钢板、塑料制品、镁璃钢风管、玻璃钢风管、铝板、不锈钢风管等。连接方式有咬口、焊接和法兰连接三种。

(2) 阀门。

阀门是通风与空调系统中用来调节风量或防止系统火灾的附件。

常见的有闸板阀、蝶阀、多叶调节阀、止回阀、排烟阀、防火阀等。

(3) 进、排风装置。

进风装置是从室外采集洁净空气，即送风，包括空调新风系统的新风口、进风塔、进风窗口。

排风装置是将排风系统汇集的污浊空气排至室外，如排风口(罩)、排风塔、排风帽等。

(4) 室内送排风口。

室内送排风口是通风与空调系统中的末端装置，常见的有散流器、百叶送排风口、空气分布器、条缝型送风口等。

(5) 风机。

风机按工作原理可分为离心式风机和轴流式风机。

离心式风机的主要性能参数如下。

①风压：是风机在标准化状态下工作时空气进入风机后所提高的压力，单位为帕(Pa)。

②风量：即流量，是风机在标准状态下工作时单位时间内所输送的空气体积，计量单位为“立方米/小时”或“立方米/秒”。

③功率和效率：功率分为有效功率和轴功率，计算单位为千瓦(kW)。有效功率是风机在单位时间内传递给空气的能量，轴功率是电动机传递给风机轴的功率，两者的比值为效率。

④转速：是风机轴每分钟转动的次数，单位为转/分钟。

⑤轴流式风机是空气按轴向流过风机，其特点是风压比离心式风机低，但可在低压下输送大量的空气。

风机按其输送的气体不同又分为一般性气体通风机、高温通风机(防排烟风机)、防爆通风机、防腐通风机、耐磨通风机等。

2. 空调系统分类与组成

空调系统可分为集中式、半集中式和局部式三种。

集中式空调系统是将空气处理设备(如加热器与冷却器或喷水室、过滤器、风机、水泵等)集中设置在专用机房内。其系统组成一般包括空气处理设备、冷冻(热)水系统(组成类同于热水采暖系统)和空气系统(组成类同于机械通风系统)。

半集中式空调系统是一种空气系统与冷冻(热)水系统的有机组合,主要由冷水机组、锅炉或热水机组、水泵及其管路系统、风机盘管、新风系统等组成。空调水系统直接进入空调房间对室内空气进行热湿处理,而空气系统主要负担新风负荷。

局部式空调系统是将冷热源、空气处理、风机、自动控制等装备一起组合形成空调机组,由厂家定型生产,现场安装,只供小面积房间或少数房间的局部使用,如窗式空调机、分体式空调机、柜式空调机等。

3. 空调设备

(1) 空气净化设备。

空调系统中空气净化处理是用过滤器将空气中的悬浮尘埃除去。过滤器有粗效、中效、高效三种。

粗效过滤器多用金属丝网、铁屑、瓷环、玻璃丝、粗孔聚氨酯泡沫塑料和人造纤维作滤料,外形尺寸为 500 mm×500 mm×500 mm。中效过滤器滤料为玻璃纤维、中细孔聚乙烯泡沫塑料、无纺布,常做成抽屉式或袋式。高效或亚高效过滤器滤料为超细玻璃纤维和超细石棉纤维,制成纸状。

(2) 面式换热器。

面式换热器包括表冷器和表面式加热器,分为光管式和肋片式空气换热器两类。其冷、热媒均不与空气直接接触,一般用于空调的末端装置或空气处理室中。

表冷器是将空气冷却到所需的温度,分水冷式和直接蒸发式两类。水冷式以冷冻水为冷媒,直接蒸发式以制冷剂的汽化来冷却空气。

表面式加热器以蒸汽或热水为热媒对空气进行加热。

(3) 空调机组。

空调机组是一种对空气进行过滤和冷湿处理并内设风机的装置,包含有组合式空调机组、新风机组、整体式空调机组、组装立柜式空调机组、变风量空调机组等形式。

组合式空调机组由过滤段、混合段、处理段、加热段、中间段、风机段等组成,是集中空调系统的空气处理设备。

整体式空调机组是将制冷压缩机、冷凝器、蒸发器、风机、加热器、加湿器、过滤器、自动调节装置和电气控制装置等组成于一个箱体内。

组装立柜式空调机组不同于整体式空调机组之处在于将制冷压缩冷凝机组移出箱内,安装于空调器附近。

(4) 风机盘管。

风机盘管是半集中空调系统中的末端装置，由风机、盘管、电动机、过滤器、室温调节器、机箱等组成，具有安装方便、规格化定型化生产、布置灵活、独立调节等优点。

(5) 空气除湿设备。

空气除湿方法有通风法、冷冻减湿机减湿法、固体吸湿剂法、液体吸湿剂法。

除湿机安装方便，操作简单。常用的除湿机是冷冻除湿机，由压缩机、膨胀阀、过滤器、温湿度控制仪表及传感器组成。转轮式除湿机是在干式除湿机转轮上铺设固体吸湿剂氯化锂或硅胶材料。

(6) 喷水室。

喷水室由喷嘴、喷嘴排管、前后挡水板、底池、附属管道、水泵和外壳等组成，通过喷嘴中喷出的水雾对空气进行冷、热、湿、净化处理。喷嘴安装在排管上，可设 1～3 排，按空气和水流向分为顺喷、逆喷和对喷。喷水室中除排管外，还有从底池经过滤网接出可直接将水引入排管的循环管、底池溢水管、补水管(设浮球阀)、回水管等。

(7) 加湿设备。

对空气进行加湿处理的设备包括超声波加湿器、电极加湿器、干蒸汽加湿器、高压喷雾加湿器、远红外线加湿器和湿膜式加湿器等。

(8) 此外，空调设备中还包含有水泵、除尘设备等。

4. 管道的制作安装

各种风管及风管上的附件制作安装工程量计算规则如下。

(1) 制作安装工程量均按施工图示的不同规格，以展开面积计算，不扣除检查孔、测定孔、送风口、吸风口等所占面积。矩形风管和圆形风管面积按下式计算。

矩形风管面积计算公式为　　　$F=XL_1$

圆形风管面积计算公式为　　　$F=\pi DL_2$

式中，F 为风管展开面积；X 为矩形风管高度；L_1、L_2 分别为矩形风管和圆形风管的长、高；D 为圆形风管截面直径。

(2) 计算风管长度时，一律按施工图示中心线(主管与支管按两中心线交点)划分，三通、弯头、变径管、天圆地方管等管件包括在内，但不含部件长度。直径和周长以图示尺寸为准展开，咬口重叠部分已包括在定额内，不得另行增加。

(3) 风管导流叶片制作安装按图示叶片面积计算。

(4) 设计采用渐缩管均匀送风的系统，圆形风管以平均直径、矩形风管以平均周长计算。

(5) 塑料风管、复合材料风管制作安装定额所列直径为内径，周长为内周长。

(6) 柔性软风管安装按图示管道中心线长度以“米”为计量单位，柔性软风管阀门安装以“个”为计量单位。

(7) 软管(帆布接口)制作安装，按图示尺寸以“平方米”为计量单位。

(8) 风管检查孔重量按本定额附录二“国标通风部件标准重量表”计算。

(9) 风管测定孔制作安装，按其型号以“个”为计量单位。

(10) 钢板通风管道、净化通风管道、玻璃钢通风管道、复合材料风管的制作安装中已包括法兰、加固框和吊托架,不得另行计算。

(11) 不锈钢通风管道、铝板通风管道的制作安装中不包括法兰和吊托架,可按相应定额以“千克”为计量单位另行计算。

(12) 塑料通风管制作安装不包括吊托架,可按相应定额以“千克”为计量单位计算。

5. 各类通风和空调部件的制作工程量计算规则

(1) 标准部件的制作按其成品重量以“千克”为计量单位,根据设计型号、规格,按本册定额附录二“国标通风部件标准重量表”计算重量,非标准部件按图示成品重量计算。部件安装按图示规格尺寸(周长或直径)以“个”为计量单位,分别执行相应定额。

(2) 钢百叶窗及活动金属百叶风口的制作以“平方米”为计量单位,安装按规格以“个”为计量单位。

①百叶风口的安装子目适用于带调节板活动百叶风口、单层百叶风口、双层百叶风口、三层百叶风口、连动百叶风口、135 型(单层、双层及带导流叶片)百叶风口、活动金属百叶风口等。

②散流器安装子目适用于圆形直片散流器、方形散流器、流线型散流器。

③送吸风口安装子目适用于单面送吸风口、双面送吸风口。铝合金或其他材料制作的风口安装也套用本章有关子目。

④成品风口安装以风口周长计算,执行定额相应子目。成品钢百叶窗安装以百叶窗框面积套用相应子目。

(3) 风帽筝绳制作安装,按其图示规格、长度,以“千克”为计量单位计算工程量。

(4) 风帽泛水制作安装,按其图示展开面积尺寸,以“平方米”为计量单位计算工程量。

(5) 挡水板制作安装工程量按空调器断面面积计算。

(6) 空调空气处理室上的钢密闭门的制作安装工程量,以“个”为计量单位计算。

6. 通风、空调设备安装工程量计算规则

(1) 风机安装按不同型号以“台”为计量单位计算工程量。

(2) 整体式空调机组、空调器按其不同重量和安装方式以“台”为计量单位计算其安装工程量,分段组装式空调器按重量计算其安装工程量。

(3) 风机盘管安装按其安装方式不同以“台”为单位计算工程量。

(4) 空气加热器、除尘设备安装按不同重量以“台”为计量单位计算工程量。

(5) 设备支架的制作安装工程量依据图纸按重量计算,执行第三册《静置设备与工艺金属结构制作安装工程》定额相应项目和工程量计算规则。

(6) 电加热器外壳制作安装工程量按图示尺寸以“千克”为计量单位。

(7) 风机减震台座制作安装执行设备支架定额,定额内不包括减震器,应按设计规定另行计算。

(8) 高、中、低效过滤器、净化工作台安装以“台”为单位计算工程量，风淋室安装按不同重量以“台”为单位计算工程量。

(9) 洁净室安装工程量按重量计算。

7. 平面图的识读

通风、空调工程平面图是一张主要的图纸，图纸上的通风管道不论尺寸大小均用双线绘制。识读平面图要注意掌握以下内容。

(1) 查明管道的平面未知情况及管道尺寸(圆形管道直径 D 表示，矩形管道用宽×高表示)。

(2) 查明各部件的规格、型号、数量。

(3) 了解各设备的部位、型号、规格。

8. 剖面图的识读

通风、空调中的剖面图是对平面图的一个补充，用来表示管道、部件及设备的立面布置，识读该图时要注意掌握以下内容。

(1) 查明相应于平面图的管道、部件及设备的空间位置。

(2) 查明管道的分支情况及各部分管道的尺寸、标高(圆形风管指管中心标高，矩形风管指管道下皮高度)。

(3) 对于空调机房的剖面图，识读时应主要了解平面图上各设备和部件的竖向位置及尺寸。

9. 系统图的识读

通风空调工程中，在上述的平面图、剖面图表达不清楚、不明确时应绘制系统图，识读系统时应注意掌握以下内容。

(1) 全面了解管路的空间布置，管道的分支变径，管道设备、部件的连接情况。

(2) 查清各段管子的标高、尺寸，各部件的规格、型号。

7.3 通风工程案例分析

7.3.1 工程概况、施工说明与设备部件一览表

1. 工程概况

本工程为某工厂车间送风系统的安装，其施工图见图 7-1、图 7-2。室外空气由空调箱的固定式钢百叶窗引入，经保温阀进入空气过滤器过滤。再由上通阀，进入空气加热器(冷却器)，加热或降温后的空气由帆布软管，经风机圆形瓣式启动阀进入风机，由风机驱动进入主风管，再由六根支管上的空气分布器送入室内。空气分布器前均设有圆形蝶阀，供调节风量用。

2. 施工说明

(1) 风管采用热轧薄钢板。风管壁厚：DN500，$\delta=0.75$ mm；DN500 以上，$\delta=$

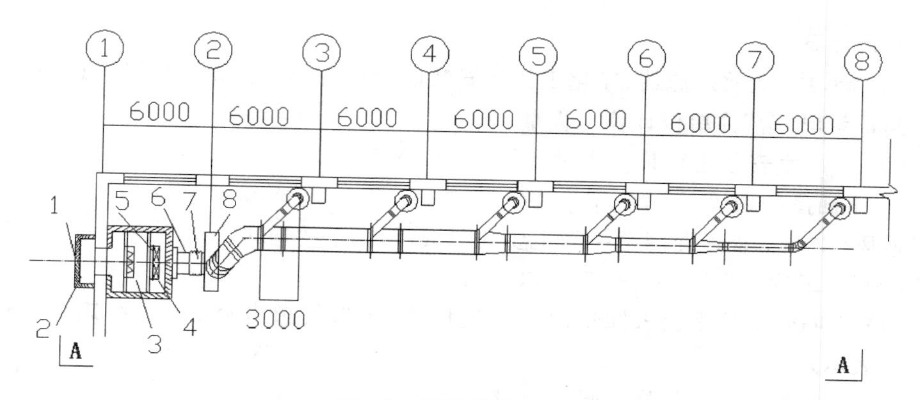

图 7-1　通风系统平面图

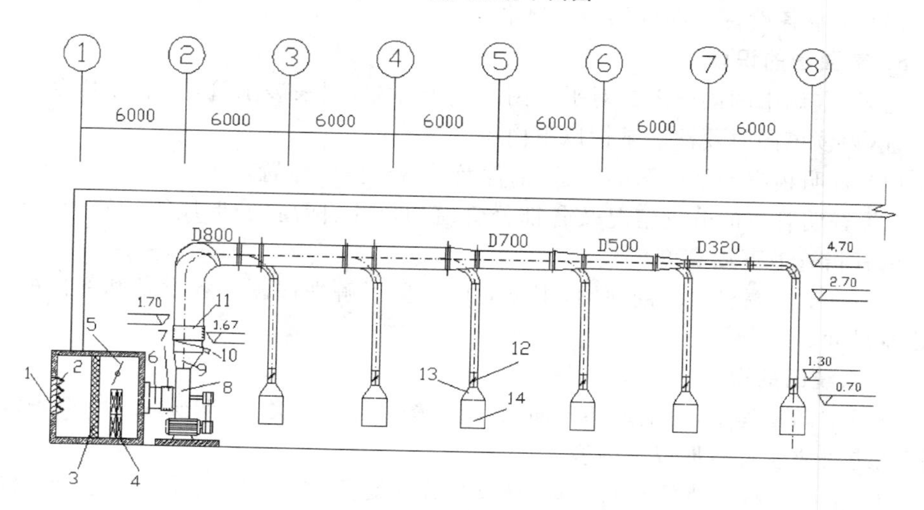

图 7-2　通风系统 A-A 剖面图

1.0 mm。

(2) 风管角钢法兰规格：DN500，∟ 25×4；DN500 以上，∟ 30×4。

(3) 风管内外表面除锈后刷红丹酚醛防锈漆两道，外表面再刷灰色酚醛调和漆两道。

(4) 所有钢部件内外表面除锈后刷红丹酚醛防锈漆两道，外表面再刷灰色厚漆两道。

(5) 风管、部件制作安装要求执行国家施工验收规范有关规定。

3. 设备部件一览表(见表 7-1)

表 7-1　设备部件一览表

编号	名称	型号及规格	单位	数量	备注
1	钢百叶窗	500×400	个	1	$G=20$ kg

续表

编号	名称	型号及规格	单位	数量	备注
2	保温阀	500×400	个	1	
3	空气过滤器	LWP-D(Ⅰ型)	台	1	
	空气过滤器框架		个	1	G=41 kg
4	空气加热器(冷却器)	SRZ-12×6(D)	台	2	G=139 kg
	空气加热器支架				G=9.64 kg
5	空气加热器上通阀	1200×400	个	1	
6	风机圆形瓣式启动阀	D800	个	1	
7	帆布软接头	D600	个	1	L=300
8	离心式通风机	T4-72NO8C	台	1	
	电动机	Y200 L-4 300 kW	台	1	
	皮带防护罩	C 式Ⅱ型	个	1	G=15.5 kg
	风机减震台	CG327 8C	kg	291.3	
9	天圆地方管	D800/560×640	个	1	H=400
10	密闭式斜插板阀	D800	个	1	G=40 kg
11	帆布软接头	D800	个	1	L=300
12	圆形蝶阀	D320	个	6	
13	天圆地方管	D320/600×300	个	6	H=200
14	空气分布器	4# 600×300	个	6	
	空气分布器支架		个	6	如图 7-3 所示

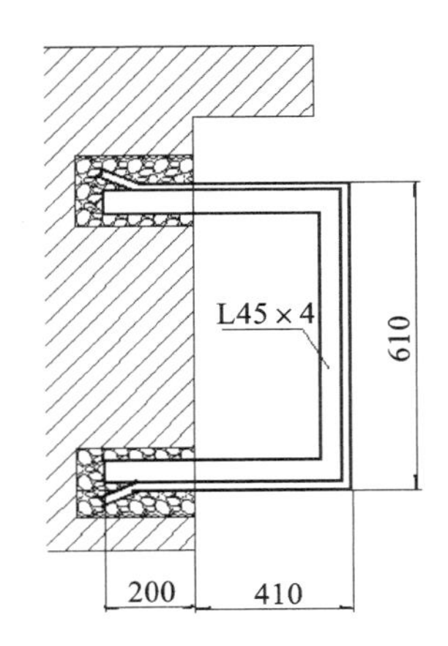

图 7-3　矩形空气分布器支架

7.3.2 编制的依据

(1)该工厂车间通风工程施工图。

(2)全国统一安装工程预算工程量计算规则。

(3)《全国统一安装工程预算定额》第九册《通风空调工程》,第十一册《刷油、防腐蚀、绝热工程》。

(4)《内蒙古自治区安装工程预算定额》第九册《通风空调工程》,第十一册《刷油、防腐蚀、绝热工程》。

7.3.3 分项工程项目的划分和排列

根据本例的工程内容,通风系统安装套用《内蒙古自治区安装工程预算定额》第九册《通风空调工程》,通风系统的除锈、刷油漆套用第十一册《刷油、防腐蚀、绝热工程》。按以上两册定额划分和排列的分项工程项目如下。

(1) 薄钢板通风管道制作安装。

(2) 帆布接口制作安装。

(3) 调节阀制作安装。

(4) 矩形空气分布器制作安装。

(5) 矩形空气分布器支架制作安装。

(6) 空气加热器金属支架制作安装。

(7) 皮带防护罩制作安装。

(8) 过滤器安装。

(9) 过滤器框架制作安装。

(10) 通风设备安装。

(11) 风管、部件、管架除锈刷油。

①通风管道(含吊托支架)除锈。

②金属结构(部件、框架、设备支架)除锈。

③通风部件及支架刷油。

7.3.4 工程量计算

按照所列分项工程项目,依据工程量计算规则逐项计算工程量。

1. 薄钢板通风管道制作安装

根据图 7-1 通风系统平面图和图 7-2 通风系统 A-A 剖面图,将通风管道的水平投影长度和标高标注在图 7-4 通风管网系统图上,从而计算通风管道的面积,计算过程如下。

(1) D800:长度 $L=(4.7-1.7)$(标高差)$+2$(水平长度)$+(4.6+6+6)$(水平长度)$=21.6$(m),面积 $S=21.6\times0.8\times\pi=54.29$($\mathrm{m^2}$)。

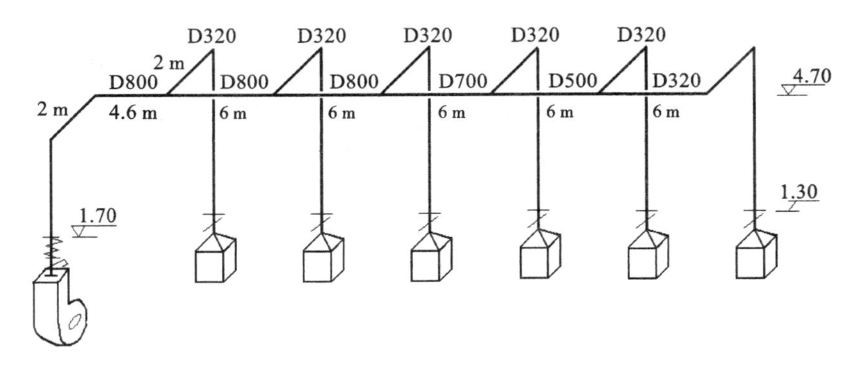

图 7-4　通风管网系统图

(2) D700：长度 L＝6－0.5(大小头长度)＝5.5(m)，面积 S＝5.5×0.7×π＝12.10 (m^2)；大小头 D800×700 的平均直径为(0.8＋0.7)/2＝0.75(m)，面积 S＝0.5×0.75×π＝1.18(m^2)。

(3) D500：长度 L＝6－0.5(大小头长度)＝5.5(m)，面积 S＝5.5×0.5×π＝8.64(m^2)；大小头 D700×500 的平均直径为(0.7＋0.5)/2＝0.6(m)，面积 S＝0.5×0.6×π＝0.94(m^2)。

(4) D320：长度 L＝[6－0.5(大小头长度)](主管水平长度)＋2×6(6 根支管水平长度)＋(4.7－1.3)×6(6 根支管标高差)＝37.9(m)，面积 S＝37.9×0.32×π＝38.10(m^2)；大小头 D500×320 的平均直径为(0.5＋0.32)/2＝0.41(m)，面积 S＝0.5×0.41×π＝0.64(m^2)。

(5) 天圆地方管 D800/560×640，H＝400，1 个，面积 S＝[(0.8×π)/2＋0.56＋0.64]×0.4＝0.98(m^2)。

(6) 天圆地方管 D320/600×300，6 个，面积 S＝[(0.32×π)/2＋0.6＋0.3]×0.2×6＝1.68(m^2)。

2. 帆布接口制作安装

帆布软接头 D600(L＝300 mm)及 D800(L＝300 mm)各 1 个。

面积 S＝π×(0.6×0.3＋0.8×0.3)＝1.32(m^2)。

3. 调节阀制作安装

(1) 空气加热器上通阀 1200 mm×400 mm，1 个。

制作：由国标通风部件标准重量表查得尺寸为 1200 mm×400 mm 的空气加热器上通阀的单体重量为 23.16 kg。

安装：周长为 2×(1200＋400)＝3200(mm)，空气加热器上通阀 1 个。

(2) 风机圆形瓣式启动阀 D800，1 个。

制作：由国标通风部件标准重量表查得尺寸为 D800 的风机圆形瓣式启动阀的单体重量为 42.38 kg。

安装：直径 800 mm 风机圆形瓣式启动阀 1 个。

(3) 密闭式斜插板阀 D800,1 个。

制作:由国标通风部件标准重量表中查得未列尺寸为 D800 的密闭式斜插板阀的单体重量。由设备部件一览表(表 7-1)查得其单体重量为 40 kg。

安装:直径 800 mm 密闭式斜插板阀 1 个。

(4) 圆形蝶阀 D320,6 个。

制作:由国标通风部件标准重量表查得尺寸为 D320 的圆形蝶阀的单体重量为 5.78 kg,总重量为 5.78×6=34.68(kg)。

安装:直径 320 mm 圆形蝶阀 6 个。

4. 矩形空气分布器制作安装

制作:由国标通风部件标准重量表查得尺寸为 600 mm×300 mm 矩形空气分布器的单体重量为 12.42 kg,总重量为 12.42×6=74.52(kg)。

安装:周长为 2×(600+300)=1800(mm),矩形空气分布器 6 个。

5. 矩形空气分布器支架制作安装

本例矩形分布器安装在图 7-4 所示的型钢支架上。其重量计算如下。

[(0.41+0.2)×2+0.61](角钢长度)×6(个)×2.42(角钢每米重量)=26.57(kg)。

6. 空气加热器金属支架制作安装

由设备部件一览表(表 7-1)查得空气加热器金属支架单体重量为 9.64 kg。

7. 皮带防护罩制作安装

由设备部件一览表(表 7-1)查得皮带防护罩(C 式)单体重量为 15.5 kg。

8. 过滤器安装

LWP-D(Ⅰ型)过滤器:1 台。

9. 过滤器框架制作安装

由设备部件一览表(表 7-1)查得过滤器框架单体重量为 41 kg。

10. 钢百叶窗制作安装

制作:面积为 0.5×0.4=0.2(m^2)。

安装:钢百叶窗 500 mm×400 mm,1 个。

11. 通风设备安装

由设备部件一览表(表 7-1)查得的结果如下。

①离心式通风机安装:T4-72NO8C,1 台。

②风机减震台制作安装:291.3 kg。

③空气加热器安装:SRZ-12×6(D),2 台,单体重量为 139 kg。

12. 风管、部件、支架出锈刷油

(1) 薄钢板风管(包括法兰、吊托支架)内、外除锈、刷油(见以上风管面积计算)。

风管内外表面除锈后刷红丹酚醛防锈漆两道,面积计算如下。

风管表面积计算为[54.27+0.98+12.10+1.18+8.64+0.95+38.10+0.65+

1.69]×2×1.1=119×2×1.1=262(m²),外表面再刷灰色酚醛调和漆两道后的面积为 119×1.2=143(m²)。

(2) 通风部件除锈、刷油。

重量:[23.16(加热器上通阀)+42.38(圆形瓣式启动阀)+40(斜插板阀)+34.68(圆形蝶阀)+74.52(矩形空气分布器)+20(钢百叶窗)]×1.15=270(kg)。

(3) 空气分布器、空气加热器、防护罩、过滤器框架、支架及风机减震台制作安装除锈、刷油。

重量:26.57(矩形空气分布器支架)+9.64(空气加热器金属支架)+15.5(皮带防护罩)+41(过滤器框架)+291.3(风机减震台)=384(kg)。

(4) 零星刷油估计(如帆布接口法兰等):46 kg。

13. 工程量计算表、工程量汇总表

根据预算定额中分项工程子目和各子目的定额编号,把工程量计算表(表 7-2)中的同类项(即型号、规格相同的项目)工程量合并,填入工程量汇总表,详细内容见表 7-2 至表 7-6。工程量汇总表中的分项工程子目名称、定额编号和计量单位必须与所用定额一致。该表中的工程量数值,才是计算定额直接费时直接使用的数据。

表 7-2　工程量计算表

序号	分项工程名称	计算式	单位	工程量
1	通风管道制作安装			
①	薄钢板圆形风管(δ=1 mm 咬口)D800	[(4.7−1.7)+2+(4.6+6+6)]×0.8×π	m²	54.29
②	天圆地方管 D800/560×640,H=400,1 个	[(0.8×π)/2 + 0.56+0.64]×0.4	m²	0.98
③	薄钢板圆形风管(δ=1 mm 咬口)D700	(6 −0.5)×0.7×π	m²	12.10
	D800×700 大小头	0.5×[(0.8+0.7)/2]×π	m²	1.18
	薄钢板圆形风管(δ=1 mm 咬口)D1120 以下共	54.29+0.98+12.10	m²	67.37
④	薄钢板圆形风管(δ=0.75 mm 咬口)D500	(6−0.5) ×0.5×π	m²	8.64
	D700×500 大小头	0.5×[(0.7+0.5)/2] ×π	m²	0.94
⑤	薄钢板圆形风管(δ=0.75 mm 咬口)D320	[(6−0.5)+2×6+(4.7−1.3)×6]×0.32×π	m²	38.10
	D500×320 大小头	0.5×[(0.5+0.32)/2]×π	m²	0.64

续表

序号	分项工程名称	计算式	单位	工程量
⑥	天圆地方管 D320/600×300,6 个	[(0.32×π)/2 + 0.6+0.3] ×0.2×6	m^2	1.68
	薄钢板圆形风管(δ=0.75 mm 咬口)D500 以下共	8.64+0.94+38.10+0.64+1.68	m^2	50
2	帆布接口制作安装			
	D600,L=300 mm D800,L=300 mm,各 1 个	π×(0.6×0.3+0.8×0.3)	m^2	1.32
3	调节阀制作安装			
①	空气加热器上通阀 1200×400,1 个	由国标通风部件标准重量表查得单体重量为 23.16 kg		
	制作	23.16×1	kg	23.2
	安装	周长为 2×(1200+400)=3200(mm)	个	1
②	风机圆形瓣式启动阀 D800,1 个	由国标通风部件标准重量表查得单体重量为 42.38 kg		
	制作	42.38×1	kg	42.4
	安装	直径为 800 mm	个	1
③	密闭式斜插板阀 D800,1 个	由设备部件一览表(表 7-1)查得其单体重量为 40 kg		
	制作	40×1	kg	40
	安装	直径为 800 mm	个	1
④	圆形蝶阀 D320,6 个	由国标通风部件标准重量表查得单体重量为 5.78 kg		
	制作	5.78×6	kg	34.7
	安装	直径为 320 mm	个	6
4	矩形空气分布器制作安装 600×300,6 个	由国标通风部件标准重量表查得单体重量为 12.42 kg		
	制作	12.42×6	kg	74.5
	安装	周长为 2×(600+300)=1800(mm)	个	6
5	矩形空气分布器支架制作安装	[(0.41+0.2) ×2+0.61]×6×2.42	kg	26.57
6	空气加热器金属支架,1 个	由设备部件一览表(表 7-1)查得其单体重量为 9.64 kg		

续表

序号	分项工程名称	计算式	单位	工程量
	制作安装	9.64×1	kg	9.64
7	皮带防护罩	由设备部件一览表(表 7-1)查得其单体重量为 15.5 kg		
	制作安装	15.5×1	kg	15.5
8	过滤器安装 LWP-D(Ⅰ型)	1	台	1
9	过滤器框架	由设备部件一览表(表 7-1)查得其单体重量为 41 kg		
	制作安装	41×1	kg	41
10	钢百叶窗 500×400			
	制作	0.5×0.4	m^2	0.2
	安装	0.5 m^2以内	个	1
11	离心式风机安装：T4-72NO8C	1	台	1
12	风机减震台制作安装	291.3(风机减震台)	kg	291.3
13	空气加热器安装：SRZ-12×6(D)	单体重量为 139 kg,1 台	台	2
14	设备支架制作安装(50 kg 以下)	26.57(空气分布器支架)+9.64(空气加热器金属支架)	kg	36.21
15	风管刷油			
	内外表面除锈后刷红丹酚醛防锈漆	[54.27+0.98+12.10+1.18+8.64+0.95+38.10+0.65+1.69]×2×1.1=119×2×1.1	m^2	262
	外表面刷灰色酚醛调和漆	119×1.2	m^2	143
16	通风部件除锈、刷油	[23.16(加热器上通阀)+42.38(圆形瓣式启动阀)+40(斜插板阀)+34.68(圆形蝶阀)+74.5(矩形空气分布器)+20(钢百叶窗)]×1.15	kg	270
17	框架、支架除锈、刷油	26.57(矩形空气分布器支架)+9.64(空气加热器金属支架)+15.5(皮带防护罩)+41(过滤器框架)+291.3(风机减震台)	kg	384
	金属结构刷油共	270+384+46(零星)	kg	700

表 7-3 单位工程汇总表

代号	项目名称	计算公式	费率(%)	金额(元)
一	直接费	按定额及相关规定计算		23359
	直接工程费	按定额及相关规定计算		22038
A	其中:人工费	按定额计算		9524
	材料费	定额材料费×材料综合扣税系数	0.86	11161
B	机械费	定额机械费×机械综合扣税系数	0.89	1353
	措施项目费	按定额及相关规定计算		1321
	单价或专业措施项目费	按定额及相关规定计算		258
C	其中:人工费	按定额计算		71
	材料费	定额材料费×材料综合扣税系数		123
D	机械费	定额机械费×机械综合扣税系数		64
	通用措施项目费	(A+B+商折+沥青混凝土折)×费率		1063
E	其中:人工费	(A+B+商折+沥青混凝土折)×费率×20%		213
	材料费	(A+B+商折+沥青混凝土折)×费率×80%		850
	通用措施项目费明细			
	安全文明施工费	(A+B+商折+沥青混凝土折)×费率	2.1	228
	临时设施费	(A+B+商折+沥青混凝土折)×费率	4.5	489
	雨季施工增加费	(A+B+商折+沥青混凝土折)×费率	0.3	33
	已完、未完工程保护费	(A+B+商折+沥青混凝土折)×费率	0.5	54
	远程视频监控增加费	(A+B+商折+沥青混凝土折)×费率	0.82	89
	扬尘治理增加费	(A+B+商折+沥青混凝土折)×费率	1.15	125
Z1	商品混凝土折合取费基数	2010-10 文商混凝土取费基数		
Z2	沥青混凝土中人工费+机械费			
二	企业管理费	(A+B+C+D+E+Z1+Z2)×费率	18	2021
三	利润	(A+B+C+D+E+Z1+Z2)×费率	17.5	1964
Q1	总包服务费	按合同约定计算		
Q2	单项材料调整	明细附后		
Q3	材料系数调整	一×系数		
Q4	未计价主材费	明细附后		7147
Q5	未计价设备费			
Q6	人工费调整	按相关规定计算	56	5890

续表

代号	项目名称	计算公式	费率(%)	金额(元)
	其中:定额人工费调整	人工费×系数	56	5493
	机械人工费调整	人工费×系数	56	397
四	价差调整、总包服务费、人工费调整	以上6项合计		13037
五	规费前合计	一+二+三+四		40381
	规费:养老失业保险	五×费率	2.5	1010
	基本医疗保险	五×费率	0.7	283
	住房公积金	五×费率	0.7	283
	工伤保险	五×费率	0.1	40
	生育保险	五×费率	0.07	28
	水利建设基金	五×费率	0.1	40
六	规费合计	以上7项规费合计	4.17	1684
	甲供人、材、机	甲供人、材、机		
七	税前合计	五+六		42065
八	税金	七×税率	11	4627
九	含税工程造价	肆万陆仟陆佰玖拾贰元整		46692

表 7-4　定额计价

序号	定额号	名　称	单位	工程量	基价	直接费
1	a9-3	镀锌薄钢板圆形风管(δ=1 mm以内咬口)制作、安装　直径(D=800 mm)含天圆地方及大小头	m^2	68.53	104.45	7158
2	a9-2	镀锌薄钢板圆形风管(δ=1 mm以内咬口)制作、安装　直径(D=500 mm)含天圆地方及大小头	m^2	50.03	104.54	5230
3	a9-49	帆布接口制作安装	m^2	1.32	216.29	286
4	a9-52	空气加热器上(旁)通调节阀制作　T101-1、2	kg	23.2	7.56	175
5	a9-74	空气加热器上通调节阀安装	个	1	69.91	70
6	a9-54	圆形瓣式启动调节阀制作　T301-5　30 kg以上	kg	42.4	18.14	769
7	a9-77	圆形瓣式启动调节阀安装　直径800 mm以内	个	1	65.2	65
8	a9-68	密闭式斜插板调节阀制作　T309　10 kg以上	kg	40	10.69	427
9	a9-91	密闭式斜插板调节阀安装　直径340 mm以内	个	1	14.29	14
10	a9-59	圆形蝶阀制作	kg	34.7	20.64	716

续表

序号	定额号	名　　称	单位	工程量	基价	直接费
11	a9-80	风管蝶阀安装	个	1	12.81	13
12	a9-112	矩形空气分布器制作	kg	74.5	11.94	889
13	a9-163	矩形空气分布器安装　周长 1200 mm 以内	个	6	25.46	153
14	a8-215	室内管道支架制作安装	kg	36.2	11.82	428
15	a9-210	皮带防护罩制作安装	kg	15.5	23.96	371
16	a9-333	过滤器安装 LWP-D(Ⅰ型)	台	1	3.65	4
17	a9-331	过滤器框架制作安装	kg	41	12.71	521
18	a9-137	钢百叶窗制作	m^2	0.2	339.08	68
19	a9-184	钢百叶窗安装	个	1	16.85	17
20	a9-284	离心式风机安装:T4-72NO8C	台	1	356.04	356
21	a9-277	风机减震台制作安装	kg	291.3	6.82	1987
22	a9-279	空气加热器安装 SRZ-12×6(D)	台	2	99.34	199
23	a9-278	设备支架(CG327)制作安装　50 kg 以上	kg	36.2	5.01	181
24	a11-1	手工除管道轻锈	m^2	262	1.64	430
25	a11-53	管道刷防锈漆　第一遍	m^2	262	2.04	535
26	a11-54	管道刷防锈漆　第二遍	m^2	262	1.92	502
27	a11-60	管道刷调合漆　第一遍	m^2	143	2.37	338
28	a11-61	管道刷调合漆　第二遍	m^2	143	2.2	314
29	a11-7	手工除一般钢结构轻锈	kg	700	0.21	150
30	a11-126	一般钢结构刷调合漆　第一遍	kg	700	0.16	114
31	a11-127	一般钢结构刷调合漆　第二遍	kg	700	0.15	107
32	a11-117	一般钢结构刷红丹防锈漆　第一遍	kg	700	0.17	122
33	a11-118	一般钢结构刷红丹防锈漆　第二遍	kg	700	0.16	115
34	aqt-119	通风空调系统调试费	%	13	92.25	1199
35	aqt-140	通风空调脚手架搭拆费	%	3	95.24	286
		合计				24309

表 7-5　未计价主材

序号	材料名称	单位	数量	定额价	合计
1	离心式风机安装:T4-72NO8C	台	1	3800	3800
2	空气加热器安装 SRZ-12×6(D)	台	2	1800	3600
3	过滤器安装 LWP-D(Ⅰ型)	台	1	910	910

表 7-6　材料价差调整表

序号	材料名称	单位	数量	定额价	市场价	调整额	价差合计
	材料价差(小计)						2880
1	型钢 综合	kg	38.372	3.3	3.6	0.3	12
2	扁钢 ＞-60	kg	1.06	3.18	3.6	0.42	0
3	扁钢 ＜-59	kg	61.241	3.24	3.6	0.36	22
4	槽钢 5～16＃	kg	58.889	3.24	3.6	0.36	21
5	普通钢板 0～3＃ δ0.7～0.9	kg	24.525	4.8	5.2	0.4	10
6	普通钢板 0～3＃ δ2.6～3.2	kg	18.085	4.15	5.2	1.05	19
7	普通钢板 0～3＃ δ2～2.5	kg	5.24	4.15	5.2	1.05	6
8	普通钢板 0～3＃ δ3.5～4.0	kg	1.595	4.15	5.2	1.05	2
9	普通钢板 0～3＃ δ4.5～7	kg	1.052	3.6	5.2	1.6	2
10	普通钢板 0～3＃ δ1.0～1.5	kg	97.908	4.74	5.2	0.46	45
11	角钢 ＜∟60	kg	665.03	3.18	3.6	0.42	279
12	角钢 ＞∟63	kg	170.011	3.24	3.6	0.36	61
13	圆钢 Φ5.5～9	kg	15.387	3.9	3.6	−0.3	−5
14	圆钢 Φ10～14	kg	10.951	3.84	3.6	−0.24	−3
15	圆钢 Φ15～24	kg	5.036	3.84	3.6	−0.24	−1
16	圆钢 Φ25～32	kg	0.407	3.84	3.6	−0.24	0
17	镀锌钢板 δ0.75	m^2	56.934	38.78	48	9.22	525
18	镀锌钢板 δ1.0	m^2	77.987	48.79	52	3.21	250
19	焊接钢管 DN15	kg	4.715	3.54	6.75	3.21	15
20	热轧无缝钢管 Φ91～115 δ4.7～7	kg	1.043	4.56	20	15.44	16
21	酚醛调合漆	kg	35.545	11	28	17	604
22	酚醛防锈漆	kg	63.666	5.31	21	15.69	999
	合计						2880

【本章小结】

本章介绍了第九册定额的使用及相关计算规则，通过案例分析全面系统地阐述了使用第九册定额进行定额计价的过程。

本章的教学目的在于通过典型案例的讲解分析，使学生能够具备独立完成通风预算编制的能力。

第8章　电 气 工 程

【学习目标】

本章内容分为建筑照明系统、建筑电气动力系统和建筑弱电系统三部分。通过学习本章的内容，熟悉《内蒙古自治区安装工程预算定额》第二册《电气设备安装工程》(DYD15-502—2009)的内容，了解本册定额中电气工程的计算规则，并掌握电气工程预算的编制。

【学习要求】

能力目标	知识点梳理与归纳
了解电气工程的计算规则	通过了解计算规则学会计算工程量
熟悉《电气设备安装工程》(DYD15-502—2009)消耗量定额的内容	消耗量定额中的各分项工程的工作内容
掌握电气设备安装工程工程量计算规则及预算书的编制要求	工程量计算规则与使用

8.1　电气工程概述

我国现在正处在电气化时代，电作为一种能源已广泛运用于工业、农业、交通运输、航天航空、国防及民用建筑等各个领域。建筑电气工程为建筑物内通风空调设备、动力和照明设备及不同功能的控制系统等诸多设施提供电力能源。通常情况下，把建筑物内外的动力、照明用电设施的施工安装工程称为建筑电气工程。

一般来说，建筑电气系统由用气设备、配电线路和控制保护设备三部分组成，根据其供电特点分为建筑照明系统、建筑电气动力系统和建筑弱电系统。

8.1.1　建筑电气工程的使用特点

(1) 建筑电气工程的应用和发展是以建筑物的存在和使用为基础的，且服务于建筑物。建筑电气工程的性质是用电工程，有别于发电工程、输电工程和工业机电工程。

(2) 建筑物存在的普遍性决定了建筑电气工程存在的普遍性。无论是大型公用建筑，还是居民宅或乡镇村落，到处都存在着建筑物和依附于其上的建筑电气工程，建筑电气工程对人们生产生活影响之大是其他用电工程不能相比拟的。

(3) 建筑电气工程与人类关系密切，是人们日常生活不可或缺、经常接触的工程，有几率较高的、潜在的、危及人身安全的触电危险性，也有引发火灾事故的可能性。因此建筑电气工程能否安全使用成为鉴别其施工质量优劣的关键。

8.1.2 建筑电气工程的划分

建筑电气工程的划分标准有传统划分和现代划分两类。

传统意义上的划分如下。

(1) 按照电能转换特点划分为变配电系统和用电系统。其中用电系统又可分为照明系统、动力系统、防雷接地系统、弱电系统四部分。

(2) 根据电能的特性划分为强电系统、弱电系统两大部分。强电系统又可分为变配电系统、动力系统、照明系统、防雷接地系统四部分。弱电系统可分为通信系统、共用天线有线电视系统、广播系统、火灾自动报警系统、安全防范系统。

现代划分可将建筑电气工程分为建筑电气分部工程和智能建筑分部工程两部分。

(1) 建筑电气分部工程包含室外电气、变配电室、供电干线、电气动力、电气照明安装、备用和不间断电源安装、防雷接地安装七个子分部工程。

(2) 智能建筑分部工程包含通信网络系统、办公自动化系统、建筑设备监控系统、火灾报警及消防联动系统、安全防范系统、综合布线系统、智能化集成系统、电源与接地、环境、住宅(小区)智能化系统十个子分部工程。

8.1.3 建筑电气工程图的特点

(1) 多属于简图。

(2) 任何回路都是闭合的，但图中仅以单线表示。

(3) 线路可长可短。

(4) 需与其他专业配合。

(5) 技术要求、标准做法等在图中未标注。

(6) 一般只有平面投影图，要求识图人员具有一定的空间想象力。

8.2 电气工程识图

8.2.1 防雷接地工程识图中的预算知识

1. 建筑物防雷接地系统组成

(1)防雷接地系统一般都由接闪器、引下线和接地体三大部分构成。

(2)接闪器有避雷针、避雷网、避雷带等形式,引下线一般由引下线、引下线支持卡子、断接卡子、引下线保护管等组成。

(3)接地体一般由接地母线、接地极组成。常用的接地极可以是钢管、角钢、钢板、铜板等。

2. 电气设备及相关元件的接地

为了保证电气设备的安全运行,电气设备及相关元件的下列金属部分均应接地。

(1)变压器、电机、电器、携带式或移动式用电器具等的金属底座和外壳。

(2)电力设备传动装置。

(3)互感器的二次绕组。

(4)配电盘和控制盘的金属柜架。

(5)室外配电装置的金属构架和钢筋混凝土物架以及靠近带电部分的金属围栏和金属门等。

(6)交、直流电缆的接线盒,终端盒的外壳和电缆的外皮,穿线的钢管等。

(7)装在配电线路上的开关设备、电力电容器等电力设备。

(8)铠装控制电缆的外皮,非铠装或非金属护套电缆的1～2根屏蔽芯线。

3. 变配电所接地系统

变配电所内配电盘柜及其他盘柜一般都设有型钢基础,它的接地系统一般是将这些型钢基础用-25×4扁钢相连,并作为接地干线。然后将这些干线引向室外,与户外的接地装置相连,作为外壳保护接地。

4. 车间接地系统

接零母线进入车间以后,在有桥式或梁式行车的车间内,可利用行车钢轨,用-40×4扁钢相连,作为接地回路。如车间没有钢轨可做接地,则应另设接地系统。

5. 利用建筑物的结构作为接地体

经常作为接地体的建筑物的结构有钢结构、钢筋混凝土结构、钢轨、金属管道等。

6. 人工接地体

(1) 人工接地体(极)一般是将型钢或钢管打入地下,形成有效接地,常用的一般有钢管接地极和角钢接地极。钢管接地极一般用2.5 m长,直径40～50 mm,壁厚不小于4 mm的钢管,顶部打入地下深度不小于0.7 m,形成接地极。角钢接地极一般用∟ 50×5角钢,顶部打入地下不小于0.7 m,形成接地极。单根接地极间用-40×4镀锌扁钢接地母线连接形成一组。具体根数由计算确定,每组中接地极间距应为2～3倍的接地极长度,一般为5 m。

(2) 接地母线一般采用-40×4镀锌扁钢或ϕ8镀锌圆钢制成。

7. 接地跨接线

接地母线遇到障碍时,须跨越而相连的接头称为跨接。跨接一般会出现在建筑物的变形缝处,钢轨作为接地体时的每节钢轨相连处以及通风管道法兰盘连接处等。

8. 接地调试

根据设计要求,防雷接地系统中的接地体必须有足够小的接地电阻。一般在设计时，根据土质等情况可计算布置出接地极。施工完毕后，为了保证接地电阻达到设计要求，需对已施工完毕的接地体进行接地电阻测试，测试接地电阻一般是从引下线的断接卡子处将原引下线断开，用接地电阻测量仪进行测量，如达不到相应的设计要求，应进行处理。

9. 电气工程中各部件的工程量计算规则

建筑物、构筑物的防雷接地、变配电系统接地、设备接地及避雷针的接地可套用第二册第九章中的有关子目进行预算的编制，其计算规则如下。

(1) 接地极制作安装以“根”为计量单位，其长度按设计长度计算。设计无规定时，每根长度按 2.5 m 计算。若设计有管帽时，管帽另按加工件计算。

(2) 接地母线敷设按设计长度以“m”为计量单位计算工程量。接地母线、避雷线敷设均按延长米计算，其长度按施工图设计水平和垂直规定长度另加 3.9% 的附加长度(包括转弯、上下波动、避绕障碍物、搭接头所占长度)计算。计算主材费时应另增加规定的损耗率。

(3) 接地跨接线以“处”为计量单位，按规程规定凡需作接地跨接线的工程内容，每跨接一次按一处计算，户外配电装置构架均需接地，每副构架按一处计算。

(4) 避雷针的加工制作、安装以“根”为计量单位，独立避雷针安装以“基”为计量单位。长度、高度、数量均按设计规定。独立避雷针的加工制作应执行“一般铁件”制作定额或按成品计算。

(5) 半导体少长针消雷装置安装以“套”为计量单位，按设计安装高度分别执行相应定额。

(6) 利用建筑物内主筋作接地引下线时，其安装以“10 m”为计量单位，每一个柱子内按焊接两根主筋考虑，如果焊接主筋超过两根时，可按比例调整。

(7) 断接卡子制作安装以“套”为计量单位，按设计规定装设的断接卡子数量计算，接地检查井内的断接卡子安装按每井一套计算。

(8) 高层建筑物屋顶的防雷接地装置应执行“避雷网安装”定额，电缆支架的接地线安装应执行“户内接地母线敷设”定额。

(9) 均压环敷设以“m”为单位计算，主要考虑利用圈梁内主筋作均压环接地连线，焊接按两根主筋考虑，超过两根时，可按比例调整。长度按设计需要作均压接地的圈梁中心线长度，以延长米计算。

(10) 钢、铝窗接地以“处”为计量单位(高层建筑六层以上的金属窗设计一般要求接地)，按设计规定接地的金属窗数进行计算。

(11) 柱子主筋与圈梁连接以“处”为计量单位，每处按两根主筋与两根圈梁钢筋分别焊接连接考虑。如果焊接主筋和圈梁钢筋超过两根时，可按比例调整，需要连接的柱子主筋和圈梁钢筋“处”数按规定设计计算。

(12) 利用基础钢筋做接地极，以“m^2”为计量单位，按板式基础底面积尺寸计算工程量。

8.2.2 照明工程识图中的预算知识

1. 常用的电气设备安装高度

(1) 配电箱:箱底一般距地 1.5 m。

(2) 灯具:依据设计管线一般沿顶棚敷设。

(3) 开关:拉线开关一般距顶 0.3 m,板式开关一般距地 1.3～1.5 m。

(4) 插座:插座安装高度一般距地 0.3 m,管线一般沿地面敷设。

其他插座:如空调插座、防水插座等安装高度距地 1.5～1.8 m,管线一般沿顶棚敷设。

(5) 聚氯乙烯塑料铜线:BV。

(6) 聚氯乙烯塑料铝线:BLV。

2. 建筑电气工程施工图常用图形符号

(1) 动力、照明线路在平面图上的表示方法。

①线路配线方式符号。

SC	焊接钢管配线	TC (DG)	电线管(薄壁钢壁)配线
P(VG)	硬塑料管配线(PVC)	PC(RVG)	软塑料管配线
F(SPG)	金属软管(蛇皮管)配线	CT	电缆桥架配线

②线路敷配部位符号。

M(S)	沿钢索配线	BE(LM)	沿梁或屋架下弦明配线
CLE(ZM)	沿柱明配线	WE(QM)	沿墙明配线
FC (DA)	埋地面(板)敷设	CLE(KZM)	跨柱明配线
CE(PM)	沿天棚明配线	BC(LA)	在梁内或沿梁暗配线
CLC (ZA)	在柱内或沿柱暗配线	WC(QA)	在墙内暗配线
CC(PA)	在顶棚内暗配线		

③线路文字标注格式如下。

$$a\text{-}b(c\times d)e\text{-}f$$

式中:a——线路编号或线路用途符号;

b——导线型号;

c——导线根数;

d——导线截面面积,不同截面分别标注;

e——配线方式符号及导线穿管管径;

f——敷设部位符号。

(2) 动力、照明设备在平面图上的表示方法。

①用电设备标注格式如下。

$$\frac{a}{b} \quad 或 \quad \frac{a \mid c}{b \mid d}$$

式中：a——设备编号；

b——额定功率，kW；

c——线路首端熔断片或自动开关脱扣器电流，A；

d——安装标高，m。

②电力和照明配电箱标注格式如下。

$$a\frac{b}{c} \quad 或 \quad a\text{-}b\text{-}c$$

当需要标注引入线规格时为

$$a\frac{b\text{-}c}{d(e\times f)\text{-}g}$$

式中：a——设备编号；

b——设备型号；

c——设备功率，kW；

d——导线型号；

e——导线根数；

f——导线截面面积，mm^2；

g——导线敷设方式及部位。

③灯具的标注格式如下。

$$a\text{-}b\,\frac{c\times d\times L}{e}f$$

若为吸顶灯，则为

$$a\text{-}b\,\frac{c\times d\times L}{——}f$$

式中：a——灯具数量；

b——灯具型号或编号；

c——每盏照明灯具的灯泡(管)数量；

d——灯泡(管)容量，W；

e——灯泡(管)安装高度，m；

f——灯具安装方式(WP、C、P、R、W)；

L——光源种类(Ne，Xe，Na，Hg，I，IN，FL)。

④开关及熔断器标注格式如下。

$$a\frac{b}{c/i}或\ a\text{-}b\text{-}c/i$$

当需要标注引入线规格时为

$$a\frac{b\text{-}c/i}{d(e\times f)\text{-}g}$$

式中：a——设备编号；

b——设备型号；

c——额定电流，A；

i——整(镇)定电流，A；

d——导线型号；

e——导线根数；

f——导线截面面积，mm^2；

g——导线敷设方式及部位。

3. 配管配线工程量计算

照明工程一般包括配管配线工程、灯具安装工程、开关插座安装工程以及其他附件安装工程。

(1) 配管工程量计算。

配管工程以所配管的规格、材质以及敷设方式划分定额子目。

①计算规则及其计算要点。

a. 计算规则。各种配管工程量以管材质、规格和敷设方式不同，按“延长米”计量，不扣除接线盒(箱)、灯头盒、开关盒所占长度。

b. 计算要点。从配电箱起按各个回路或按建筑物自然层划分计算，也可按建筑平面形状特点及系统图的组成特点分片划块计算，然后汇总。注意不要“跳算”，防止混乱，影响工程量计算的正确性。

②计算方法。

计算配管的工程量，分两步进行，先算水平配管，再算垂直配管。

a. 水平方向敷设的管，以施工平面布置图的管线走向和敷设部位为依据(8.2.1节内容)，并借用建筑物平面图所标墙、柱轴线尺寸进行线管长度的计算。

b. 垂直方向敷设的管(沿墙、柱引上或引下)，其工程量计算与楼层高度及与箱、柜、盘、板、开关等设备安装高度有关。无论配管是明敷或暗敷，均按下图计算线管长度。

(2) 当埋地配管时(FC)，水平方向的配管按墙、柱轴线尺寸及设备定位尺寸进行计算。穿出地面向设备或向墙上电气开关配管时，按埋地深度和引向墙、柱的高度进行计算。

(3) 配管工程量计算时应注意的问题。

配管工程量计算在电气施工图预算中所占比重较大，是预算编制中工程量计算的关键之一，因此除综合基价中的一些规定外，还有如下一些具体问题需进一步明确。

①无论是明配管还是暗配管，其工程量均以管子轴线为理论长度计算。水平管长度可按平面图所示标注尺寸或用比例尺量取，垂直管长度可根据层高和安装高度计算。

②在计算配管工程量时要重点考虑管路两端、中间的连接件。两端应该预留要计入工程量的部分(如进、出户管端)，中间应该扣除的必须扣除(如配电箱等所占长度)。

③明配管工程量计算时，要考虑管轴线距墙的距离。当设计无要求时，一般可以以墙皮作为量取计算的基准。设备、用电器具作为管路的连接终端时，可依其中心作为量取计算的基准。

④暗配管工程量计算时，可以以墙体轴线作为量取计算的基准。当设备和用电器具作为管路的连接终端时，可以以其中心线与墙体轴线的垂直交点作为量取计算的基准。

⑤在钢索上配管时，应另外计算钢索架设和钢索拉紧装置制作与安装两项。

⑥当动力配管发生刨混凝土地面沟时，以“m”计量，按沟宽分档，套用相应定额。

⑦在吊顶内配管敷设时，用相应管材明配线管定额。

⑧电线管、钢管明配、暗配均已包括刷防锈漆，当图纸设计要求作特殊防腐处理时，按《刷油、防腐蚀、绝热工程》定额规定计算，并应用相应定额。配管工程包括接地跨接，不包括支架制作、安装，支架制作安装另行计算。

(4) 管内穿线工程量计算。

①计算规则。

管内穿线按“单线延长米”计量。导线截面超过 6 mm^2 以上的照明线路，按动力穿线定额计算。

②管内穿线长度按以下公式计算。

管内穿线长度=(配管长度+导线预留长度)×同截面导线根数

表 8-1　连接设备导线预留长度

序号	项　　目	预留长度	说明
1	各种配电箱(柜、板)、开关箱	(高+宽)	盘面尺寸
2	单独安装(无箱、盘)的铁壳开关、闸刀开关、启动器、母线槽进出线盒等	0.3 m	以安装对象中心算起
3	由地坪管子出口引至动力接线箱	1.0 m	以管口计算
4	电源与管内导线连接(管内穿线与软、硬母线接头)	1.5 m	以管口计算
5	出户线	1.5 m	以管口计算

③管内穿线工程量计算应注意的问题。

计算出管长以后，要具体分析管两端连接设备类别。

a. 如果相连的是盒(接线盒、灯头盒、开关盒、插座盒)和接线箱，因为穿线项目中分别综合考虑了进入灯具及明暗开关、插座、按钮等预留导线的长度，因此穿线工程量不必考虑预留长度。此时，工程量可按如下公式计算，即

单线延长米=管长×管内穿线的根数(型号、规格相同)

b. 如果相连的是设备，那么穿线工程量必须考虑预留长度，并按下式计算工程量。

单线延长米=(管长+管两端所接设备的预留长度)×管内穿线根数

导线与设备相连时需设焊（压）接线端子，以“个”计量单位，根据进出配电箱、设备的配线规格、根数计算，套用相应定额。

4. 照明器具安装工程量计算

(1) 灯具安装方式与组成。

灯具安装定额是按灯具安装方式与灯具种类划分定额的，分类方式见表 8-2。

表 8-2 灯具安装方式

安装方式		旧符号	新符号
吊式	线吊式	X	WP
	链吊式	L	C
	管吊式	G	P
吸定式	一般吸顶式	D	—
	嵌入吸定式	RD	R
壁装式	一般壁装式	B	W
	嵌入壁装式	RB	R

以常见灯具为例对灯具组成进行描述，如图 8-1 所示。

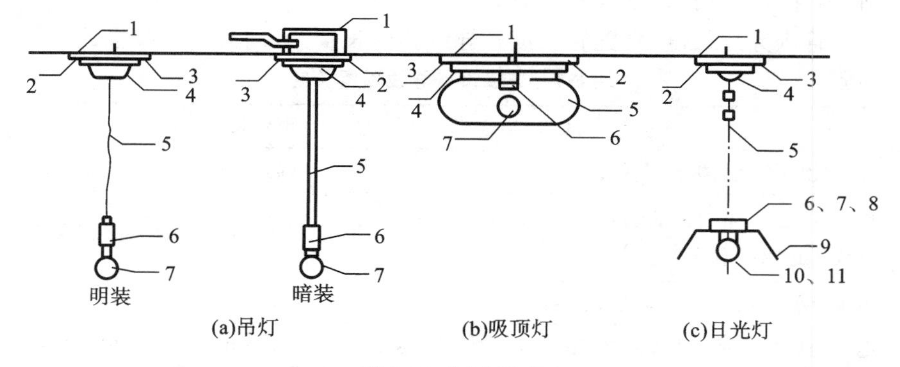

图 8-1 灯具组成

(a) 吊灯 明装：1—固定木台螺钉；2—元木台；3—固定吊线盒螺钉；4—吊线盒；5—灯线（花线）；6—灯头（螺口 E，插口 C）；7—灯泡

暗装：1—灯头盒；2—塑料台固定螺栓；3—塑料台；4—吊杆盘；5—吊杆（吊链，灯线）；6—灯头；7—灯泡

(b) 吸顶灯 1—固定木台螺钉；2—木台；3—固定木台螺钉；4—灯圈（灯架）；5—灯罩；6—灯头座；7—灯泡

(c) 日光灯 1—固定木台螺钉；2—固定吊线盒螺钉；3—木台；4—吊线盒（或吊链底座）；5—吊线（吊链、吊杆、灯线）；6—镇流器；7—启辉器；8—电容器；9—灯罩；10—灯管灯脚（固定和弹簧式）；11—灯管

(2) 灯具安装工程量计算。

灯具安装工程量以灯具种类、型号、规格、安装方式划分定额，按“套”计量。

①普通灯具安装。普通灯具包括吸顶灯、其他普通灯具两大类，均以“套”计量。

②荧光灯具安装。荧光灯具分组装型和成套型两类。组装型荧光灯每套可计算一个电容器安装及电容器的未计价材料价值，工程中多使用成套型荧光灯具。

③工厂灯及防水防尘灯安装。这类灯具可分为如下两类：一是工厂罩及防水防尘灯；二是工厂其他常用碘钨灯、投光灯、混光灯等灯具。均以“套”计量。

④医院灯具安装。医院灯具分病房指示灯、病房暗脚灯、紫外线杀菌灯、无影灯(G)四种，均以“套”计量。

⑤路灯安装。路灯包括如下两种：一是大马路弯灯，臂长有 1200 mm 以下及以上；二是庭院路灯，包含三火、七火以下柱灯两子目。均以“套”计量。

⑥装饰灯具安装仍以“套”计量。根据灯的类别和形状，以灯具直径、灯垂吊长度、方形、圆形等分档。对照灯具图片套用定额。

装饰灯具分类如下。

a. 吊式艺术装饰灯具：蜡烛、挂片、串珠(棒)、吊杆、玻璃罩等样式。

b. 吸顶式艺术装饰灯具：串珠(棒)、挂片(碗、吊碟)、玻璃罩等样式。

c. 荧光艺术装饰灯具：组合、内藏组合、发光棚和其他样式。

d. 几何形状组合艺术装饰灯具。

e. 标志、诱导装饰灯具。

f. 水下艺术装饰灯具。

g. 点光源艺术装饰灯具。

h. 草坪灯具。

i. 歌舞厅灯具。

(3) 开关、按钮、插座及其他器具安装工程量计算。

①开关安装。包括拉线开关、板把开关、板式开关、密闭开关、一般按钮开关安装，并且分明装与暗装。均以“套”计量。

②插座安装。定额分普通插座和防爆插座两类，又分明装与暗装，均以“套”计量。

③风扇、安全变压器、电铃安装。

a. 风扇安装：吊扇不论直径大小均以“台”计量，定额包括吊扇调速器安装；壁扇、排风扇、鸿运扇安装均以“台”计量，可套用壁扇的定额；带灯吊风扇安装套用吊扇安装定额，或见各地补充定额。

b. 安全变压器安装：按容量(VA)分档，以“台”计量，但不包括支架制作，应另立项计算。

c. 电铃安装：按铃径大小分档，以“套”计量，门铃安装分明装与暗装，以“个”计量。

(4) 接线箱、盒等安装工程量计算。

明配管和暗配线管均包括接线盒(分线盒)或接线箱安装。开关盒、灯头盒及插座盒安装均以“个”计量，其箱盒均为未计价材料。

①接线盒的设置往往在平面图中反映不出来，但在实际施工中接线盒又是不可缺少的，一般在碰到下列情况时应设置接线盒(拉线盒)，以便于穿线。

a. 管线分支、交叉接头处在没有开关盒、灯头盒、插座盒可利用时，就必须设置接线盒。

b. 水平线管敷设超过下列长度时中间应加接线盒：

管长超过 30 m 且无弯时；

管长超过 20 m，中间只有 1 个弯时；

管长超过 15 m，中间有 2 个弯时；

管长超过 8 m，中间有 3 个弯时。

c. 垂直敷设电线管路超过下列长度时应设接线盒，并应将导线在管口处或接线盒中加以固定：

导线截面 50 mm^2 及以下为 30 m；

导线截面 70～95 mm^2 为 20 m；

导线截面 120～240 mm^2 为 18 m。

电线管路过建筑物伸缩缝、沉降缝等一般应作伸缩、沉降处理，宜设置接线盒(拉线盒)。

②无论开关盒、灯头盒及插座盒是明配管还是暗配管，应根据开关、灯具、插座的数量计算相应盒的工程量。材质根据管道的材质而定，分为铁质和塑料两种，插座盒、灯头盒安装执行开关盒定额。

8.2.3 动力工程

动力工程是用电能作用于电机来带动各种设备，并以电能为能源用于生产的电气装置。动力工程由成套的电气设备，小型的或单个分散安装的控制设备、保护设备、测量仪表、母线、电缆敷设、配管、配线、接地装置等组成。

1. 控制设备及低压电器

(1) 各种开关的安装。

常用开关有控制开关、熔断器、限位开关、接触起动器、电磁铁、快速自动开关、按钮、电笛、电铃、水位电气信号装置等。

①定额单位:“个”或“台”。

②工程量计算:按施工图中的实际数量计算。

(2) 低压控制台、屏、柜、箱等安装。

①定额单位:明装、暗装、落地、嵌入、支架式安装方式不分型号、规格，均以“台”计量。

②工程量计算:按施工图中的实际数量计算。

(3) 落地、支架安装的设备中均未包括的基础槽钢、角钢及支架的制作、安装。

①基础槽钢、角钢的制作按施工图设计尺寸计算重量，以“100 kg”计量，执行铁

构件制作项目。

②基础槽钢、角钢的安装按施工图设计尺寸计算长度，以“米”计量。

③支架制作、安装按施工图设计尺寸计算重量，以“100 kg”计量，执行铁构件制作、安装项目。

(4) 焊(压)接接线端子。

进出配电箱、设备的接头需考虑焊(压)接接线端子时，以“个”计量，根据进出配电箱、设备的配线规格、根数计算。

2. 电机检查接线

①发电机、调相机、电动机的电气检查接线均以“台”计量。直流发电机组和多台串联的机组按单台电机分别执行。

②电机项目的界线划分标准如下：单台电机重量在 3 t 以下的为小型电机；单台电机重量在 3 t 以上至 30 t 以下的为中型电机；单台电机重量在 30 t 以上的为大型电机；凡功率在 0.75 kW 以下的小型电机为微型电机。

③小型电机按电机类别和功率大小执行相应定额，凡功率在 0.75 kW 以下的小型电机执行微型电机定额，大、中型电机不分类别一律按电机重量执行相应定额。如风机盘管检查接线执行微型电机检查接线项目，但一般民用小型交流电风扇、排气扇，不计微型电机检查接线项目。

④各种电机的检查接线按规范要求均需配有相应的金属软管。本章综合取定平均每台电机配 0.8 m 金属软管，如设计有规定的应按设计规格和数量计算，同时扣除原项目中金属软管和专用接头含量。

⑤电机的电源线为导线时，需计算焊(压)接线端子。

⑥电机干燥与解体检查项目，应根据需要按实际情况执行，均以“台”计量。

3. 电动机调试

①普通电动机调试分同步电动机、异步电动机、直流电动机三类，每类又按启动方式、功率、电压等级分档次，均以“台”计量。

②可控硅调速直流电动机和交流变频调速电动机调试，均以“系统”计量。

③微型电机不分类别，一律执行微型电机综合调试项目，以“台”计量。

④单相电动机，如轴流风机、排风扇、吊风扇等不计算调试费。

4. 电气调整试验

电气调整项目中最常用的是送配电设备系统调试、电动机调试、接地系统调试等。

(1) 送配电设备系统调试。

送配电设备系统调试适用于各种送配电设备和低压供电回路的系统调试。调试工作包括自动空气开关或断路器、隔离开关、常规保护装置、测量仪表电力电缆及一、二次回路调试。定额分交流、直流两类，分别以电压等级分档，按“系统”计量。

①1 kV 以下供电送配电设备系统调试。

a. 系统的划分：凡回路中有需作调试的元件（如仪表、继电器、电磁开关）可划分为一个系统。上述可调元件如单独安装时，不作系统调试，只作校验处理，按校验单位收费标准收费即可。

b. 低压电路中的电度表、保险器、闸刀等不作设备调试，只是作试亮、试通工作。自动空气开关、漏电开关也不作调试工作，即不划分调试系统。但是一个单位工程至少要计一个系统的调试费。

若某栋楼房照明各分配电箱只有闸刀开关、保险器、空气开关、漏电开关等，则分配电箱不作为独立的一个调试系统，而只计算该楼总配电箱或整个工程的供配电系统为一个系统的调试。

c. 从配电箱到电动机的供电回路已包括在电动机系统调试项目中，不得重新计量系统调试。

d. 对于电气照明工程按照调试系统划分标准，不论单位工程大小，只能按一个系统计自动投入、事故照明切换、中央信号装置调试。

(2) 自动投入装置及信号系统调试，均包括继电器、仪表等元件本体和二次回路的调试，具体规定如下。

①备用电源自动投入装置调试系统按联锁机构的个数来确定备用电源自动投入装置系统数。

②线路自动重合闸调试系统按采用自动重合闸装置的线路中自动断路器的台数计算系统数。不论电气型或机械型均适用于该定额。

③事故照明切换装置按设计图凡能完成直、交流切换的，以一套装置为一个调试系统。

④中央信号装置按每一个变电所或配电室为一个调试系统计算工程量。

5. 电缆工程计算

(1) 电缆定额说明。

10 kV 以下电力电缆无论采用什么方式敷设，均以铝芯和铜芯分类，按电缆线芯截面积分档，以“m”计量。其中电缆地沟、挂墙支架（桥架）、电缆保护管、挂电缆钢索等另列项计算。计算电缆定额时的具体规定如下。

a. 电力电缆敷设定额按三芯（包括三芯连地）设定的，线芯多时会增加工作难度，故当五芯时电力电缆基价乘以 1.3，六芯乘以 1.6。每增加一芯，基价增加 30%，依此类推。单芯电力电缆敷设按同截面电缆项目乘以 0.67。截面 400～800 mm^2 的单芯电力电缆敷设按 400 mm^2 电力电缆项目执行；截面 800～1000 mm^2 的单芯电力电缆敷设按 400 mm^2 电力电缆乘以系数 1.25 执行。240 mm^2 以上的电缆头的接线端子为异型端子，需要单独加工，应按实际加工价计算（或调整项目价格）。

b. 敷设三十五芯以下控制电缆（KXV，KLXV，KVV，KLVV 等）按 35 mm^2 电力电缆定额套用。

(2) 电缆工程量计算。

10 kV 以下电力电缆和控制电缆按单根“延长米”计量。其总长度由水平长度与垂直长度及预留长度之和而定，如图 8-2 及表 8-3 所示。其计算式如下。

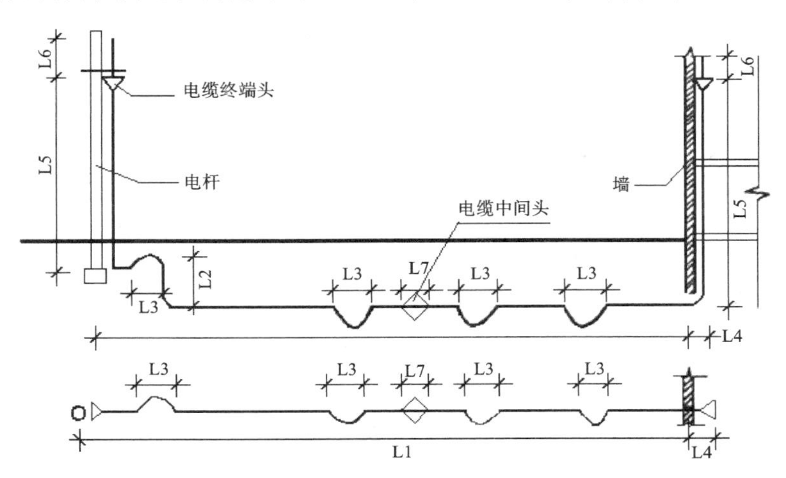

图 8-2　电缆长度组成平、剖面示意图

表 8-3　电缆端头预留长度

序号	预留长度名称	预留长度(m)	说明
1	电缆进入建筑物处	2.0	规范规定最小值
2	电缆进入沟内或吊架时引上(下)预留	1.5	规范规定最小值
3	变电所进线与出线	1.5	规范规定最小值
4	电力电缆终端头	1.5	可供检修的余量
5	电缆中间接头盒	两端各 2.0	可供检修的余量
6	电缆进入控制屏、保护屏	高＋宽	按盘面尺寸
7	电缆进入高压开关柜，低压动力盘、箱	2.0	盘、柜下进出线
8	电缆至电动机	0.5	电缆头预留长
9	厂用变压器	3.0	从地坪算起
10	电梯电缆与电缆架固定点	每处 0.5	规范规定最小值
11	电缆绕梁柱等增加长度	按实际计算	按被绕物断面计算

注：电缆工程量＝施工图用量＋附加及预留长度。

$$L=(L_1+L_2+L_3+L_4+L_5+L_6+L_7)\times(1+2.5\%)$$

式中：L——电缆工程量；

L_1——水平长度；

L_2——垂直及斜长度；

L_3——预留(驰度)长度；

L_4——穿墙基及进入建筑物长度；

L_5——沿电杆、沿墙引上(引下)长度；

L_6、L_7——电缆中间头及电缆终端头长度；

2.5%——电缆曲折弯余系数(电缆敷设驰度、波形弯度、交叉时)。

(3) 电缆敷设。

电缆敷设方式主要有直接埋地，穿管敷设，挂于电缆沟内支架上、挂于墙、柱的支架上和沿桥架及电缆槽敷设。

电缆直埋时，需要计算电缆埋设挖填土(石)方、铺砂盖砖工程量。

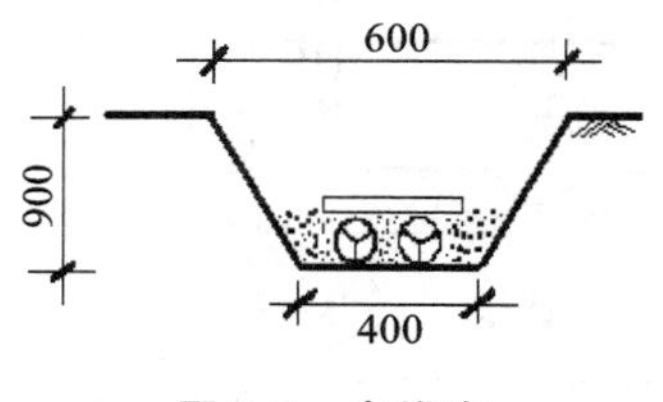

图 8-3 电缆沟

①电缆埋设挖填土石方量。电缆沟有设计断面图时，按图计算土石方量；电缆沟无设计断面图时，按下式计算土石方量。

a. 两根电缆以内(如图 8-3 所示)土石方量按公式 $V=SL$(V 为土石方量，S 为挖填方截面大小，L 为沟长)计算。

其中，$S=(0.6+0.4)\times 0.9/2=0.45\ m^2$，即每米沟长的土石方量为 0.45 m^3。沟长按设计图计算。

b. 每增加一根电缆时，沟底宽增加 170 mm，即每米沟长增加 0.153 m^3 土石方量，见表 8-4。

表 8-4 直埋电缆的挖、填土(石)方量

项目	电缆根数	
	1～2	每增一根
每米沟长挖方量(m^3)	0.45	0.153

注：①两根以内的电缆沟，按上口宽度 600 mm、下口宽度 400 mm、深度 900 mm 计算常规土方量(深度按规范的最低标准)；

②每增加一根电缆，其宽度增加 170 mm；

③以上土方量系按埋深从自然地坪起算，如设计埋深超过 900 mm 时，多挖的土方量应另行计算。

②挖路面的埋设电缆时，按设计的沟断面图计算挖方量，可按下式计算。

$$V=HBL$$

式中：V——挖方体积；

H——电缆沟深度；

B——电缆沟底宽；

L——电缆沟长度。

③电缆直埋沟内铺砂盖砖工程量。

a. 电缆沟铺砂盖砖工程量以沟长度“m”计量。以 1～2 根电缆为准，每增加一根应另立项，再套定额计算。

b. 电缆不盖砖而盖钢筋混凝土保护板或埋电缆标志桩时，采用相应定额，其钢筋混凝土保护板和标志桩的加工制作未包含在定额内，应按建筑工程定额有关规定

或按实际计算。

(4) 电缆保护管。

电缆保护管由铸铁管、钢管和角钢组成,按下述方法计算。

①无论是引上管、引下管、过沟管、穿路管、穿墙管均按长度“m”计量,以管的材质(铸铁管、钢管和混凝土管)分档,套第二册第八章定额。直径 Φ 100 以下的电缆保护管敷设按本册第十三章“配管配线”有关项目执行。

②电缆保护管长度除按设计规定长度计算外,遇有下列情况,应按以下规定增加保护管长度。

a. 横穿道路时,按路基宽度两端各增加 2 m。

b. 垂直敷设时,管口距地面增加 2 m。

c. 穿过建筑物外墙时,按基础外缘以外增加 1 m。

d. 穿过排水沟时,按沟壁外缘以外增加 1 m。

③电缆保护管沟土石方挖填量计算公式如下。

$$V=(D+2\times 0.3)HL$$

式中:D——保护管外径;

H——沟深;

L——沟长;

0.3——工作面增加长度,m。

填方不扣保护管体积。有施工图时按图开挖,无注明时一般按沟深 0.9 m,沟宽按最外边的保护管两侧边缘外各增加 0.3 m 工作面计算。

电缆沟的挖、填方,开挖路面、顶管等工作按相应省份建筑、市政综合基价相应项目执行。

(5) 电缆在支架、吊架、桥架上敷设时的工程量计算。

①支架、吊架制作与安装以“100 kg”计量,套用第二册《电气设备安装工程》定额第四章有关子目。

②电缆桥架安装。

a. 当桥架为成品时,按“m”计量安装,套用第二册《电气设备安装工程》定额第八章有关子目。其中桥架安装包括运输、组对、吊装、固定、弯通或三、四通修改,制作组对,切割口防腐,桥架开孔,上管件,隔板安装,盖板安装,接地,附件安装等工作内容。

b. 若须现场加工桥架时,其制作量以“100 kg”计量,套用第二册定额第四章有关子目。

c. 电缆桥架只按材质(钢、玻璃钢、铝合金、塑料)分类,按槽式、梯式、托盘式分档,以“m”计量。在竖井内敷设时人工和机械乘以系数 1.3,并注意桥架的跨接、接地的安装项目。

d. 桥架支撑架项目适用于立柱、托臂及其他各种支撑架的安装。一般采用螺栓、焊接和膨胀螺栓三种固定方式。

e.玻璃钢梯式桥架和铝合金梯式桥架项目均按不带盖考虑。如这两种桥架带盖,则分别执行玻璃钢槽式桥架和铝合金槽式桥架项目。

f.钢制桥架主结构设计厚度大于 3 mm 时,项目人工、机械乘以系数 1.2。

g.不锈钢桥架按本章钢制桥架项目乘以系数 1.1 执行。

(6) 电缆在电缆沟内敷设安装工程量计算。

电缆敷设除按与电缆敷设相关内容立项计算外,还要另立项计算下列内容。

①电缆沟挖土石方按断面尺寸计算,以“m^3”计量,套用安装定额第二册子目,也可用《建筑工程预算定额》相应部分子目。

②电缆沟砌砖或浇混凝土以“m^3”计量,套用《建筑工程预算定额》相应子目。

③电缆沟壁、沟顶抹水泥砂浆以“m^2”计量,套用土建定额。

④电缆沟盖板揭、盖项目按每揭或每盖一次,以“m”为计量单位,如揭、盖同时存在,则按两次计算。

⑤钢筋混凝土电缆沟盖板现场制作以“m^3”计量,套用土建定额。当向混凝土预制构件厂订购时,应计算电缆沟盖板采购价值。

⑥采购的电缆沟盖板场外运输以“m^3”计量,套用《建筑工程预算定额》计算运输费。用市场车辆运输时以“元/(t·km)”计算。

⑦电缆沟内铁件制作安装以“100 kg”计量,套用安装定额第二册第四章相应子目,该子目已包括除锈、刷油漆,所以不再另立项计算这些内容。

⑧沟内接地母线及接地极制作安装分别以“m”及“根”计量,套用安装定额第二册“防雷接地”章节的相应子目。

⑨沟内接地装置调试以“系统”计量,套用第二册定额。

(7) 电缆终端头与中间头制作安装。

无论采用哪种材质的电缆和哪种敷设方式,电缆敷设后,其两端要剥出一定长度的线芯,以便分相与设备接线端子连接。每根电缆均有始末两端,每根电缆有两个电缆头。另外,由于电缆长度不够,需要将两根电缆的两端连接起来,连接点是电缆中间接头。

①10 kV 以下户内、户外电缆终端头,按制作方法(浇注式、干包式及热缩式)及电缆截面规格的不同以“个”计量。电力电缆和控制电缆均按一根电缆有两个终端头考虑。

a.定额不包括电缆终端盒、塑料手套、塑料雨罩、铅套管、抱箍及螺栓等全套未计价材料。

b.铜芯电缆终端头及中间头制作、安装以相应定额乘以 1.2 计算。

c.双屏蔽电缆头制作,如发生可按同截面电缆头制作、安装项目执行,人工乘以系数 1.05。

②电缆中间头制作安装(10 kV 以下)以电缆截面规格不同,按“个”计量,中间电缆头设计有图示的,按设计确定。设计没有规定的,按实际情况计算(或按平均

250 m一个中间头考虑)。

③定额不包括中间头保护盒及铝(铜)导管材料。

8.2.4 弱电工程识图中的预算知识

1. 室内电话系统

由于专业与行业的关系,建筑安装队伍一般只作室内电话线的配管配线敷设和电话机插座盒及插座等的安装。电话及电话交换机安装和调试一般由电信工程安装队伍施工。

(1) 系统组成。

室内电话系统一般由电话组线箱、分线箱、电缆、导线、用户终端(电话出线口)组成,如图 8-4 所示。

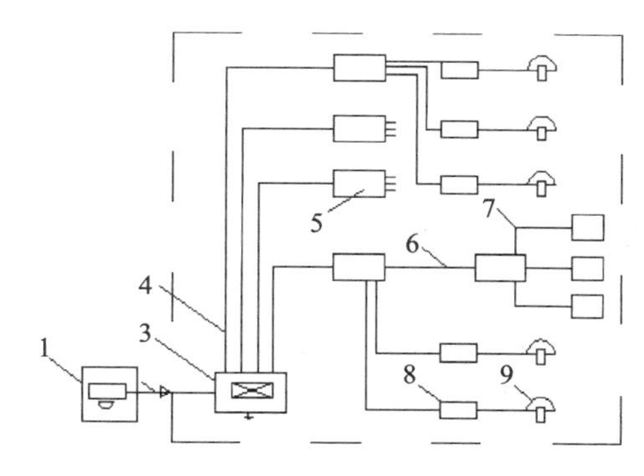

图 8-4　室内电话系统组成

1—电话局;2—地下通信管道;3—电话交接间;4—竖向电缆管路;
5—分线箱;6—横向电缆管路;7—用户线管路;8—出盒线;9—电话机

(2) 计算规则。

①电话线配管工程量计算。

电话线的配管(明敷、暗敷)工程量,按管径的大小、规格和管材分类,以“m”计量。

电话线配管工程量计算方法与定额应用均按安装定额第二册《电气设备安装工程》的第十二章“配管配线工程”执行。

②户内放电话线。

通信线与通信电缆型号编制方法与一般照明动力线路用线型号编制方法不同,常用的通信线与通信电缆代号如下:H——市话电缆;HB——通信线;HE——长途通信电缆;HJ——局用电缆;HO——同轴电缆;HR——电话软线;HP——配线电缆。

a. 管内穿电话线。可按定额第二册《电气设备安装工程》第十二章“配管配线工程”计算工程量,并应用管内穿线子目定额,也可套用定额第十二册《通信设备及线路安装工程》“穿放暗管电话线”子目(双芯室内电话线)相应项目。其工程量计算方法均与照明、动力线路工程相同。按图示长度以“延长米”为单位计算，不扣除接线盒等所占长度，按导线截面积不同列项。

b. 布放户内电话线。沿室内墙面布放双芯电话线时，其工程量计算方法与照明、动力线路工程相同。可套用第十二册《通信设备及线路安装工程》“布放户内电话线”子目。

注意：电话线一般为双芯导线，计算工程量时应按单根长度计算。

(3) 电话机插座安装。

话机插座即电话电线盒，如图 8-5 所示。

无论是接线板式、插口式、瓷接头式，还是明装与暗装，插座安装均以“个”计量。只是明装与暗装均需计算插座盒的安装。插座安装应用安装定额第十二册相应子目。

插座盒分钢制、塑料两类，均以“个”计量，与照明线路计算相同。插座盒安装应用安装定额第二册第十二章相应子目。

(4) 电话室内交接箱、分线盒、壁龛（接头箱、端子箱、过路箱、分线箱）的安装。

①交接箱。不设电话站的用户单位，用一个箱直接与市话网电缆联接，并通过箱的端子分配给单位内部分线盒(箱)时，该箱称为交接箱。交接箱可明装，也可暗装，可设在室外，也可设在建筑物内。

交接箱安装以“个”计量，按接出的电话线对数不同列项。可应用第十二册《通信设备及线路安装工程》相关子目，也可应用第二册《电气设备安装工程》第四章中“端子箱安装”子目(不含箱内端子)。市话电缆进交接箱的接头端子排一般由市话安装队伍制作安装，故可以不计算。例：STO-100 表示箱型号是 STO 型，100 对。

②壁龛。室内电话线路需分配到各室，或转折、过墙、接头时，用分线箱(接头箱、过路箱、端子箱)，当暗装时通称壁龛。壁龛箱体用木质、铁质制作，内装电话接线端子板一对作分线用，如图 8-6 所示。

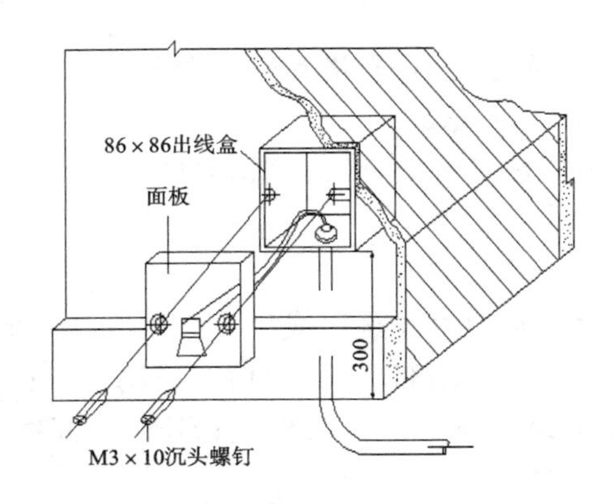

图 8-5 电话电线盒

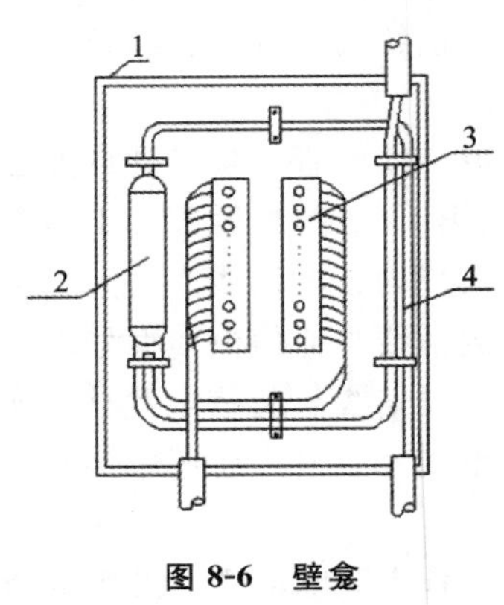

图 8-6 壁龛

1—箱体；2—电缆接头；3—端子板；4—电缆

a. 壁龛、分线盒的安装以“个”计量，以所分配电话线对数分档，应用安装定额第十二册相关子目。箱盒为未计价材料。

b. 当箱由施工现场制作安装时，除计算安装外还应计算箱体加工，按安装定额第二册第四章相应子目计算制作工程量及应用定额。箱中端子板还要计算端子板安装及端子板外接线，仍应用安装定额第二册第四章相应子目。

c. 成品箱、盒或非成品箱、盒安装均包括划线定位、安装箱体、制作与固定尾巴电缆、掏接线芯、测试对号、安装接地线、封(焊)电缆头和封闭盒体等工作。

③管内穿电话电缆按图示长度计算。工程量按管长与预留量(组线箱)之和计算，从交接箱为界计算室内工程量，套用安装定额第十二册相应子目。布放电话电缆可套安装定额第二册“塑料护套线明敷”子目，按对数不同列项。例：HYV-100(2×0.5)SC50—FC 表示聚烯烃绝缘聚氯乙烯护套电话电缆数量为 100 对、2 根，截面积为 0.5 mm^2，穿管径为 50 mm 的焊接钢管，沿地敷设。

④电缆挖土方：同动力电缆以“m^3”计量。

⑤电缆密封保护管：以“根”计量，同动力电缆进户做法(管径)。

2. 共用天线电视系统(CATV)

共用天线电视系统是建筑弱电系统中应用最普遍的系统，是多台电视机共用一套天线的装置。由于系统各部件之间采用了大量的同轴电缆作为信号传输线，因而 CATV 系统也称为电缆电视系统(见图 8-7)，也就是目前城市的有线电视系统。电缆电视系统属于有线分配网络，除了可以收看当地电视台的电视节目外，还可以通过卫星地面站接收卫星传播的电视节目。

(1) 系统组成。

电缆电视系统主要由接收天线、前端设备、传输分配网络以及用户终端组成。如图 8-7 所示。

与电话通讯系统相同，由于专业与行业关系，建筑安装队伍一般只作室内电缆电视系统的安装，即线路的敷设及线路分配器、分支器和用户终端盒的安装。

(2) 计算规则。

管线计算规则同室内照明线路。

①配管：以“10 米”计量，按图示长度计算，按规格、管材、建筑结构形式及敷设部位不同列项。

②配线：以“10 米”计量，同轴电缆(管长+预留)在接箱体时应计算预留长度。

a. 同轴电缆在走道、线道、槽道内敷设安装可套用安装定额第十二册或第十册有关子目。

b. 同轴电缆穿线敷设安装时，线管敷设、管内穿线、可套用安装定额第二册“配管配线工程”章节的相应子目。

c. 若同轴电缆在钢索上敷设安装时，工程量计算和定额套用与照明线路在钢索上的敷设安装相同。

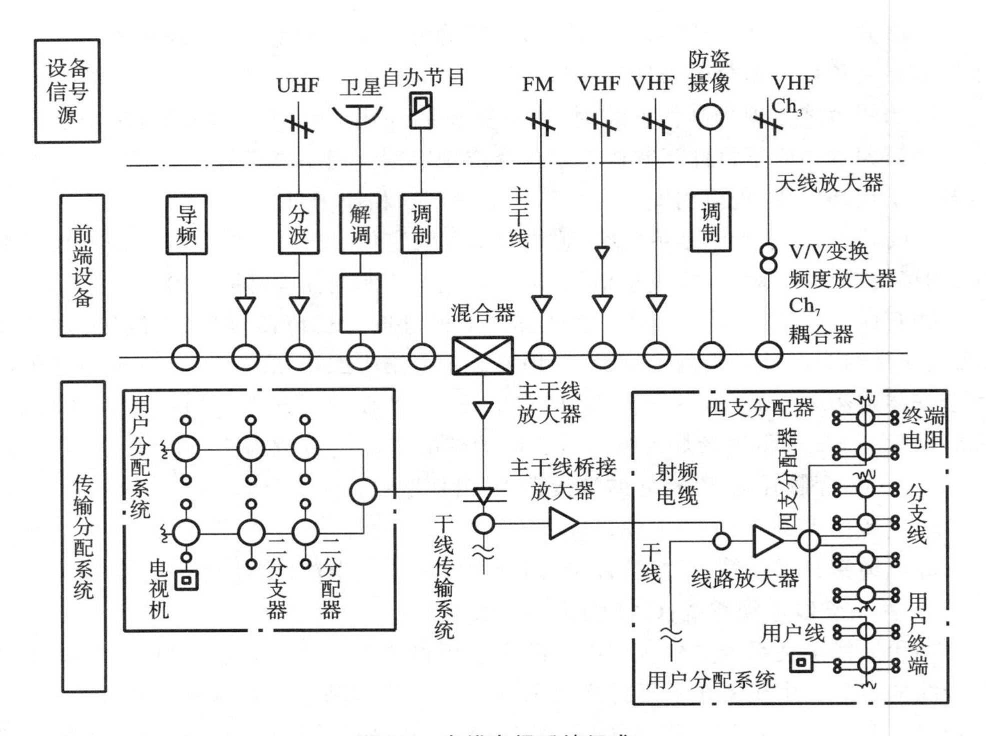

图 8-7 电缆电视系统组成

③电缆穿墙密封保护管：以“根”计量。

④电缆沟挖填土：以“m^3”计量，计算方法同动力电缆。

⑤前端箱、设备箱安装：以“个”计量，箱体安装不包括箱内元件。列项计算及定额应用同配电箱。

⑥放大器、分配器(二、四)、分支器(二、四)安装：以“个”计量，套用第十二册定额子目。

⑦用户插座：以“个”计量，有单孔与双孔之分。单孔仅输出电视信号，双孔既能输出电视信号由能输出调频广播的信号。套用第十二册定额子目。

⑧接线盒(电视插座用)：以“个”计量，套用第十二册定额子目。

⑨同轴电缆测试：除天线调试外，以用户终端为准，按“户”计量。套用第十二册定额的相应子目。

3. 网络综合布线

综合布线系统是智能化办公室建设数字化信息系统的基础设施，是将所有语音、数据等系统进行统一的规划设计的结构化布线系统，是办公提供信息化、智能化的物质介质，支持将来语音、数据、图文、多媒体等的综合应用，如图 8-8 所示。建设智能城市与智能化建筑是世界经济发展的必然趋势，已成为国家或地区科学技术和经济水平的体现。信息化是当今世界经济和社会发展的大趋势，也是我国产业优化升级和实现工业化、现代化的关键环节，因此应把推进国民经济和社会信息化放在优先位置。

(1) 系统组成。

综合布线系统是开放式结构，能支持电话及多种计算机数据系统，还能满足会议电视、监视电视等系统的需要。综合布线系统可划分成六个子系统，即工作区子系统、配线(水平)子系统、干线(垂直)子系统、设备间子系统、管理子系统、建筑群子系统。

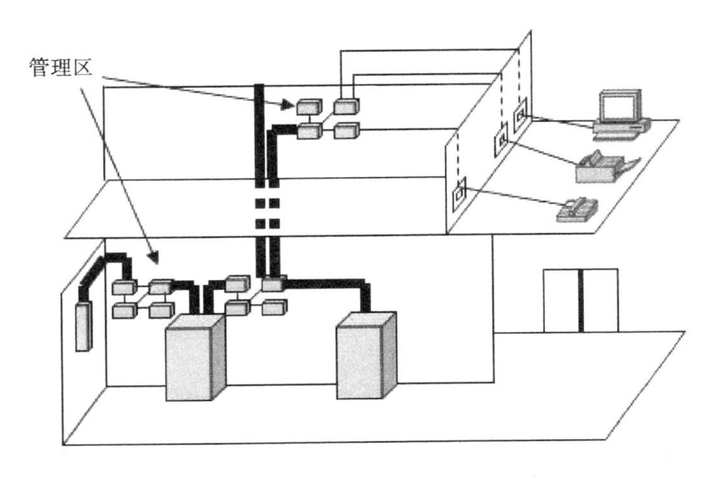

图 8-8　综合布线系统

(2) 计算规则。

①制作跳线以“条”计算，卡接双绞线缆以“对”计算，跳线架、配线架安装以“条”计算。

②安装各类信息插座、过线(路)盒、信息插座底盒(接线盒)、光缆终端盒和跳块打接以“个”计算。

③双绞线缆测试以“链路”或“信息点”计算，光纤测试以“链路”或“芯”计算。

④光纤连接以“芯”(磨制法以“端口”)计算。

⑤布放尾纤以“根”计算。

⑥室外架设架空光缆以“米”计算。

⑦光缆接续以“头”计算。

⑧制作光缆成端接头以“个”计算。

⑨安装漏泄同轴电缆接头以“个”计算。

⑩成套电话组线箱、机柜、机架、抗震底座安装以“台”计算。

⑪安装电话出线口、中途箱、电话电缆架空引入装置以“个”计算。

⑫光纤耦合器的安装调试以“台”计算。

4. 火灾自动报警系统

火灾自动报警系统由触发装置、火灾报警装置、联动输出装置以及具有其他辅助功能装置组成(见图 8-9),能在火灾初期将燃烧产生的烟雾、热量、火焰等物理量通过火灾探测器变成电信号,传输到火灾报警控制器,并同时以声或光的形式通知着火层及上下邻层疏散。此外,控制器记录火灾发生的部位、时间等,使人们能够及时发现火灾,并及时采取有效措施,扑灭初期火灾,最大限度地减少因火灾造成的生命和财产损失,是人们同火灾作斗争的有力工具。火灾自动报警系统探测火灾隐患,肩负安全防范重任,是智能建筑中建筑设备自动化系统(BAS)的重要组成部分。

(1) 系统组成。

火灾自动报警系统主要由集中报警控制器、区域火灾报警控制器、火灾探测器、手动报警按钮、控制模块、配管、配线、接线盒、联动控制装置、火灾报警装置等组成。

①火灾探测器:检测捕捉火灾发生时的信号,并将捕捉到的信号转换成电信号输送至火灾报警控制器,按照探测源不同,可分为感烟、感光、感可燃气体、感温、复合型等。

按照外形,火灾探测器还可分为点型、线型两种。定额中是按照此分类方法分立项目的。

②应急状态下人工按下手动报警按钮,报告火灾信号,它的紧急程度高于探测器。

③控制模块分为输入模块和输出模块。

输入模块是将各种报警信号接入报警总线,实现火灾信号向火灾报警控制器传输,达到报警目的。

输出模块是将火灾报警控制器发出的指令通过继电器触点控制现场设备完成规定动作,并将动作完成信号反馈到报警器,起到联动控制装置与被控设备间的桥梁作用。被控设备包括喷淋泵、风机、排烟阀、送风阀、火灾事故广播、警铃等。

④火灾报警控制器的作用是接收火灾信号、启动火灾报警、火灾部位指示、记录火灾信息、发出启动灭火设备和消防联动控制装置的信号以及自动监测系统是否运行正常,并对探测器和设备等供电。火灾报警控制器分为集中型、区域型和通用型。

⑤联动控制装置是在收到报警器发出的指令后,发出控制设备运行的信号。

⑥报警联动一体机将报警器与联动控制装置合为一体,属于智能型报警控制器,应用广泛。

⑦报警装置:声光报警装置、警铃。

⑧重复显示器是防火区内的楼层显示器或防火区域显示器的总称。

⑨火灾事故广播:通过有线广播对火灾进行实时控制,从而组织人员疏散,降低人员伤亡,包括扬声器、音量控制器、分线箱、扩音机、控制柜等部分。

⑩消防通信、备用电源。消防通信属于楼层专用对讲机,可直接与消防中心对话。备用电源一般采用直流电源-蓄电池组。

(2) 计算规则。

①火灾报警控制器:以“台”为单位,按安装方式(壁挂式、落地式)、线制(总线制、多线制)、控制点数不同列项。

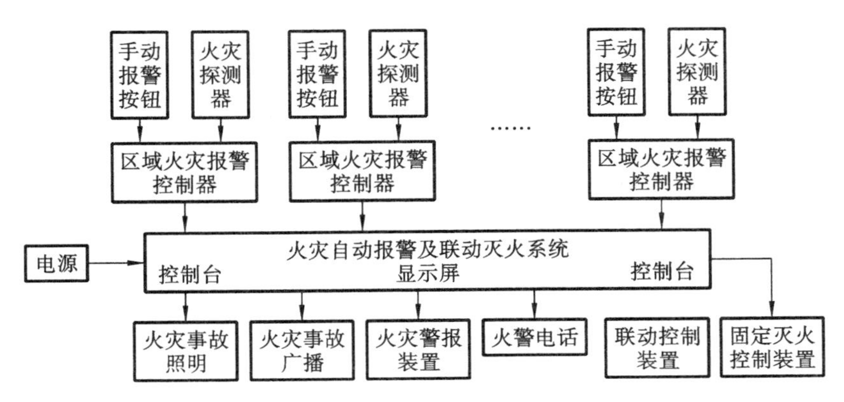

图 8-9　火灾自动报警系统组成

a. 多线制控制点数是指报警控制器带有的报警器件(如探测器、报警按钮)的数量。

b. 总线制控制点数是指带编码的报警器件(如探测器、报警模块、报警按钮)的数量。

注意:一个报警模块若带有数个探测器,只计算一个点数。

②火灾联动控制装置以“台”为单位,按安装方式(壁挂式、落地式)、线制(总线制、多线制)、控制点数不同列项。

a. 多线制控制点数是指火灾联动控制装置所带联动控制设备的数量(泵、阀、风机、广播、警铃)。

b. 总线制控制点数是指火灾联动控制装置所带控制模块的数量。

③报警联动一体机:以“台”为单位,按安装方式(壁挂式、落地式)、线制(总线制、多线制)、控制点数不同列项。这里的点数是指报警联动一体机所带报警器件和控制器件的数量。

④重复显示器、报警装置、远程控制器:以“台”或“只”为单位计量。

a. 重复显示器:按照线制(总线制、多线制)列项。

b. 报警装置:区分声光报警和警铃分别列项,以”只”为单位计量。

c. 远程控制器:按控制路数(3 路以下、5 路以下)列项。

⑤点型探测器:以“只”计量,按探测源类型、线制不同列项。

⑥线型探测器:以“10 米”计量。

⑦模块接口:以“只”为单位,按输出模块、输入模块及单输出、多输出不同分别列项。

⑧手动报警按钮:以“只”为单位,按图示数量计量。

⑨接线盒安装:以“10 个”计量,与第二册接线盒列项计算及定额应用相同。设置接线盒的部位有各种模块、手动报警按钮、探测器、楼层显示器、声光报警装置等。

⑩配管:以“10 米”计量,计算方法套用定额子目同照明工程。

⑪配线:以“10 米”计量,计算方法套用定额子目同照明工程。

⑫火灾事故广播:除扬声器以“只”为单位,其余(功放、录音机、控制柜、音箱、分配器)均以“台”为单位计量,其中分配器是指单独安装的消防广播用操作盘。

⑬消防通信:包括电话交换机、通信分机和电话插孔,分别以“台”“部”“个”为单位列项。

⑭备用电源:以“台”计量。

8.3 电气工程案例分析

8.3.1 工程概况与施工说明(案例1)

本设计图共两张,其中配电系统图和电气照明平面图分别如图8-10、图8-11所示。

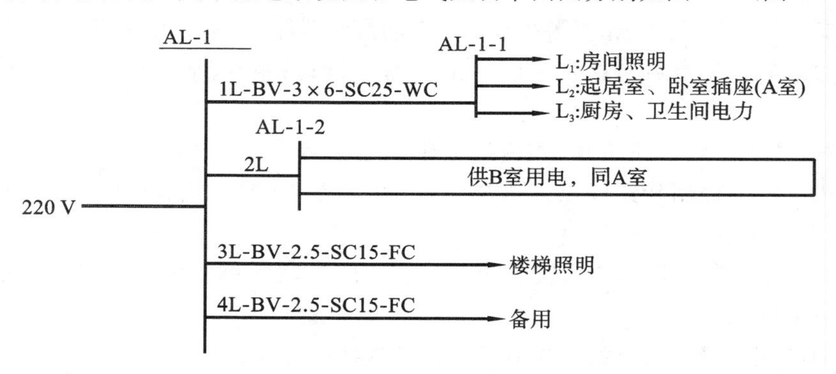

图8-10 某住宅楼配电系统图

1. 工程概况

本住宅楼共6层,每层高3 m,一个单元内每层共两户,有A、B两种户型。A型为4室1厅,约92 m^2;B型为3室1厅,约73 m^2。共用楼梯、楼道。每层住宅楼采用220 V单相电源、TN-C接地方式的单相三线系统供电。

2. 施工说明

(1)在楼道内设置一个配电箱AL-1,安装高度为1.8 m,配电箱有4路输出线(1L、2L、3L、4L),其中,1L、2L分别为A、B两户供电,导线及敷设方式为BV-3×6-SC25-WC(铜芯塑料绝缘线,3根,截面积为6 mm^2,穿钢管敷设,管径为25 mm,沿墙暗敷)。3L供楼梯照明,4L为备用输出线路。

(2)住户用电。A、B两户分别在室内安装一个配电箱,其安装高度为1.8 m,分别采用3路供电。其中L_1供各房间照明,L_2供起居室、卧室内的家用电器用电,L_3供厨房、卫生间用电。

(3)由于图面无注释,因而房间内所有照明、插座管线均选用BV-500型电线穿PVC20型管,敷设在现浇混凝土楼板内;竖直方向为暗敷设在墙体内。照明、插座支线的截面积均为2.5 mm^2,每一回路单独穿一根管,穿管管径为20 mm。

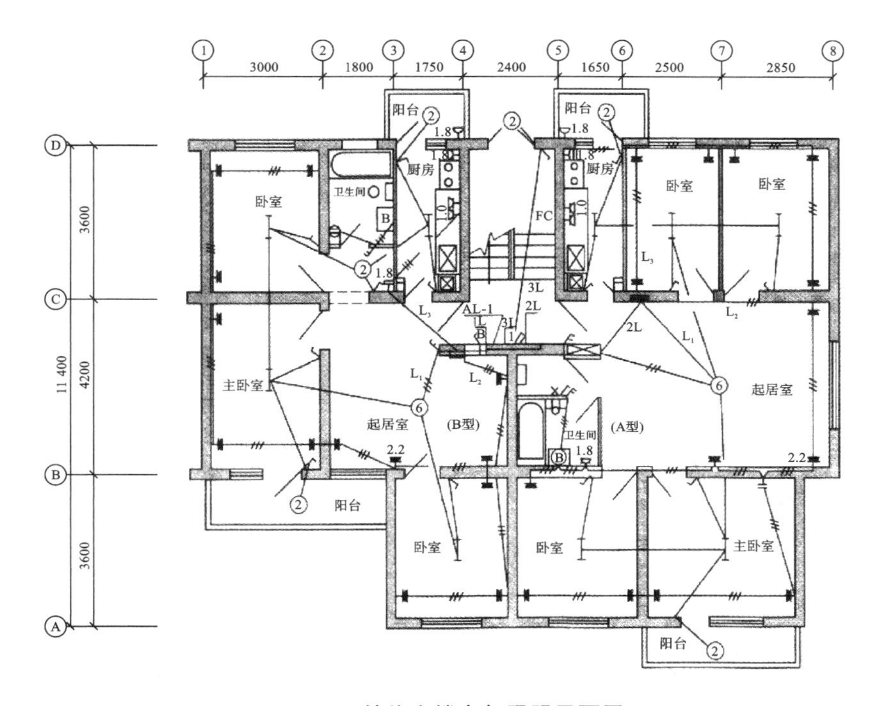

图 8-11　某住宅楼电气照明平面图

(4) 由于图面无注释，所有开关距地 1.4 m 安装，插座距地 0.4 m 安装。

(5) 所有电气施工图纸中表示的预留套管和预留洞口均由电气施工人员进行预留，施工时与土建施工人员密切配合。

8.3.2　施工图预算的编制依据及说明

1. 施工图预算的编制依据

(1)工程施工图(平面图和系统图)和相关资料说明。

(2)2009 年内蒙古自治区颁发的《内蒙古自治区安装工程预算定额》。

(3)国家和工程所在地区有关工程造价的文件。

2. 施工图预算的编制要求

本例的工程类别为一类工程。

8.3.3　分项工程项目的划分和排列

从电气照明平面图及电气施工说明中可知，该工程每层楼设配电箱一个(AL-1)，每户设配电箱一个(AL-1-1、AL-1-2)，均为嵌入式安装。楼层配电箱到户内配电箱为 6 mm^2 铜芯塑料绝缘线穿钢管沿墙暗敷。每户的配电箱均引出 3 条支路，各支路为 2.5 mm^2 铜芯塑料绝缘线穿 UPVC 管暗敷，其中照明回路沿墙和楼顶板暗敷，插座回路沿墙和楼地板暗敷。各种套管在土建施工时已经预埋。

本工程可划分为如下分项工程项目。

(1) 暗装照明配电箱。

(2) 敷设钢管(暗敷)。

(3) 敷设 UPVC 管(暗敷)。

(4) 管内穿线。

(5) 安装接线盒。

(6) 安装半圆球吸顶灯。

(7) 安装吊灯。

(8) 安装单管成套荧光灯。

(9) 安装板式开关(暗装)。

(10) 安装单相三孔插座。

8.3.4 工程量计算

1. 计算工程量

(1) 照明配电箱的安装。

每层 1 台公用,每户 1 台,共 3 台。

(2) 钢管的敷设(暗敷)。

其中有单联、双联和三联。

①由配电箱 AL-1 至 AL-1-1:其敷设钢管 SC25 的长度为 1.2+1+1.2=3.4(m)。

②由配电箱 AL-1 至 AL-1-2:其敷设钢管 SC25 的长度为 1.2+2.66+1.67=5.53(m)。

(3) UPVC 管的敷设(暗敷)。

①B 型单元。

对于 L_1 回路,有:

1.2(开关箱至楼板顶)+0.44(开关箱水平至起居室 6 号吊灯开关)+1.55(起居室 6 号吊灯开关水平至 6 号吊灯)+3.55(6 号吊灯至卧室荧光灯)+1.55(卧室荧光灯至开关)+3.89(6 号吊灯至主卧室荧光灯)+1.33(开关)+2.22(主卧室荧光灯至阳台灯开关)+0.89(阳台灯开关至阳台灯)+3.66(主卧室荧光灯至卧室荧光灯)+1.33(卧室荧光灯至卧室荧光灯开关)+2.55(卧室荧光灯至 2 号灯)+0.56(2 号灯至开关)+2(2 号灯至厨房灯)+1.67(厨房灯至开关)+1.67(厨房灯至阳台 2 号灯开关)+1.33(阳台 2 号灯开关至 2 号灯)+1.2×8(8 只灯,由房顶楼板至开关)=40.99(m)。

对于 L_2 回路,有:1.8+1.33+2.22+3.1+2.89+2.44+1.89+3+6.55+3+0.4×13=33.42(m)。

对于 L_3 回路,有:1.2+2.22+1.2+2.22+2+0.22+1.11+0.8+0.56=11.53(m)。

②A 型单元。

对于 L_1 回路,有:1.2+2.78+4+3.89+1.67+3.66+1.78+2.22+1.34+3.89+1.67+2.78+1.67+2+1.67+1.67+1.11+1.6×8=51.8(m)。

对于 L_2 回路,有:1.8+3.63+4.2+3.6+2+7.22+3+1.33+3.11+7+1.8×1+0.4×12=43.49(m)。

对于 L_3 回路,有 1.8+3.6+2+2+1.44+1.8×2+1×1+0.4×2=16.24(m)。

(4) 管内穿线。

①钢管内穿 6 mm^2 铜芯塑料绝缘线,所需长度为(3.4+5.53)×3=26.79(m)。

②B 型单元。

L_1 回路为照明回路,都为两根线,只有起居室 6 号吊灯开关水平至 6 号吊灯为 3 根线,所需长度为 40.99×2(全部管长)+1.55=83.53(m)。

L_2 回路为插座回路,都为 3 根线,所需长度为 33.42×3=100.26(m)。

L_3 回路为插座回路,都为 3 根线,所需长度为 11.53×3(全部管长)=34.59(m)。

③A 型单元。

L_1 回路为照明回路,都为两根线,只有起居室 6 号吊灯开关水平至 6 号吊灯为 4 根线所需长度为 51.8×2+4×2=111.6(m)。

L_2 回路为插座回路,都为 3 根线,所需长度为 43.49×3=130.47(m)。

L_3 回路为插座回路,都为 3 根线,所需长度为 16.24×3=48.72(m)。

(5) 接线盒的安装。

①B 型单元。

L_1 回路:7+8(开关盒)=15(个)。

L_2 回路:13 个。

L_3 回路:6 个。

②A 型单元。

L_1 回路:4+8(开关盒)=12(个)。

L_2 回路:10+2=12(个)。

L_3 回路:9 个。

(6) 半圆球吸顶灯的安装。

每户 3 只,共 6 只。

(7) 吊灯的安装。

每户 1 只,共 2 只。

(8) 单管成套荧光灯的安装。

A 型单元 5 只,B 型单元 4 只,共 9 只。

(9) 板式开关的安装(暗装)。

其中有单联、双联和三联之分。A 型单元 9 只,B 型单元 9 只,共 18 只。

(10) 单相三孔插座的安装。

A 型单元 20 只,B 型单元 18 只,共 38 只。

2. 工程量汇总表

根据预算定额中分项工程子目和各子目的定额编号,把工程量计算表中的同类项(即型号、规格相同的项目)工程量合并,填入工程量汇总表,详细结果见表 8-5 至表8-9。

工程量汇总表中的分部分项工程子目名称、定额编号和计量单位必须与所用定额一致。该表中的工程量数值,才是计算定额直接费时直接使用的数据。

表 8-5 工程量计算表

工程名称:某住宅楼一层电气照明工程　　　　第　页　共　页

序号	分部分项工程名称	计算式	计量单位	工程数量	部位
1	照明配电箱安装	3	台	3	走廊、房间
2	钢管敷设	3.4+5.53	100 m	0.09	沿墙、天花板暗敷
3	UPVC 管敷设	40.99+33.42+11.53+51.8+43.49+16.24	100 m	1.97	沿墙、天花板、地板暗敷
4	管内穿线(6 mm^2)	26.79	100 m	0.27	沿墙暗敷
5	管内穿线(2.5 mm^2)	83.53+100.26+34.59+111.6+130.47+48.72	100 m	5.09	各用户房间
6	接线盒安装	15+13+6+12+12+9	10 个	6.7	各用户房间
7	吊灯安装	2	10 套	0.2	各用户客厅
8	半圆球吸顶灯安装	6	10 套	0.6	各用户阳台、卫生间
9	单管成套荧光灯安装	9	10 套	0.9	各用户房间
10	板式开关安装	18	10 套	1.8	各用户房间
11	单相三孔插座安装	38	10 套	3.8	各用户房间

表 8-6 单位工程汇总表

代号	项目名称	计算公式	费率(%)	金额(元)
一	直接费	按定额及相关规定计算		3908
	直接工程费	按定额及相关规定计算		3695
A	其中:人工费	按定额计算		2171
	材料费	定额材料费×材料综合扣税系数	0.86	1517

续表

代号	项目名称	计算公式	费率(%)	金额(元)
B	机械费	定额机械费×机械综合扣税系数	0.89	7
	措施项目费	按定额及相关规定计算		213
	单价或专业措施项目费	按定额及相关规定计算		
C	其中:人工费	按定额计算		
	材料费	定额材料费×材料综合扣税系数		
D	机械费	定额机械费×机械综合扣税系数		
	通用措施项目费	(A+B+商折+沥青混凝土折)×费率		213
E	其中:人工费	(A+B+商折+沥青混凝土折)×费率×20%		43
	材料费	(A+B+商折+沥青混凝土折)×费率×80%		170
	通用措施项目费明细			
	安全文明施工费	(A+B+商折+沥青混凝土折)×费率	2.1	46
	临时设施费	(A+B+商折+沥青混凝土折)×费率	4.5	98
	雨季施工增加费	(A+B+商折+沥青混凝土折)×费率	0.3	7
	已完、未完工程保护费	(A+B+商折+沥青混凝土折)×费率	0.5	11
	远程视频监控增加费	(A+B+商折+沥青混凝土折)×费率	0.82	18
	扬尘治理增加费	(A+B+商折+沥青混凝土折)×费率	1.15	25
Z1	商品混凝土折合取费基数	2010-10 文商混凝土取费基数		
Z2	沥青混凝土中人工费+机械费			
二	企业管理费	(A+B+C+D+E+Z1+Z2)×费率	18	400
三	利润	(A+B+C+D+E+Z1+Z2)×费率	17.5	389
Q1	总包服务费	按合同约定计算		
Q2	单项材料调整	明细附后		229
Q3	材料系数调整	一×系数		
Q4	未计价主材费	明细附后		4589
Q5	未计价设备费			
Q6	人工费调整	按相关规定计算	56	1240
	其中:定额人工费调整	人工费×系数	56	1240
	机械人工费调整	人工费×系数	56	

续表

代号	项目名称	计算公式	费率(%)	金额(元)
四	价差调整、总包服务费、人工费调整	以上6项合计		6058
五	规费前合计	一+二+三+四		10755
	规费:养老失业保险	五×费率	2.5	269
	基本医疗保险	五×费率	0.7	75
	住房公积金	五×费率	0.7	75
	工伤保险	五×费率	0.1	11
	生育保险	五×费率	0.07	8
	水利建设基金	五×费率	0.1	11
六	规费合计	以上7项规费合计	4.17	449
	甲供人、材、机	甲供人、材、机		
七	税前合计	五+六		11204
八	税金	七×税率	11	1232
九	含税工程造价	壹万贰仟肆佰叁拾陆元整		12436

表 8-7　定额计价

序号	定额编号	名　　称	单位	工程量	基价	直接费
1	a2-264	照明配电箱安装	台	3	91.33	274
2	a2-1116	钢管沿砖、混凝土结构暗配　钢管公称直径 25 mm	m	9	12.9	116
3	a2-1202	阻燃塑料管沿砖、混凝土结构暗配　公称直径 20 mm	m	198	3.6	713
4	a2-1248	管内穿照明线(铜芯)　导线截面(2.5 mm^2)	m	509	2.63	1339
5	a2-1276	管内穿动力线(铜芯)　导线截面(6 mm^2)	m	27	4.83	130
6	a2-1479	暗装接线盒	个	67	2.93	196
7	a2-1530	吊杆式艺术组合灯安装　灯体直径 900 mm 以内　垂吊长度 1750 mm 以内	套	2	334.63	669
8	a2-1486	半圆球吸顶灯安装　灯罩直径 250 mm 以内	套	6	13.28	80
9	a2-1693	单管吊管式成套型荧光灯具安装	套	9	17.72	159
10	a2-1746	扳式暗开关(单控单联)安装	套	18	4.31	78
11	a2-1777	单相暗插座安装　15A3 孔	套	38	4.95	188
		合计				3942

表 8-8　未计价主材

序号	材料名称	单位	数量	定额价	合计
1	接线盒	套	68.34	1	68
2	半圆球吸顶灯 250 mm	套	6.06	45	273
3	成套灯具	套	2.02	430	869
4	单管吊管式成套型荧光灯	套	9.09	75	682
5	暗开关(单控单联)	只	18.36	9	165
6	套接管 20 mm	m	1.881	3.8	7
7	单相 3 孔暗插座 15A	套	38.76	12	465
8	阻燃塑料管 20 mm	m	209.88	3.8	798
9	照明配电箱安装	台	3	670	2010
	合计				5337

表 8-9　材料调差表

序号	材料名称	单位	数量	定额价	市场价	调整额	价差合计
	材料价差(小计)						267
1	角钢∟ 60	kg	10.572	3.18	3.9	0.72	8
2	圆钢 Φ 5.5～9	kg	0.081	3.9	4.2	0.3	0
3	圆钢 Φ 10～14	kg	1.306	3.84	4.2	0.36	0
4	焊接钢管 DN25	m	9.27	7.85	14.2	6.35	59
5	绝缘导线 BV-2.5	m	661.695	1.76	1.98	0.22	146
6	绝缘导线 BV-6	m	28.35	4.1	6	1.9	54
	合计						267

8.3.5　工程概况(案例 2)

某住宅平面图和系统图如图 8-12 至图 8-14 所示，该工程为 6 层砖混结构，砖墙、钢筋混凝土预应力空心板，层高 3.2 m，房间均有 0.3 m 高吊顶。电话系统工程内容如下。进户前端箱 STO-50-400×650×160 与市话电缆 HYQ-50(2×0.5)-SC50-FC 相接，箱安装距地面 0.5 m。层分配箱(盒)安装距地 0.5 m，干管及到各户线管均为焊接钢管暗敷设。有线电视系统工程内容如下。前端箱安装在底层距地 0.5 m 处，用 SYV-75-5-1 同轴射频电缆、穿焊接钢管 SC20 暗敷设。电源接自每层配电箱。两系统工程施工图预算均从进户各总箱起计算，总箱至室外的进户管线可不做考虑。

8.3.6　分项工程项目的划分和排列

首先应仔细阅读施工图和施工说明，熟悉工程内容。该工程从室外接入主电缆，

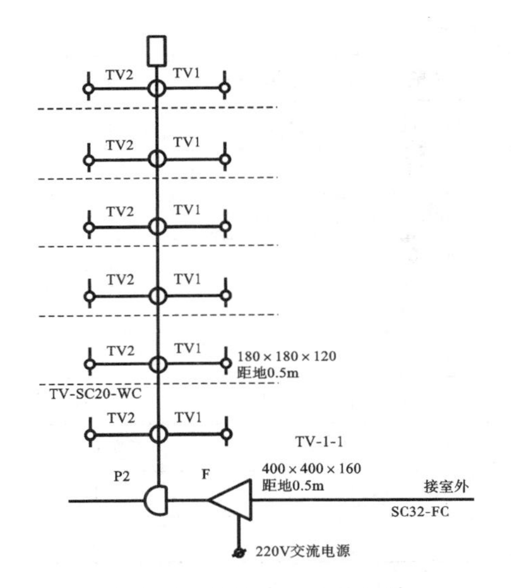

图 8-12　共用电视天线系统

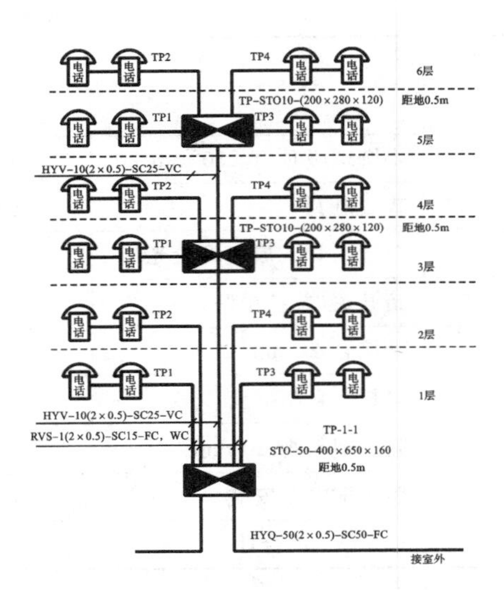

图 8-13　电话系统图

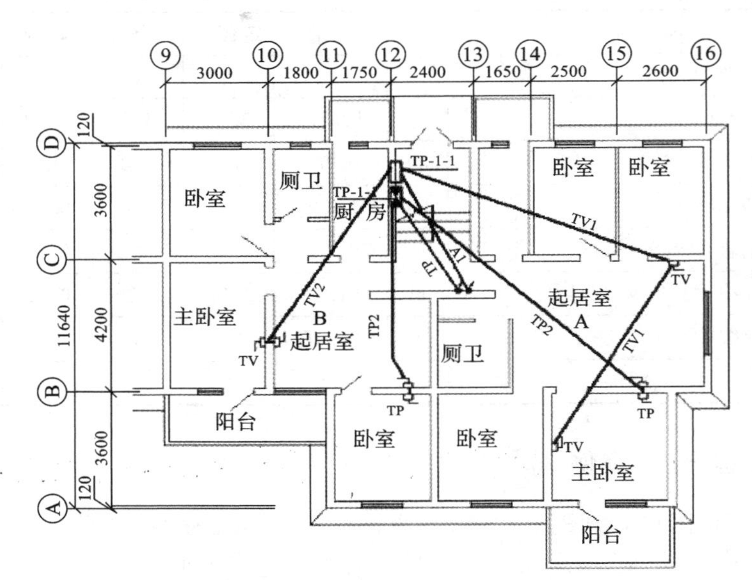

图 8-14　电话、电视平面图

引至各个楼层的单元控制箱及放大器中，通过各楼层的控制箱再接至各层用户中，特别提示各线路均由各层控制箱引出电缆，中途接线时必须使用整段线路，网络布线同电话、电视计算法相同。各种套管在土建施工时已经预埋。

根据预算定额的规定对工程项目加以整理，可将本工程划分为如下分项工程项目。

（1）进户电话交接箱。

(2) 敷设钢管(暗敷)。
(3) 层端子箱暗装。
(4) 用户电话。
(5) 管穿电话电缆。
(6) 管穿软电话线。
(7) TP 插座暗装。
(8) TP 插座暗盒。
(9) 端子板外接线。
(10) 电话系统调试。
(11) 前端放大箱安装。
(12) 二分支器安装。
(13) 二分支器暗箱。
(14) TV 用户插座暗装。
(15) TV 插座暗盒安装。
(16) 各类配管。
(17) 管穿同轴电缆。
(18) 管穿电源线。
(19) 系统调试。

8.3.7　工程量计算

1. 电话系统

(1) 进户电话交接箱:0.4 m×0.65 m×0.16 m,TP-1-1,1 个。
(2) 层端子箱:0.2 m×0.28 m×0.12 m。
(3) 用户电话:24 部。
(4) 线管暗敷 D25 立管:$0.6+3.6+1.2+\frac{2.4}{2}+5\times3.2=22.6$(m)。

(5) TP-1-A1 线管暗敷 D15:$0.6+3.6+1.2+\frac{2.4}{2}+0.6+3.6+2.4+1.65+2.5+4.2+0.6=22.15$(m)。

(6) TP-1-B1 线管暗敷 D15:$0.6+3.6+1.75+1.8+\frac{2.4}{2}+0.6=9.55$(m)。

(7) 2F～6F 层端箱至 A 户线管暗敷 D15:$(0.6+\frac{2.4}{2}+1.65+2.5\times\frac{2.85}{2}+4.2-1.2+0.6)\times 5+3\times3.2=62.66$(m)。

(8) 2F～6F 层端箱至 B 户线管暗敷 D15:$(0.6+\frac{2.4}{2}+1.75+1.8+\frac{2.4-1.2}{2}+0.6)\times5+3.2\times3=42.35$(m)。

(9) 管穿 HYV-10×2×0.5 电话电缆:$22.6+(0.4+0.650)+(0.2+0.83)\times$

3=26.74(m)。

(10) 管穿 RVS-2×0.5 软电话线:143.12+(0.4+0.65)× 4+(0.2+0.28)×8=151.16(m)。

(11) TP 插座暗装:24 套。

(12) TP 底盒:24 套。

(13) 端子板外接线:104 头。

(14) 电话系统调试:1 系统。

2. 电视系统

(1) TV-1-1 前端放大箱安装:0.4 m×0.5 m×0.16 m,1 台。

(2) 二分支器安装:0.18 m×0.18 m×0.12 m,6 台。

(3) TV 用户插座暗装:24 个。

(4) TV 插座暗盒安装:24 个。

(5) 一层:

TV-1-1 至 L1 TV 线管暗敷 D20:$0.6+3.6+1.2+\frac{2.4}{2}+1.5=8.1$(m)。

TV-1-1 至一层分支箱线管暗敷 D20:$0.6+3.6+1.2+\frac{2.4}{2}+0.6=7.2$(m)。

一层分支箱至顶线管暗敷 D20:3.2×5=16(m)。

TV-1-1 至 A 户线管暗敷 D20:$0.6+3.6+2.4+1.65+2.5+\frac{2.85}{4}+0.6+0.6+4.2+\frac{3.6}{2}+0.6=19.26$(m)。

TV-1-1 至 B 户线管暗敷 D20:$0.6+3.6+1.75+1.8+\frac{2.4}{2}+0.6=9.55$(m)。

(6) 二层:

2F～6F 分支箱至 A 户线管暗敷 D20:$(0.6+1.2+\frac{2.4}{2}+1.65+2.5+\frac{2.85}{2}+0.6+0.6+4.2+\frac{3.6}{2}+0.6)\times 5=81.88$(m)。

2F～6F 分支箱至 B 户线管暗敷 D20:$(0.6+\frac{2.4}{2}+1.75+1.8+\frac{2.4}{2}+0.6)\times 5=35.75$(m)。

(7) 管穿同轴电缆 SYV-75-5:192.53+ (0.4+0.5) +2×0.18×23=201.71(m)。

(8) 管穿电源线 BV-2.5:[8.1+(0.4+0.5)+(0.5+0.5)]×3=30(m)。

(9) 系统调试:12 系统。

详细工程量计算结果见表 8-10 至表 8-14。

表 8-10 工程量计算表

序号	分项工程名称	计算式	单位	工程量
1	电话系统			
(1)	进户电话交接箱 0.4 m×0.65 m×0.16 m	1	个	1
(2)	层端子箱暗装 0.2 m×0.28 m×0.12 m	2	个	2
(3)	用户电话	4×6	台	24
(4)	线管暗敷 D25(立管)	$0.6+3.6+1.2+\frac{2.4}{2}+5\times3.2$	m	22.6
(5)	线管暗敷 D15 TP-1-A1	$0.6+3.6+1.2+\frac{2.4}{2}+0.6+3.6+2.4+1.65+2.5+4.2+0.6$	m	22.15
(6)	TP-1-B1 线管暗敷 D15	$0.6+3.6+1.75+1.8+\frac{2.4}{2}+0.6$	m	9.55
(7)	2F～6F 层端箱至 A 户线管暗敷 D15	$(0.6+\frac{2.4}{2}+1.65+2.5\times\frac{2.85}{2}+4.2-1.2+0.6)\times5+3\times3.2$	m	62.66
(8)	2F～6F 层端箱至 B 户线管暗敷 D15	$(0.6+\frac{2.4}{2}+1.75+1.8+\frac{2.4-1.2}{2}+0.6)\times5+3.2\times3$	m	42.35
(9)	管穿 HYV-10×2×0.5 电话电缆	22.6+(0.4+0.650)+(0.2+0.83)×3	m	26.74
(10)	管穿 RVS-2×0.5 软电话线	143.12+(0.4+0.65)×4+(0.2+0.28)×8	m	151.16
(11)	TP 插座暗装	24	个	24
(12)	TP 底盒	24	个	24
(13)	端子板外接线	104	头	104
(14)	系统调试	1	系统	1
2	电视系统			
(1)	TV-1-1 前端放大箱安装 0.4 m×0.5 m×0.16 m	1	台	1
(2)	二分支器箱安装 0.18 m×0.18 m×0.12 m	6	台	6
(3)	TV 用户插座暗装	24	个	24

续表

序号	分项工程名称	计算式	单位	工程量
(4)	TV插座暗盒安装	24	个	24
(5)	一层			
	TV-1-1至L1 TV线管暗敷D20	$0.6+3.6+1.2+\frac{2.4}{2}+1.5$	m	8.1
	TV-1-1至一层分支箱线管暗敷D20	$0.6+3.6+1.2+\frac{2.4}{2}+0.6$	m	7.2
	一层分支箱至顶线管暗敷D20	3.2×5	m	16
	TV-1-1至A户线管暗敷D20	$0.6+3.6+2.4+1.65+2.5+\frac{2.85}{4}+0.6+0.6+4.2+\frac{3.6}{2}+0.6$	m	19.26
	TV-1-1至B户线管暗敷D20	$0.6+3.6+1.75+1.8+\frac{2.4}{2}+0.6$	m	9.55
	合计		m	60.11
(6)	二层			
	2F～6F分支箱至A户线管暗敷D20	$0.6+1.2+\frac{2.4}{2}+1.65+2.5+\frac{2.85}{2}+0.6+0.6+4.2+\frac{3.6}{2}+0.6)\times 5$	m	81.88
	2F～6F分支箱至B户线管暗敷D20	$(0.6+\frac{2.4}{2}+1.75+1.8+\frac{2.4}{2}+0.6)\times 5$	m	35.75
	合计		m	117.63
(7)	管穿同轴电缆SYV-75-5	192.53+(0.4+0.5)+2×0.18×23	m	201.71
(8)	管穿电源线BV-2.5	[8.1+(0.4+0.5)+(0.5+0.5)]×3	m	30
(9)	系统调试	12	系统	12

表8-11 单位工程汇总表

代号	项目名称	计算公式	费率(%)	金额(元)
一	直接费	按定额及相关规定计算		20614
	直接工程费	按定额及相关规定计算		18978
A	其中:人工费	按定额计算		16041
	材料费	定额材料费×材料综合扣税系数	0.86	2228
B	机械费	定额机械费×机械综合扣税系数	0.89	709

续表

代号	项目名称	计算公式	费率(%)	金额(元)
	措施项目费	按定额及相关规定计算		1636
	单价或专业措施项目费	按定额及相关规定计算		
C	其中:人工费	按定额计算		
	材料费	定额材料费×材料综合扣税系数		
D	机械费	定额机械费×机械综合扣税系数		
	通用措施项目费	(A+B+商折+沥青混凝土折)×费率		1636
E	其中:人工费	(A+B+商折+沥青混凝土折)×费率×20%		327
	材料费	(A+B+商折+沥青混凝土折)×费率×80%		1309
	通用措施项目费明细			
	安全文明施工费	(A+B+商折+沥青混凝土折)×费率	2.1	352
	临时设施费	(A+B+商折+沥青混凝土折)×费率	4.5	754
	雨季施工增加费	(A+B+商折+沥青混凝土折)×费率	0.3	50
	已完、未完工程保护费	(A+B+商折+沥青混凝土折)×费率	0.5	84
	远程视频监控增加费	(A+B+商折+沥青混凝土折)×费率	0.82	137
	扬尘治理增加费	(A+B+商折+沥青混凝土折)×费率	1.15	193
Z1	商品混凝土折合取费基数	2010-10 文商混凝土取费基数		
Z2	沥青混凝土中人工费+机械费			
二	企业管理费	(A+B+C+D+E+Z1+Z2)×费率	18	3074
三	利润	(A+B+C+D+E+Z1+Z2)×费率	17.5	2988
Q1	总包服务费	按合同约定计算		
Q2	单项材料调整	明细附后		2212
Q3	材料系数调整	一×系数		
Q4	未计价主材费	明细附后		3117
Q5	未计价设备费			
Q6	人工费调整	按相关规定计算	56	9166
	其中:定额人工费调整	人工费×系数	56	9166
	机械人工费调整	人工费×系数	56	
四	价差调整、总包服务费、人工费调整	以上 6 项合计		14495
五	规费前合计	一+二+三+四		41171

续表

代号	项目名称	计算公式	费率(%)	金额(元)
	规费:养老失业保险	五×费率	2.5	1029
	基本医疗保险	五×费率	0.7	288
	住房公积金	五×费率	0.7	288
	工伤保险	五×费率	0.1	41
	生育保险	五×费率	0.07	29
	水利建设基金	五×费率	0.1	41
六	规费合计	以上7项规费合计	4.17	1716
	甲供人、材、机	甲供人、材、机		
七	税前合计	五十六		42887
八	税金	七×税率	11	4718
九	含税工程造价	肆万柒仟陆佰零伍元整		47605

表 8-12 定额计价

序号	定额号	名称	单位	工程量	基价	直接费
		电话系统				
1	a2-264	进户电话交接箱	台	1	91.33	91
2	a12-113	楼层端子箱暗装	台	2	39.99	80
3	a12-354	分机电话	台	24	326.8	7843
4	a2-1116	钢管沿砖、混凝土结构暗配 钢管公称直径(25 mm)	m	22.6	12.9	291
5	a2-1114	钢管沿砖、混凝土结构暗配 钢管公称直径(15 mm)	m	143	8.06	1153
6	a12-1	HYV-10×2×0.5 电话电缆	m	25.1	0.68	17
7	a2-1289	RVS-2×0.5 软电话线	m	302.3	0.44	133
8	a12-116	TP 插座暗装	个	24	2.21	53
9	a2-1479	TP 底盒	个	24	2.93	70
10	a2-333	端子板外接线	个	104	1.62	168
11	a12-776	系统调试	台	1	5287.04	5287
		分部小计				15188
		电视系统				
12	a2-264	前端放大箱安装	台	1	91.33	91
13	a12-113	二分支器箱安装	台	6	39.99	240

续表

序号	定额号	名　　称	单位	工程量	基价	直接费
14	a12-116	TV 插座暗装	个	24	2.21	53
15	a2-1479	TV 底盒	个	24	2.93	70
16	a2-1115	钢管沿砖、混凝土结构暗配　钢管公称直径(20 mm)	m	200.5	9.73	1951
17	a2-1248	管内穿照明线(铜芯)　导线截面(2.5 mm^2)	m	30	2.63	79
18	a12-35	管穿同轴电缆 SYV-75-5	m	201.7	1.21	245
19	a12-578	有线电视系统前端设备　电视设备箱安装、调试	台	1	77.76	78
20	a12-610	有线电视系统全频道前端射频设备安装、调试 10 个频道	套	12	119.39	1433
		分部小计				4240
		合计				19429

表 8-13　未计价主材

序号	材 料 名 称	单位	数量	定额价	合计
1	TP 底盒	套	48.96	3	147
2	管穿同轴电缆 SYV-75-5	m	205.734	5.8	1193
3	HYV-10×2×0.5 电话电缆	m	25.602	3.1	79
4	RVS-2×0.5 软电话线	m	326.484	2.8	914
5	进户电话交接箱	台	1	230	230
6	前端放大箱安装	台	1	180	180
7	TP 插座暗装	个	48.96	18	881
	合计				3625

表 8-14　材料调差

序号	材料名称	单位	数量	定额价	市场价	调整额	价差合计
	材料价差(小计)						2572
1	镀锌扁钢 -25×4	kg	2	3.96	4.2	0.24	0
2	角钢∟ 63	kg	1.6	3.18	4.2	1.02	2
3	圆钢 Φ 5.5～9	kg	2.711	3.9	4.1	0.2	1
4	焊接钢管 DN15	m	147.29	4.43	8.32	3.89	573
5	焊接钢管 DN20	m	206.515	5.77	14.17	8.4	1735

续表

序号	材料名称	单位	数量	定额价	市场价	调整额	价差合计
6	焊接钢管 DN25	m	23.278	7.85	18.75	10.9	254
7	绝缘导线 BV-2.5	m	34.8	1.76	1.98	0.22	8
	合计						2572

【本章小结】

本章结合建筑工程中常用的电气工程，分别讲解了防雷接地、照明、动力系统以及电视、电话、综合布线、火灾自动报警系统等相关内容及定额的使用。在使用定额时需要特别说明的是，在弱电工程中，虽然有些子目套用了第十二册《建筑智能化系统化设备工程》定额，但仍可按第二册《电气设备安装工程》规定的系数及计价方法计取。

第9章　消防工程

【学习目标】

本章内容分为建筑工程消火栓系统、喷淋系统、防排烟系统三部分，通过学习本章的相关知识，熟悉《内蒙古自治区安装工程预算定额》第七册《消防设备安装工程》(DYD15-507—2009)的内容，了解本册定额中消防工程的计算规则，并掌握消防工程预算的编制。

【学习要求】

能力目标	知识点梳理与归纳
了解消防工程的计算规则	通过了解计算规则，学会计算工程量
熟悉《消防设备安装工程》(DYD15-507—2009)消耗量定额的内容	消耗量定额中的各分项工程的工作内容
掌握消防工程工程量计算规则及预算书的编制要求	工程量计算规则与使用

9.1　消防工程概述

9.1.1　关于消防工作的方针、原则和责任制

《中华人民共和国消防法》在总则中规定“消防工作贯彻预防为主、防消结合的方针，按照政府统一领导、部门依法监管、单位全面负责、公民积极参与的原则，实行消防安全责任制，建立健全社会化的消防工作网络”，确立了消防工作的方针、原则和责任制。

“预防为主、防消结合”的方针，科学准确地阐明了“防”和“消”的关系，正确地反映了同火灾作斗争的基本规律。在消防工作中，必须坚持“防”“消”并举、“防”“消”并重的思想，将火灾预防和火灾扑救有机地结合起来，最大限度地保护人身、财产安全，维护公共安全，促进社会和谐。

“政府统一领导、部门依法监管、单位全面负责、公民积极参与”的原则是消防工作经验和客观规律的反映。“政府”“部门”“单位”“公民”四者都是消防工作的主体，

共同构筑消防安全工作格局，任何一方都非常重要，不可偏废。

“实行消防安全责任制，建立健全社会化的消防工作网络”是我国做好消防工作的经验总结，也是从无数火灾中得出的教训。各级政府、政府各部门、各行各业以及每个人在消防安全方面各尽其责，实行消防安全责任制，建立健全社会化的消防工作网络，有利于增强全社会的消防安全意识，调动各部门、各单位和广大群众做好消防安全工作的积极性，有利于进一步提高全社会整体抗御火灾的能力。

9.1.2 关于单位的消防安全责任

《中华人民共和国消防法》关于单位的消防安全责任的规定主要如下。

（1）在总则中规定，任何单位都有维护消防安全、保护消防设施、预防火灾、报告火警的义务；任何单位都有参加有组织的灭火工作的义务；机关、团体、企业、事业等单位应当加强对本单位人员的消防宣传教育。

（2）规定了单位消防安全职责，包含以下内容。

①落实消防安全责任制，制定本单位的消防安全制度、消防安全操作规程，制定灭火和应急疏散预案。

②按照国家标准、行业标准配置消防设施、器材，设置消防安全标志，并定期组织检验、维修，确保完好有效。

③对建筑消防设施每年至少进行一次全面检测，确保完好有效，检测记录应当完整准确，存档备查。

④保障疏散通道、安全出口、消防车通道畅通，保证防火防烟分区、防火间距符合消防技术标准。

⑤组织防火检查，及时消除火灾隐患。

⑥组织进行有针对性的消防演练。

⑦法律、法规规定的其他消防安全职责。

（3）规定消防安全重点单位除履行单位消防安全职责外，还应当履行下列特殊的消防安全职责。

①确定消防安全管理人，组织实施本单位的消防安全管理工作。

②建立消防档案，确定消防安全重点部位，设置防火标志，实行严格管理。

③实行每日防火巡查，并建立巡查记录。

④对职工进行岗前消防安全培训，定期组织消防安全培训和消防演练。

（4）规定同一建筑物由两个以上单位管理或者使用的，应当明确各方的消防安全责任，并确定责任人对共用的疏散通道、安全出口、建筑消防设施和消防车通道进行统一管理。

（5）规定任何单位不得损坏、挪用或者擅自拆除、停用消防设施、器材，不得埋压、圈占、遮挡消火栓或者占用防火间距，不得占用、堵塞、封闭疏散通道、安全出口、消防车通道。

(6) 规定任何单位都应当无偿为报警提供便利,不得阻拦报警,严禁谎报火警;发生火灾,必须立即组织力量扑救,邻近单位应当给予支援;火灾扑灭后,发生火灾的单位和相关人员应当按照公安机关消防机构的要求保护现场,接受事故调查,如实提供与火灾有关的情况。

(7)规定被责令停止施工、停止使用、停产停业的单位,应当在整改后向公安机关消防机构报告,经公安机关消防机构检查合格,方可恢复施工、使用、生产、经营。

同时,《中华人民共和国消防法》还规定,任何单位都有权对公安机关消防机构及其工作人员在执法中的违法行为进行检举、控告。

9.1.3　关于公民在消防工作中的权利和义务

《中华人民共和国消防法》关于公民在消防工作中权利和义务的规定主要如下。

(1) 任何人都有维护消防安全、保护消防设施、预防火灾、报告火警的义务;任何成年人都有参加有组织的灭火工作的义务。

(2) 任何人不得损坏、挪用或者擅自拆除、停用消防设施、器材,不得埋压、圈占、遮挡消火栓或者占用防火间距,不得占用、堵塞、封闭疏散通道、安全出口、消防车通道。

(3) 任何人发现火灾都应当立即报警;任何人都应当无偿为报警提供便利,不得阻拦报警;严禁谎报火警。

(4) 火灾扑灭后,相关人员应当按照公安机关消防机构的要求保护现场,接受事故调查,如实提供与火灾有关的情况。

(5) 任何人都有权对公安机关消防机构及其工作人员在执法中的违法行为进行检举、控告。

9.2　消防工程识图

9.2.1　消防工程识图中的预算知识

消防工程识图一般由图纸目录、主要设备材料表、设计说明、图例、平面图、系统图、施工详图等组成。

1. 室内消火栓给水系统

室内消火栓给水系统是建筑物应用最广泛的一种消防设施。它既可以供火灾现场人员使用消火栓箱内的消防水喉、水枪扑救初期火灾,也可供消防扑救建筑物的大火。室内消火栓实际上是室内消防给水管网向火场供水的带有专用接口的阀门,其进水端与消防管道相连,出水端与水带相连。

(1) 系统组成。

室内消火栓给水系统是由消防给水基础设施、消防给水管网、室内消火栓设备、报警控制设备及系统附件等组成，如图 9-1 所示。

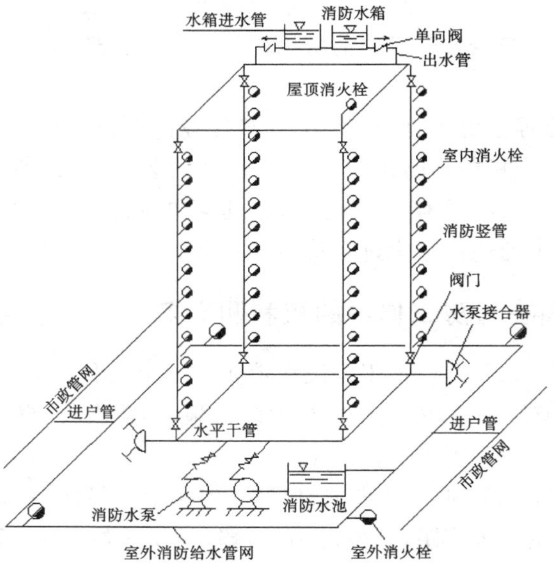

图 9-1　消火栓给水系统组成示意图

（2）系统工作原理。

室内消火栓给水系统的工作原理与系统的给水方式有关，通常是针对建筑消防给水系统，采用的是临时高压消防给水系统。

在临时高压消防给水系统中，系统设有消防泵和高位消防水箱。当火灾发生后，现场的人员可打开消火栓箱，将水带与消火栓栓口连接，打开消火栓的阀门，按下消火栓箱内的启动按钮，从而可投入使用消火栓。消火栓箱内的按钮直接启动消火栓泵，并向消防控制中心报警。在供水的初期，由于消火栓泵的启动有一定的时间，其初期供水由高位消防水箱提供（储存 10 min 的消防水量）。对于消火栓泵的启动，还可由消防泵现场、消防控制中心启动，消火栓泵一旦启动后不得自动停泵，其停泵只能现场手动控制。

2. 自动喷水灭火系统

自动喷水灭火系统根据所使用喷头的型式，分为闭式自动喷水灭火系统和开式自动喷水灭火系统两类。根据系统的用途和配置状况，自动喷水灭火系统又分为湿式系统、干式系统、雨淋系统、水幕系统、自动喷水-泡沫联用系统等。自动喷水灭火系统的分类如图 9-2 所示。

（1）湿式自动喷水灭火系统。

湿式自动喷水灭火系统（以下简称湿式系统）由闭式喷头、湿式报警阀组、水流指示器或压力开关、供水与配水管道以及供水设施等组成，在准工作状态时管道内充满用于启动系统的有压水。湿式系统的组成如图 9-3 所示。

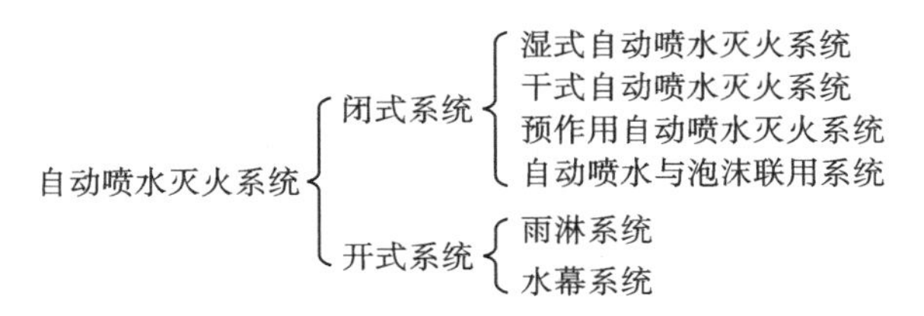

图 9-2　自动喷水灭火系统分类图

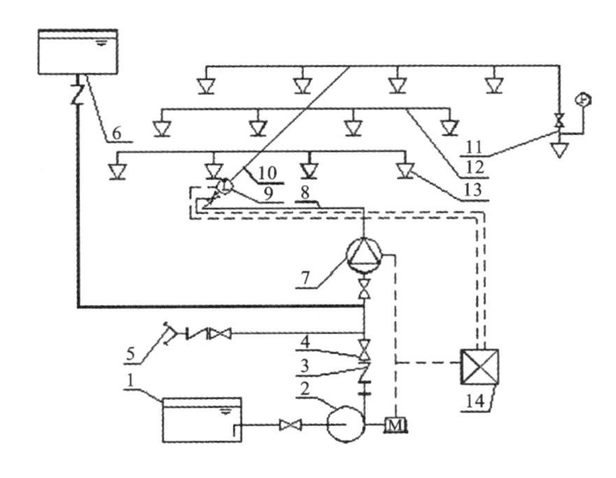

图 9-3　湿式系统示意图

1—消防水池；2—水泵；3—止回阀；4—闸阀；5—水泵接合器；6—消防水箱；7—湿式报警阀组；8—配水干管；9—水流指示器；10—配水管；11—闭式喷头；12—配水支管；13—末端试水装置；14—报警控制器；15—泄水阀；16—压力开关；17—信号阀；18—驱动电机

①工作原理。湿式系统在准工作状态时，由消防水箱或稳压泵、气压给水设备等稳压设施维持管道内充水的压力。发生火灾时，在火灾温度的作用下，闭式喷头的热敏元件产生效应，喷头开启并开始喷水。此时，管网中的水由静止变为流动，水流指示器动作送出电信号，在报警控制器上显示某一区域喷水的信息。由于持续喷水泄压，造成湿式报警阀的上部水压低于下部水压，在压力差的作用下，原来处于关闭状态的湿式报警阀自动开启。此时压力水通过湿式报警阀流向管网，同时打开通向水力警铃的通道，延迟器充满水后，水力警铃发出声响警报，压力开关启动并输出启动供水泵的信号。供水泵投入运行后，完成系统的启动过程。湿式系统的工作原理如图 9-4 所示。

②适用范围。湿式系统是应用最为广泛的自动喷水灭火系统，适合在环境温度不低于 4 ℃且不高于 70 ℃的环境中使用。低于 4 ℃的场所使用湿式系统，存在系统管道和组件内充水冰冻的危险；高于 70 ℃的场所采用湿式系统，存在系统管道和组件内充水气压升高而破坏管道的危险。

(2) 干式自动喷水灭火系统。

干式自动喷水灭火系统（以下简称干式系统）由闭式喷头、干式报警阀组、水流指

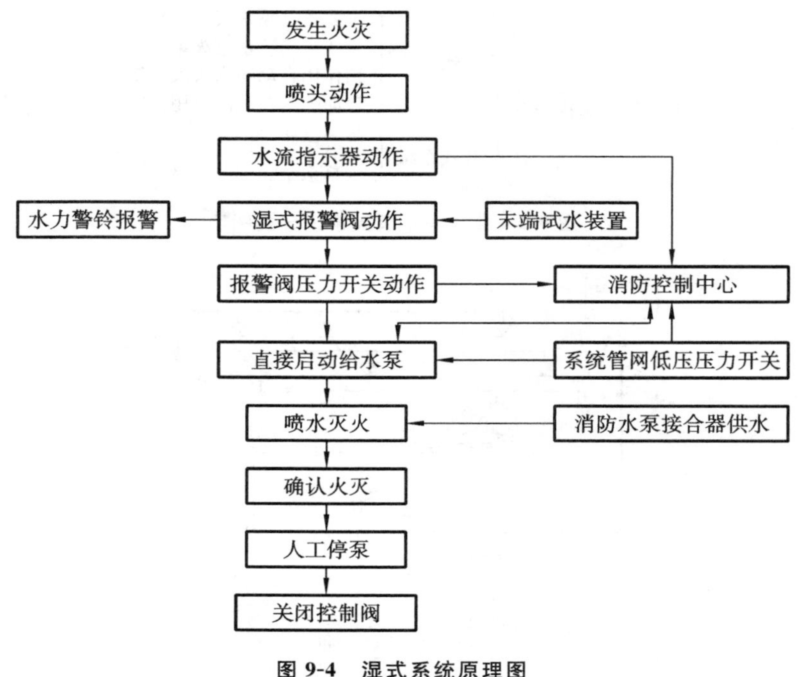

图 9-4　湿式系统原理图

示器或压力开关、供水与配水管道、充气设备以及供水设施等组成，在准工作状态时配水管道内充满用于启动系统的有压气体。干式系统的启动原理与湿式系统的相似，只是将传输喷头开放信号的介质由有压水改为有压气体。干式系统的组成如图9-5所示。

①工作原理。干式系统在准工作状态时，由消防水箱或稳压泵、气压给水设备等稳压设施维持干式报警阀入口前管道内充水的压力。报警阀出口后的管道内充满有压气体(通常采用压缩空气)，报警阀处于关闭状态。发生火灾时，在火灾温度的作用下，闭式喷头的热敏元件产生效应，闭式喷头开启，使干式阀出口压力下降，加速器动作后促使干式报警阀迅速开启，管道开始排气充水，剩余压缩空气从系统最高处的排气阀和开启的喷头处喷出，此时通向水力警铃和压力开关的通道被打开，水力警铃发出声响警报，压力开关动作并输出启泵信号，启动系统供水泵。管道完成排气充水过程后，开启的喷头开始喷水。从闭式喷头开启至供水泵投入运行前，由消防水箱、气压给水设备或稳压泵等供水设施为系统的配水管道充水。干式系统的工作原理如图9-6 所示。

②适用范围。干式系统适用于环境温度低于 4 ℃，或高于 70 ℃的场所。干式系统虽然解决了湿式系统不适用于高、低温环境场所的问题，但由于准工作状态时配水管道内没有水，喷头动作和系统启动时必须经过一个管道排气充水的过程，因此会出现滞后喷水现象，不利于系统及时控火、灭火。

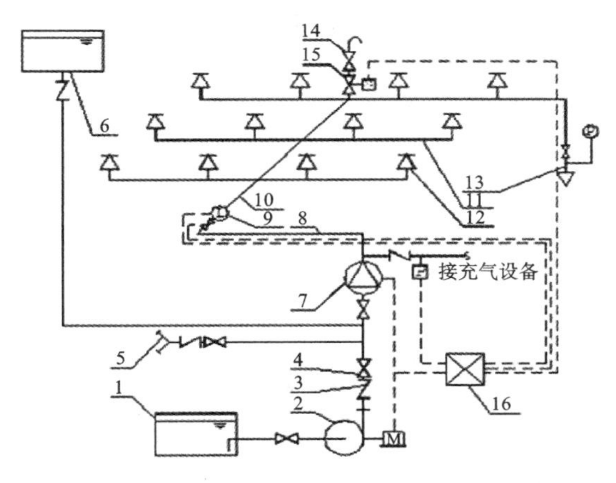

图 9-5　干式系统示意图

1—消防水池；2—水泵；3—止回阀；4—闸阀；5—水泵接合器；6—消防水箱；7—干式报警阀组；8—配水干管；9—配水管；10—闭式喷头；11—配水支管；12—排气阀；13—电动阀；14—报警控制器；15—泄水阀；16—压力开关；17—信号阀；18—驱动电机

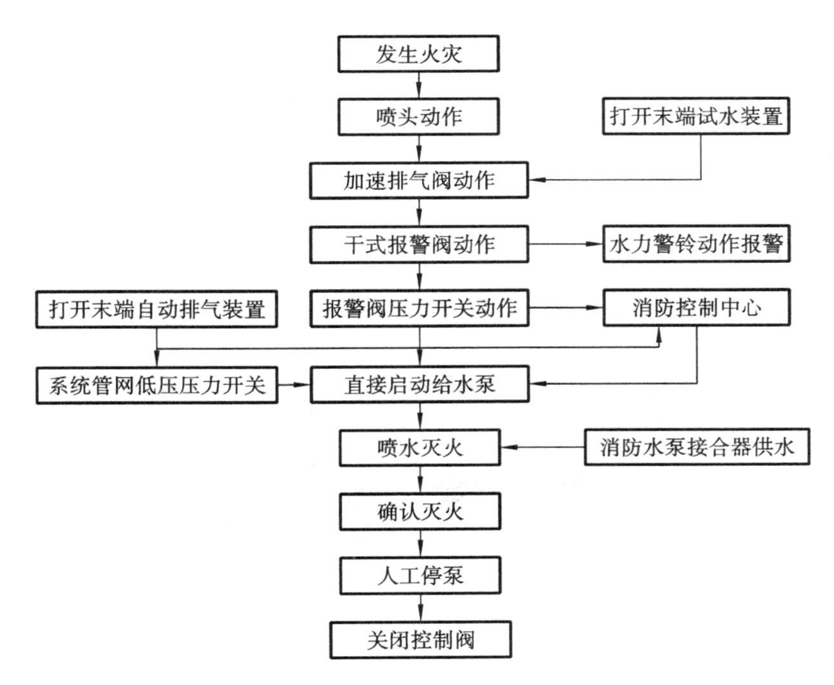

图 9-6　干式系统原理图

3. 防排烟系统

(1) 系统分类。

防排烟系统按照其控烟机理，分为防烟系统和排烟系统，通常也称为防烟设施和排烟设施。防烟设施分为机械加压送风的防烟设施和可开启外窗的自然排烟设施；

排烟设施分为机械排烟设施和可开启外窗的自然排烟设施。

(2) 系统构成。

防排烟系统由风口、风阀、排烟窗和风机、风道以及相应的控制系统构成。

①防烟系统。

a. 机械加压送风的防烟设施包括加压送风机、加压送风管道、加压送风口等组成部分。当防烟楼梯间加压送风而前室不送风时,楼梯间与前室的隔墙上还可能设有余压阀,如图 9-7 所示。

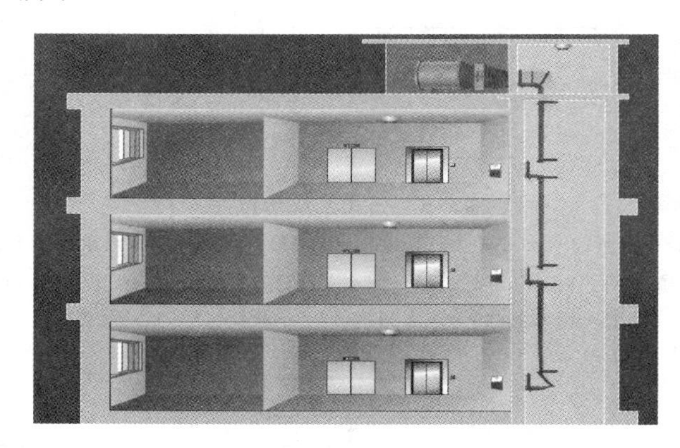

图 9-7 机械加压送风系统示意图

注:加压送风机(图 9-8)一般采用中、低压离心风机、混流风机或轴流风机。加压送风管道采用不燃材料制作。

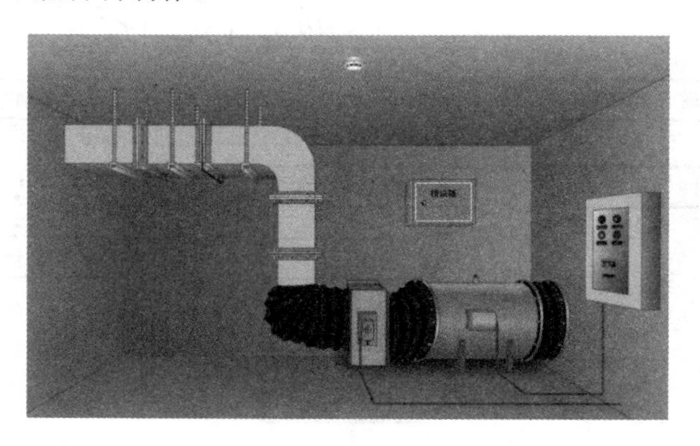

图 9-8 加压送风机示意图

加压送风口分为常开式、常闭式和自垂百叶式。常开式即普通的固定叶片式百叶风口;常闭式采用手动或电动开启,常用于前室或合用前室;自垂百叶式靠百叶重力自行关闭,加压时自行开启,常用于防烟楼梯间。

b. 作为防烟方式之一的可开启外窗的自然排烟设施,通常是指位于防烟楼梯间及其前室、消防电梯前室或合用前室外墙上的洞口或便于人工开启的普通外窗。可开启外窗的开启面积以及开启的便利性都有相应的要求,虽然不列为专门的消防设施，但其设置与维护管理仍不能忽略。

②排烟系统。

机械排烟设施包括排烟风机、排烟管道、排烟防火阀、排烟口、挡烟垂壁等组成部分，如图 9-9 所示。

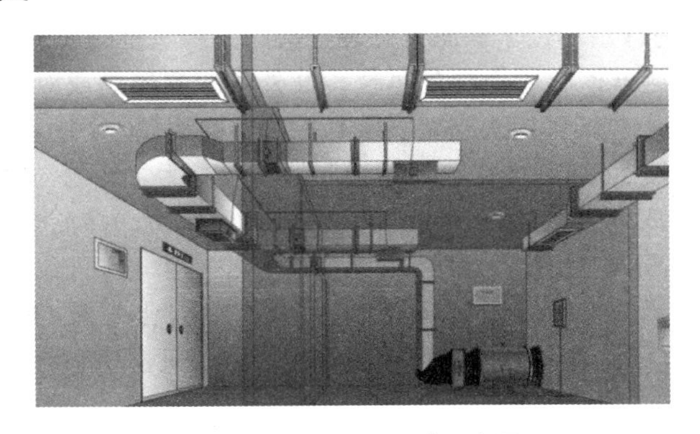

图 9-9　机械排烟系统示意图

a. 排烟风机：一般可采用离心风机、排烟专用的混流风机或轴流风机，有的也采用风机箱或屋顶式风机。排烟风机与加压送风机的不同之处在于排烟风机应保证在 280 ℃的环境条件下连续工作时间不少于 30 min。

b. 排烟管道：一般采用不燃材料制作，常用的排烟管道通常采用镀锌钢板加工制作，厚度按高压系统要求，并应采取隔热防火措施或与可燃物保持不小于 150 mm 的距离。

c. 排烟防火阀：安装在机械排烟系统的管道上，平时呈开启状态，火灾时当排烟管道内温度达到 280 ℃时关闭，并在一定时间内能满足漏烟量和耐火完整性要求，能起隔烟阻火的作用。排烟防火阀一般由阀体、叶片、执行机构和温感器等部分组成。

d. 排烟口：起排烟作用并外加带有装饰口或进行过装饰处理的阀门。通常将排烟口安装在机械排烟系统的风管（风道）侧壁上作为烟气吸入口，平时呈关闭状态并满足允许漏风量要求，火灾或需要排烟时手动或电动打开。

e. 挡烟垂壁：用于分隔防烟分区的装置或设施，可分为固定式或活动式。固定式可采用隔墙、楼板下不小于 500 mm 的梁或吊顶下凸出不小于 500 mm 的不燃烧体；活动式挡烟垂壁本体采用不燃烧体制作，平时隐藏于吊顶内或卷缩在装置内，当其所在部位温度升高，或消防控制中心发出火警信号或直接接收烟感信号后，置于吊顶上方的挡烟垂壁迅速垂落至设定高度，限制烟气流动以形成“储烟仓”，便于排烟系统将高温烟气迅速排出室外。

可开启外窗的自然排烟设施包括常见的便于人工开启的普通外窗，以及专门为宽阔空间自然排烟而设置的自动排烟窗。自动排烟窗平时作为自然通风设施，根据气候条件及通风换气的需要开启或关闭。发生火灾时，在消防控制中心发出火警信号或直接接收烟感信号后开启，同时具有自动和手动开启功能。

9.2.2 消防工程识图的计算规则

1. 火灾自动报警系统计算规则

(1) 点型探测器按线制的不同分为多线制与总线制，不分规格、型号、安装方式与位置，均以“只”为计量单位。探测器安装包括探头和底座的安装及本体调试。

(2) 红外线探测器以“只”为计量单位。红外线探测器是成对使用的，在计算时一对为两只。定额中包括了探头支架安装和探测器的调试、对中。

(3) 火焰探测器、可燃气体探测器按线制的不同分为多线制与总线制两种，计算时不分规格、型号、安装方式与位置，均以“只”为计量单位。探测器安装包括探头和底座的安装及本体调试。

(4) 线型探测器的安装方式按环绕、正弦及直线综合考虑，不分线制及保护形式，以“m”为计量单位。定额中未包括探测器连接的一只模块和终端，其工程量应按相应定额另行计算。

(5) 按钮包括消火栓按钮、手动报警按钮、气体灭火起/停按钮，以“只”为计量单位，按照轻质墙体和硬质墙体两种安装方式综合考虑，执行时不因安装方式不同而调整。

(6) 控制模块(接口)是指仅能起控制作用的模块(接口)，亦称为中继器，依据其给出控制信号的数量，分为单输出和多输出两种形式。执行时不分安装方式，按照输出数量以“只”为计量单位。

(7) 报警模块(接口)不起控制作用，只能起监视、报警作用，执行时不分安装方式，以“只”为计量单位。

(8) 报警控制器按线制的不同分为多线制与总线制两种，按其安装方式的不同又可分为壁挂式和落地式。在不同线制、不同安装方式中按照点数的不同划分定额项目，以“台”为计量单位。

多线制点数是指报警控制器所带报警器件(探测器、报警按钮等)的数量。

总线制点数是指报警控制器所带的有地址编码的报警器件(探测器、报警按钮、模块等)的数量。

如果一个报警模块带有数个探测器，则只能计为一点。

(9) 联动控制器按线制的不同分为多线制与总线制两种，按其安装方式的不同又可分为壁挂式和落地式。在不同线制、不同安装方式中按照点数的不同划分定额项目，以“台”为计量单位。

多线制点数是指联动控制器所带联动设备的状态控制和状态显示的数量。

总线制点数是指联动控制器所带的有控制模块(接口)的数量。

(10) 报警联动一体机按线制的不同分为多线制与总线制两种，按其安装方式的不同又可分为壁挂式和落地式。在不同线制、不同安装方式中按照点数的不同划分定额项目，以“台”为计量单位。

多线制点数是指报警联动一体机所带报警器件与联动设备的状态控制和状态显示的数量。

总线制点数是指报警联动一体机所带的有地址编码的报警器件与控制模块（接口）的数量。

（11）重复显示器（楼层显示器）不分规格、型号、安装方式，按总线制与多线制划分，以“台”为计量单位。

（12）警报装置分为声光报警和警铃报警两种形式，均以“台”为计量单位。

（13）远程控制器按其控制回路数以“台”为计量单位。

（14）火灾事故广播中的功放机、录音机的安装按柜内及台上两种方式综合考虑，分别以“台”为计量单位。

（15）消防广播控制柜是指安装成套消防广播设备的成品机柜，不分规格、型号以“台”为计量单位。

（16）火灾事故广播中的扬声器不分规格、型号，按照吸顶式与壁挂式以“只”为计量单位。

（17）广播分配器是指单独安装的消防广播用分配器（操作盘），以“台”为计量单位。

（18）消防通讯系统中的电话交换机按“门”数不同以“台”为计量单位；通讯分机、插孔是指消防专用电话分机与电话插孔，不分安装方式，分别以“部”“个”为计量单位。

（19）报警备用电源综合考虑了规格、型号，以“台”为计量单位。

2. 水灭火系统计算规则

（1）管道安装按设计管道中心长度，以“m”为计量单位，不扣除阀门、管件及各种组件所占长度。主材数量应按定额用量计算，管件含量见表 9-1。

表 9-1　镀锌钢管（螺纹连接）管件含量表　（单位：10 m）

项目	名称	公称直径（mm 以内）						
		25	32	40	50	70	80	100
管件含量	四通	0.02	1.20	0.53	0.69	0.73	0.95	0.47
	三通	2.29	3.24	4.02	4.13	3.04	2.95	2.12
	弯头	4.92	0.98	1.69	1.78	1.87	1.47	1.16
	管箍		2.65	5.99	2.73	3.27	2.89	1.44
	小计	7.23	8.07	12.23	9.33	8.91	8.26	5.19

（2）镀锌钢管安装定额也适用于镀锌无缝钢管，其对应关系见表 9-2。

表 9-2　镀锌钢管安装定额与镀锌无缝钢管的对应关系

公称直径（mm）	15	20	25	32	40	50	70	80	100	150	200
无缝钢管外径（mm）	20	25	32	38	45	57	76	89	108	159	219

(3) 镀锌钢管法兰连接定额中，管件是按成品，弯头两端是按接短管焊法兰考虑的。定额中包括直管、管件、法兰等全部安装工作内容，但管件、法兰及螺栓的主材数量应按设计规定另行计算。

沟槽连接的连接件单独计算，以“10 个”为单位，系统组件以“10 个”为计量单位，消防水箱根据容积不同，以“个”为计量单位。

(4) 喷头安装按有吊顶、无吊顶分别以“个”为计量单位。

(5) 报警装置安装按成套产品以“组”为计量单位。其他报警装置适用于雨淋、干湿两用及预作用报警装置，其安装执行湿式报警装置安装定额，其人工乘以系数1.2，其余不变。成套产品包括的内容详见表 9-3。

表 9-3　成套产品包括内容

序号	项目名称	型号	包括内容
1	湿式报警装置	ZSS	湿式阀、蝶阀、装配管、供水压力表、装置压力表、试验阀、泄放试验阀、泄放试验管、试验管流量计、过滤器、延时器、水力警铃、报警截止阀、漏斗、压力开关等
2	干湿两用报警装置	ZSL	两用阀、蝶阀、装置截止阀、装配管、加速器、加速器压力表、供水压力表、试验阀、泄放试验阀(湿式)、泄放试验阀(干式)、挠性接头、泄放试验管、试验管流量计、排气阀、截止阀、漏斗、过滤器、延时器、水力警铃、压力开关等
3	电动雨淋报警装置	ZSY1	雨淋阀、蝶阀(2 个)、装配管、压力表、泄放试验阀、流量表、截止阀、注水阀
4	预作用报警装置	ZSU	干式报警阀、控制蝶阀(2 个)、压力表(2 块)、流量表、截止阀、排放阀、注水阀、止回阀、泄放阀、报警试验阀、液压切断阀、装配管、供水检验管、气压开关(2 个)、试压电磁阀、应急手动试压器、漏斗、过滤器、水力警铃等
5	室内消火栓	SN	消火栓箱、消火栓、水枪、水龙带、水龙带接扣、挂架、消防按钮

3. 气体灭火系统计算规则

(1) 管道安装包括无缝钢管的螺纹连接、法兰连接、气动驱动装置管道安装及钢制管件的螺纹连接。

(2) 各种管道安装按设计管道中心长度，以“m”为计量单位，不扣除阀门、管件及各种组件所占长度，主材数量应按定额用量计算。

(3) 钢制管件螺纹连接均按不同规格以“个”为计量单位。

(4) 无缝钢管螺纹连接不包括钢制管件连接内容，其工程量应按设计用量执行钢制管件连接定额。

(5) 无缝钢管法兰连接定额中，管件是按成品，弯头两端是按接短管焊法兰考虑的，包括了直管、管件、法兰等预装和安装的全部工作内容，但管件、法兰及螺栓的主材数量应按设计规定另行计算。

(6) 螺纹连接的不锈钢管、铜管及管件安装时，按无缝钢管和钢制管件安装相应定额乘以系数1.20。

(7) 无缝钢管和钢制管件内外镀锌及场外运输费用应另行计算。

(8) 气体驱动装置管道安装定额包括卡套连接件的安装，其本身价值按设计用量另行计算。

(9) 喷头安装均按不同规格以“个”为计量单位。

(10) 选择阀安装按不同规格和连接方式分别以“个”为计量单位。

(11) 贮存装置安装中包括灭火剂贮存容器和驱动气瓶的安装固定和支框架、系统组件(集流管、容器阀、单向阀、高压软管)、安全阀等贮存装置和阀驱动装置的安装及氮气增压。

贮存装置安装按贮存容器和驱动气瓶的规格(L)以“套”为计量单位。

(12) 二氧化碳贮存装置安装时，如不需增压，应扣除高纯氮气，其余不变。

(13) 二氧化碳称重检漏装置包括泄漏报警开关、配重、支架等，以“套”为计量单位。

(14) 系统组件包括选择阀、单向阀(含气、液)及高压软管。试验按水压强度试验和气压严密性试验，分别以“个”为计量单位。

(15) 无缝钢管、钢制管件、选择阀安装及系统组件试验均适用于卤代烷1211和1301灭火系统。二氧化碳灭火系统按卤代烷灭火系统相应安装定额乘以系数1.2。

(16) 管道支吊架的制作安装执行本册第二章相应定额。

(17) 不锈钢管、铜管及管件的焊接或法兰连接、各种套管的制作安装、管道系统强度试验、严密性试验和吹扫等均执行第六册《工业管道工程》相应定额。

(18) 管道及支吊架的防腐、刷油等执行第十二册《刷油、防腐蚀、绝热工程》相应项目。

(19) 系统调试执行本册定额第五章相应项目。

(20) 电磁驱动器与泄漏报警开关的电气接线等执行第十册《自动化控制仪表安装工程》相应项目。

4. 泡沫灭火系统计算规则

(1) 泡沫发生器及泡沫比例混合器安装中包括整体安装、焊法兰、单体调试及配合管道试压时隔离本体所消耗的人工和材料，不包括支架的制作安装和二次灌浆的工作内容，其工程量应按相应定额另行计算。地脚螺栓则是按本体带有考虑的。

(2) 泡沫发生器安装均按不同型号以“台”为计量单位，法兰和螺栓按设计规定另行计算。

(3) 泡沫比例混合器安装均按不同型号以“台”为计量单位，法兰和螺栓按设计规定另行计算。

(4) 泡沫灭火系统的管道、管件、法兰、阀门、管道支架等的安装及管道系统水冲洗、强度试验、严密性试验等执行第六册《工业管道工程》相应项目。

(5) 消防泵等机械设备安装及二次灌浆执行第一册《机械设备安装工程》相应项目。

(6) 除锈、刷油、保温等执行第十二册《刷油、防腐蚀、绝热工程》相应项目。

(7) 泡沫液贮罐、设备支架制作安装执行第五册《静置设备与工艺金属结构制作安装工程》相应项目。

(8) 泡沫喷淋系统的管道组件、气压水罐、管道支吊架等安装应执行本册第二章相应定额及有关规定。

(9) 泡沫液充装是按生产厂家在施工现场充装考虑的,若由施工单位充装时,可另行计算。

(10) 油罐上安装的泡沫发生器及化学泡沫室执行第五册《静置设备与工艺金属结构制作安装工程》相应项目。

(11) 泡沫灭火系统调试应按批准的施工方案另行计算。

5. 消防系统调试

(1) 消防系统调试包括自动报警系统、水灭火系统、火灾事故广播、消防通讯系统、消防电梯系统、电动防火门、防火卷帘门、正压送风门、排烟阀、防火阀控制装置、气体灭火系统等装置的调试。

(2) 自动报警系统是由各种探测器、报警按钮、报警控制器组成的报警系统,分别按不同点数以"系统"为计量单位,其点数按多线制与总线制报警器的点数计算。

(3) 水灭火系统控制装置按照不同点数以"系统"为计量单位,其点数按多线制与总线制联动控制器的点数计算。

(4) 火灾事故广播、消防通讯系统中的消防广播喇叭、音箱和消防通讯的电话分机、电话插孔,按其数量以"个"为计量单位。

(5) 消防用电梯与控制中心间的控制调试以"部"为计量单位。

(6) 电动防火门、防火卷帘门指可由消防控制中心显示与控制的电动防火门、防火卷帘门,以"处"为计量单位,每樘为一处。

(7) 正压送风阀、排风阀、防火阀以"处"为计量单位,一个阀为一处。

(8) 气体灭火系统装置调试包括模拟喷气试验、备用灭火器贮存容器切换操作试验,按试验容器的规格(L),分别以"个"为计量单位。试验容器的数量包括系统调试、检测和验收所消耗的试验容器的总数,试验介质不同时可以换算。

9.3 消防工程案例分析

9.3.1 工程概况

某仓库由消火栓系统、喷淋系统及干粉灭火器系统组成,其中管道为镀锌钢管,埋地高度为－2.6 m，入户埋地部分考虑40cm橡塑保温，外缠两道玻璃丝布、管道支架除锈刷两道红丹底漆、两道银粉漆，具体如图9-10至图9-13所示。

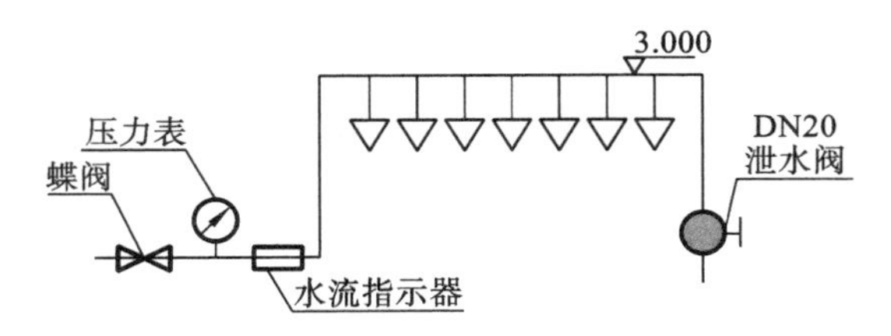

图 9-10 喷淋系统图

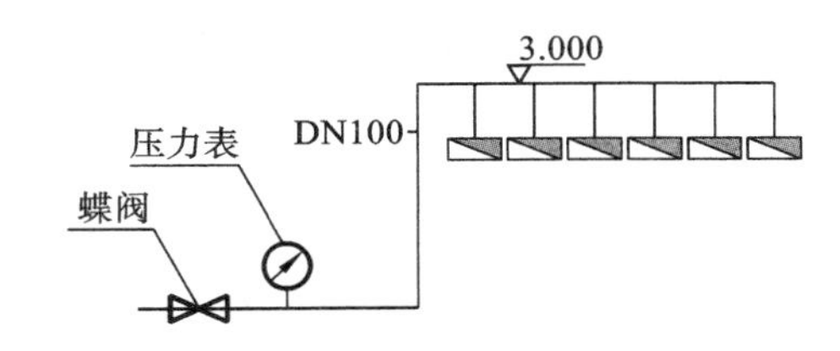

图 9-11 消火栓系统图

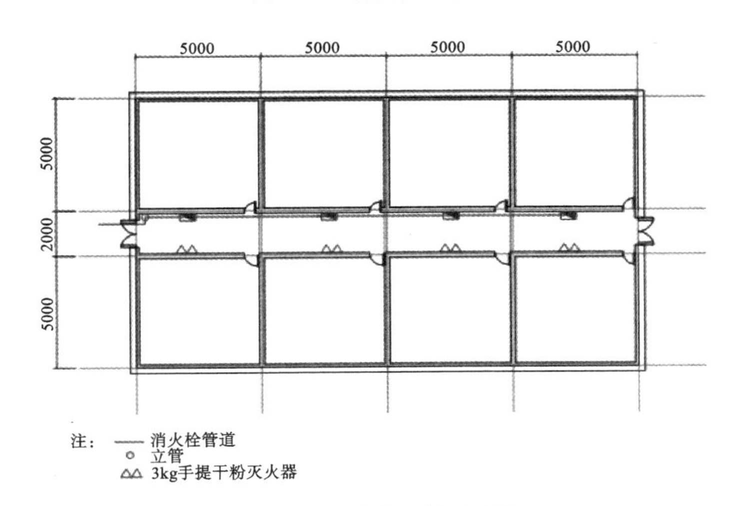

图 9-12 消火栓系统平面图

9.3.2 施工图预算的编制依据及说明

1. 施工图预算的编制依据

(1)工程施工图(平面图和系统图)和相关资料说明。

(2)2009年内蒙古自治区颁发的《内蒙古自治区安装工程预算定额》。

(3)国家和工程所在地区有关工程造价的文件。

2. 施工图预算的编制要求

本例的工程类别为四类工程。

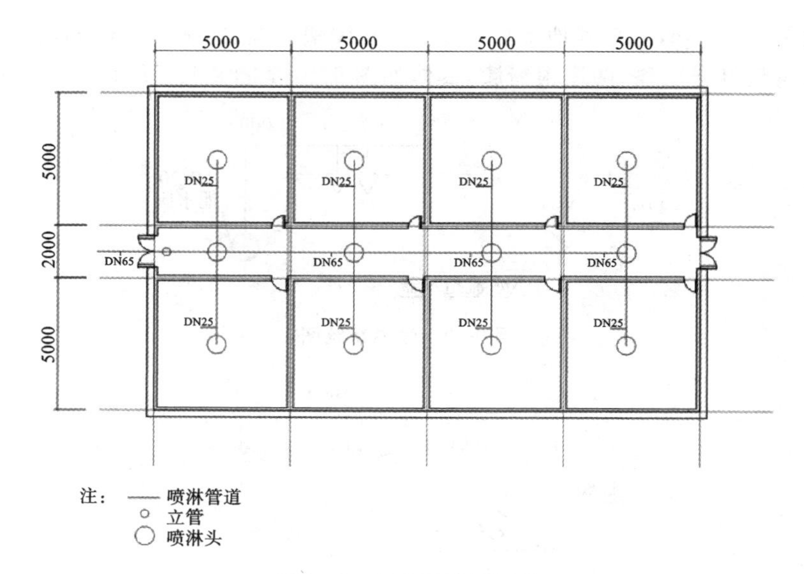

图 9-13　喷淋系统平面图

9.3.3　工程项目计算内容

本工程计算内容主要包括以下方面。

(1) 蝶阀。

(2) 压力表。

(3) 水流指示器。

(4) DN100 镀锌管道。

(5) DN25 镀锌管道。

(6) 喷淋头。

(7) DN20 泄水阀。

(8) 消火栓箱。

(9) 灭火器。

(10) 套管。

(11) 支架及除锈刷油。

9.3.4　工程量计算

(1) 蝶阀 DN100:2 套。

(2) 压力表 DN100:2 套。

(3) 水流指示器 DN100:1 套。

(4) DN100 镀锌管道(消火栓系统):1.5+3+20+1.2×4(垂直)=29.3(m)。

DN100 镀锌管道(喷淋系统):1.5+3(垂直)+20+3(垂直)=27.5(m)。

DN25 镀锌钢管(喷淋系统):9×4(水平)+0.45×12(垂直)=41.4(m)。

(5) 喷淋头:12 套。

(6) DN20 泄水阀:1 套。

(7) 消火栓箱:4 套。

(8) 灭火器:8 套。

(9) 套管。

DN25 穿墙套管:8 个。

DN100 穿墙套管:2 个。

工程量计算结果见表 9-4 至表 9-8。

表 9-4 工程量计算表

工程名称:某仓库消防工程　　　　第 页 共 页

序号	分部分项工程名称	计算式	计量单位	工程数量	部位
1	蝶阀 DN100	2	套	2	入户口
2	压力表 DN100	2	套	2	入户口
3	水流指示器 DN100	1	套	1	入户口
4	DN100 镀锌钢管	1.5+3+20+1.2×4+1.5+3+20+3	m	56.8	各楼层连接主管
5	DN25 镀锌钢管	9×4+0.45×12	m	41.4	连接喷淋头
6	喷淋头 DN25	12	套	12	各用户房间
7	泄水阀 DN20	1	套	1	管道末端
8	成套消火栓	4	套	4	走廊公共空间
9	灭火器 3 kg	8	套	8	走廊公共空间
10	DN25 穿墙套管	8	个	8	连接喷淋头
11	DN100 穿墙套管	2	个	2	主管进户
12	管道支架	85	kg	85	所有管道

表 9-5 单位工程取费表

工程名称:消防工程

代号	项目名称	计算公式	费率(%)	金额(元)
一	直接费	按定额及相关规定计算		3407
	直接工程费	按定额及相关规定计算		3224
A	其中:人工费	按定额计算		1534
	材料费	定额材料费×材料综合扣税系数		1350
B	机械费	定额机械费×机械综合扣税系数		340

续表

代号	项目名称	计算公式	费率(%)	金额(元)
	措施项目费	按定额及相关规定计算		183
	单价或专业措施项目费	按定额及相关规定计算		
C	其中:人工费	按定额计算		
	材料费	定额材料费×材料综合扣税系数		
D	机械费	定额机械费×机械综合扣税系数		
	通用措施项目费	(A+B+商折+沥青混凝土折)×费率		183
E	其中:人工费	(A+B+商折+沥青混凝土折)×费率×20%		37
	材料费	(A+B+商折+沥青混凝土折)×费率×80%		146
	通用措施项目费明细			
	安全文明施工费	(A+B+商折+沥青混凝土折)×费率	2.1	39
	临时设施费	(A+B+商折+沥青混凝土折)×费率	4.5	84
	雨季施工增加费	(A+B+商折+沥青混凝土折)×费率	0.3	6
	已完、未完工程保护费	(A+B+商折+沥青混凝土折)×费率	0.5	9
	远程视频监控增加费	(A+B+商折+沥青混凝土折)×费率	0.82	15
	扬尘治理增加费	(A+B+商折+沥青混凝土折)×费率	1.15	22
Z1	商品混凝土折合取费基数	2010-10 文商混凝土取费基数		
Z2	沥青混凝土中人工费+机械费			
二	企业管理费	(A+B+C+D+E+Z1+Z2)×费率	18	344
三	利润	(A+B+C+D+E+Z1+Z2)×费率	17.5	334
Q1	总包服务费	按合同约定计算		
Q2	单项材料调整	明细附后		125
Q3	材料系数调整	一×系数		
Q4	未计价主材费	明细附后		5296
Q5	未计价设备费			
Q6	人工费调整	按相关规定计算	56	907
	其中:定额人工费调整	人工费×系数	56	880
	机械人工费调整	人工费×系数	56	27
四	价差调整、总包服务费、人工费调整	以上 6 项合计		6328
五	规费前合计	一+二+三+四		10413

续表

代号	项目名称	计算公式	费率(%)	金额(元)
	规费:养老失业保险	五×费率	2.5	260
	基本医疗保险	五×费率	0.7	73
	住房公积金	五×费率	0.7	73
	工伤保险	五×费率	0.1	10
	生育保险	五×费率	0.07	7
	水利建设基金	五×费率	0.1	10
六	规费合计	以上7项规费合计	4.17	433
	甲供人、材、机	甲供人、材、机		
七	税前合计	五十六		10846
八	税金	七×税率	11	1193
九	含税工程造价	壹万贰仟零叁拾玖元整		12039

表 9-6　定额计价

工程名称:消防工程

序号	定额号	名称	单位	工程量	基价	直接费
1	a8-310	焊接法兰阀门安装　公称直径 100 mm 以内	个	2	164.13	328
2	a10-25	压力表、真空表　就地	台/块	2	25.19	50
3	a8-310	水流指示器 DN100	个	1	164.13	164
4	a7-85	水灭火喷淋镀锌钢管(沟槽连接)管道连接 公称直径 100 mm 以内	m	56.3	6.56	369
5	a7-103	水灭火喷淋镀锌钢管沟槽式连接法兰安装 公称直径 100 mm 以内	片	12	18.66	224
6	a7-71	水灭火喷淋镀锌钢管(螺纹连接)管道安装 公称直径 25 mm 以内	m	41.4	8.64	358
7	a7-112	水灭火系统喷头安装　公称直径 25 mm 以内 无吊顶	个	12	11.89	143
8	a8-291	螺纹阀门安装　公称直径 20 mm 以内	个	1	7.67	8
9	a7-146	水灭火系统室内消火栓安装　公称直径 65 mm 以内　单栓	套	4	42.6	170
10	价	3 kg 灭火器	套	8	58	464
11	a8-215	室内管道支架制作安装	kg	85	11.81	1004
12	a11-7	手工除一般钢结构轻锈	kg	85	0.21	18

续表

序号	定额号	名称	单位	工程量	基价	直接费
13	a11-117	一般钢结构刷红丹防锈漆　第一遍	kg	85	0.17	15
14	a11-118	一般钢结构刷红丹防锈漆　第二遍	kg	85	0.16	14
15	a11-122	一般钢结构刷银粉漆　第一遍	kg	85	0.15	13
16	a11-123	一般钢结构刷银粉漆　第二遍	kg	85	0.14	12
17	a8-186	室内穿墙钢套管制作安装　公称直径 25 mm 以内	个	8	7.06	57
18	a8-192	室内穿墙钢套管制作安装　公称直径 100 mm 以内	个	2	37.57	75
		合计				3486

表 9-7　未计价主材

工程名称:消防工程

序号	材料名称	单位	数量	定额价	合计
1	泄水阀 DN20	个	1.01	18	18
2	蝶阀 DN100	个	2	280	560
3	水流指示器 DN100	个	1	370	370
4	镀锌钢管 DN100	m	57.426	45.1	2590
5	镀锌钢管 DN25	m	42.228	12.8	541
6	室内消火栓	套	4	320	1280
7	喷头	个	12.12	12	145
8	镀锌钢管接头零件 DN25	个	29.932	7	210
9	仪表接头	套	2	10	20
10	压力表	套	2	85	170
11	沟槽式连接法兰	片	12.12	21	255
	合计				6158

表 9-8　材料调差

工程名称:消防工程

序号	材料名称	单位	数量	定额价	市场价	调整额	价差合计
	材料价差(小计)						146
1	型钢 综合	kg	90.1	3.3	4.9	1.6	144
2	镀锌钢管 DN40	m	2.448	14.42	16.7	2.28	6

续表

序号	材料名称	单位	数量	定额价	市场价	调整额	价差合计
3	镀锌钢管 DN150	m	0.612	71.36	65.1	－6.26	－4
	合计						146

【本章小结】

本章结合建筑工程中常用的消防工程分别讲解了建筑工程消火栓系统、喷淋系统、防排烟系统等相关内容及定额的使用。在使用定额时需要特别说明，在弱电工程中虽然有些子目套用了第十二册《建筑智能仪系统化设备工程》定额，但仍可按第七册《消防设备安装工程》规定的系数及计价方法计取。

第10章 除锈、刷油、绝热工程

【学习目标】

通过本章学习，熟悉《内蒙古自治区安装工程预算定额》第十一册《刷油、防腐蚀、绝热工程》的内容，掌握除锈、刷油、绝热等项目工程量的计算规则及预算书的编制。

【学习要求】

能力目标	知识点梳理与归纳
了解掌握各类管道、设备、支架等的除锈刷油的计算	根据相关的计价规则完成各类管道、设备、支架等的除锈刷油计算与定额的使用
了解掌握安装工程中各类管道、设备、支架等的保温计算	根据相关的计价规则完成各类管道、设备、支架等的保温计算与定额的使用
了解掌握安装工程中各类管道、设备、支架等的绝热计算	根据相关的计价规则完成各类管道、设备、支架等的绝热计算与定额的使用

由于本册定额内容较多，本章将针对最常用的除锈工程、刷油工程和绝热工程三部分的工程量计算进行讲解。

10.1 除锈工程

10.1.1 除锈方法和除锈等级

（1）除锈方法有手工除锈、动力工具除锈、喷射除锈、化学除锈四类。

（2）除锈等级划分见表10-1。

表10-1 除锈等级划分

类别	等级	划分标准
手工除锈动力工具除锈	轻锈	部分氧化皮开始破裂脱落、红锈开始产生
	中锈	部分氧化皮开始破裂脱落，呈粉末状，除锈后能用肉眼看到腐蚀的小凹点
	重锈	大部分氧化皮脱落，呈片状锈层或凸起的锈斑，除锈后会出现锈蚀的麻坑或麻面

续表

类别	等级	划分标准
喷射除锈	一级（Sa3）	除净金属表面上的油脂、氧化皮、锈蚀产物等一切杂物，呈现均一的金属本色，并有一定的粗糙度
	二级（Sa2.5）	完全除去金属表面上的油脂、氧化皮、锈蚀产物等一切杂物，可见的阴影条纹、斑痕等残留物不得超过单位面积的5%
	三级（Sa2）	除去金属表面上的油脂、锈皮、松疏的氧化皮、浮锈等杂物，允许有紧附的氧化皮

（3）说明。

①除微锈时按轻锈定额乘以系数0.2，因施工需要发生的二次除锈可以另行计算。

②喷砂除锈按Sa2.5级标准确定。若变更级别标准，如按Sa3级则人工、材料、机械乘以系数1.1，按Sa2级或Sa1级则人工、材料、机械乘以系数0.9。

10.1.2　除锈工程量计算

管道、设备除锈按锈蚀等级分档，以除锈面积“m^2”为计量单位计算。

（1）钢管除锈工程量按管道表面展开面积计算工程量。

①公式法计算，即

$$S=\pi\times D\times L$$

式中：D——管道直径；

L——管道延长米。

②查表法计算。查第十一册《刷油、防腐蚀、绝热工程》附录二的无缝钢管绝热、刷油工程量计算表，可以直接得到管道除锈（刷油）工程量。

（2）设备除锈按设备展开面积计算。

（3）金属结构除锈。用手工和喷射除锈时，按质量“100 kg”计算。用动力工具和化学除锈时，按“10 m^2”计算（金属结构100 kg折成5.8 m^2面积，然后套取相应定额）。

（4）铸铁管除锈工程量。

①按下面公式计算，即

$$S=L\times\pi\times D+S_1$$

式中：S_1——承口展开面积。

②简化计算。在实际工作中，习惯上是将焊接钢管表面积乘以系数1.2，即为铸铁管表面积（包括承口部分），即

$$S=L\times a\times 1.2$$

式中：L——铸铁管延长米；

a——与铸铁管直径相同的焊接钢管表面积(m^2)。

③查表计算法。常用排水铸铁管除锈(刷油)表面积见表10-2。

表10-2 常用排水铸铁管除锈(刷油)表面积

公称直径(mm)	表面积(m^2/100 m)	公称直径(mm)	表面积(m^2/100 m)
15	26.70	200	66.6
100	34.56	250	82.9
150	50.9	300	101.8

(5) 散热器除锈工程量按散热器片散热面积计算。常用铸铁散热器面积见表10-3。

表10-3 常用铸铁散热器面积

铸铁散热器	表面积(m^2/片)	铸铁散热器	表面积(m^2/片)	铸铁散热器	表面积(m^2/片)
长翼型(大60)	1.2	圆翼型(D50)	1.5	四柱760	0.24
长翼型(小60)	0.9	二柱	0.24	四柱640	0.20
圆翼型(D80)	1.8	四柱813	0.28	M132	0.24

10.2 刷油工程

10.2.1 定额项目及使用说明

本定额适用于管道、设备、通风风管、金属结构等金属表面以及玻璃布、石棉布、玛蹄脂面、抹灰面等涂(喷)油漆工程和埋地管道综合刷油。

使用时应注意,本定额是按照安装地点就地涂(喷)漆考虑的。如果安装前集中刷油,定额人工应乘以系数0.7(散热器除外)。

10.2.2 刷油工程量计算

(1) 不保温管道表面刷油。

不保温管道刷油按表面积以m^2计算。计算方法同除锈工程。

(2) 管道保温层外布面(玻璃布、石棉布、玛蹄脂面等)刷油,即保温层外的防潮和保护层面积。

①公式法。根据保温层厚度形成的表面积计算刷油工程量,公式为

$$S=L\times\pi\times(D+2.1\delta+0.0082)$$

式中:L——管道长度(m);

D——管道外径(m);

δ——保温厚度(mm);

2.1——调整系数；

0.0082——捆扎线直径或带厚与防潮层厚度(m)之和。

②查表计算法。按照保温厚度，查第十一册《刷油、防腐蚀、绝热工程》附录二的无缝钢管绝热、刷油工程量计算表，可以直接得到管道除锈(刷油)工程量。

(3) 设备封头刷油，即保温层外的防潮和保护层面积，如图10-1所示，公式为

$$S=[(D+2.1\delta)/2]^2\times\pi\times1.5\times N$$

式中：D——管道外径(mm)；

δ——保温厚度(mm)；

N——封头个数(个)。

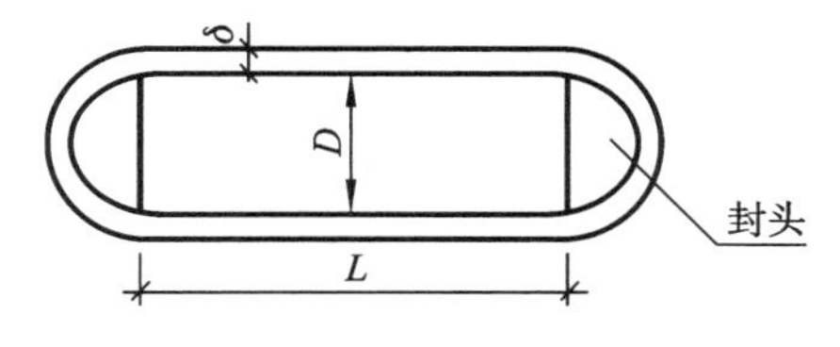

图10-1　设备封头

(4) 阀门刷油，即保温层外的防潮层和保护层面积，如图10-2所示，公式为

$$S=\pi\times(D+2.1\delta)\times2.5D\times1.05\times N$$

式中：N——封头个数(个)。

(5) 法兰刷油，即保温层外的防潮和保护层面积，如图10-3所示，公式为

$$S=\pi\times(D+2.1\delta)\times1.5D\times1.05\times N$$

式中：N——法兰个数(副)。

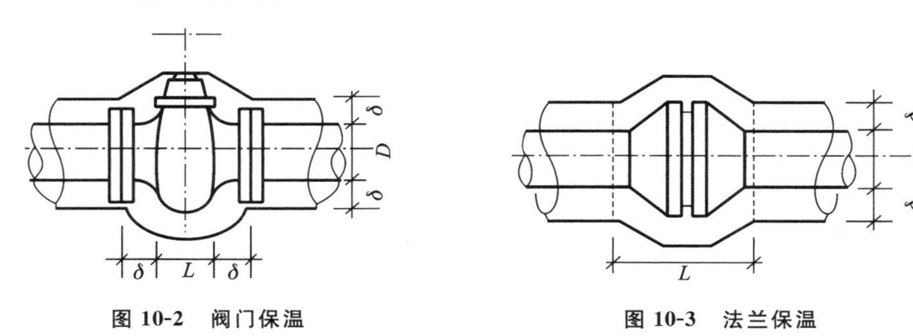

图10-2　阀门保温　　　图10-3　法兰保温

(6) 油罐拱顶刷油，即保温层外的防潮和保护层面积，公式为

$$S=2\pi r\times(h+1.05\delta)$$

式中：r——油罐拱顶球面半径(m)；

h——灌顶拱高(m)。

(7) 散热器刷油计算同散热器除锈。

(8) 矩形通风管道刷油，即保温层外的防潮和保护层面积，公式为

$$S=[2(a+b)+8(1.05\delta+0.0041)]\times L$$

式中：a——风管长边尺寸(m)；

b——风管短边尺寸(m)；

L——风管长度(m)；

δ——保温厚度(mm)；

1.05——调整系数。

10.3 绝热工程

绝热工程量计算如下。

(1) 设备筒体或管道绝热层。

①公式法，即

$$V=\pi\times(D+1.033\delta)\times1.033\delta\times L$$

式中：D——设备筒体或管道直径(m)；

δ——绝热层厚度(m)；

1.033——调整系数；

L——设备筒体或管道长度(m)。

②查表计算法。按照保温厚度，查第十一册《刷油、防腐蚀、绝热工程》附录二的无缝钢管绝热、刷油工程量计算表，可以直接得到管道除锈(刷油)工程量。

(2) 设备封头绝热保温。

计算公式为 $V=[(D+1.033\delta)/2]^2\times\pi\times1.033\delta\times1.5\times N$

(3) 阀门绝热保温。

计算公式为 $V=\pi\times(D+1.033\delta)\times2.5\times D\times1.033\delta\times1.5\times N$

(4) 法兰绝热保温。

计算公式为 $V=\pi\times(D+1.033\delta)\times1.5\times D\times1.033\delta\times1.5\times N$

(5) 油罐拱顶绝热层。

计算公式为 $V=2\pi r\times(h+0.5165\delta)\times1.033\delta$

(6) 矩形通风管道绝热层。

计算公式为 $V=[2(a+b)\times1.033\delta+4(1.033\delta)^2]\times L$

【本章小结】

本章根据《内蒙古自治区安装工程预算定额》第十一册《刷油、防腐蚀、绝热工程》的内容讲解了除锈工程、刷油工程、绝热工程的计算与定额使用的问题。这些内容也是本章学习的重点，本章的教学目标是使学生具备采用定额计价的方法编制刷油、绝热工程施工图预算的能力。

第 11 章　安装工程分部分项工程量清单计价案例

11.1　给排水工程工程量清单计价

以本书第二篇第 5 章案例为基础，编制了本工程量清单内容，根据内蒙古自治区 2009 届定额及内建工[2016]136 号营改增文件进行清单编制。本清单共分为单位控制价汇总表、分部分项工程项目清单与计价表、措施项目清单与计价表、规费税金项目计价表、主要材料价格表、分部分项工程量清单费用组成分析表等部分，详细内容见表 11-1 至表 11-6。

表 11-1　单位工程控制价汇总表

序号	项 目 名 称	金额(元)	其中:暂估价(元)
1	分部分项工程量清单项目费	98257	
2	措施项目清单费		
2.1	其中:安全文明施工费	238	
3	其他项目清单费		
3.1	暂列金额		
3.2	专业工程暂估价		
3.3	计日工		
3.4	总包服务费		
4	小计	98257	
5	规费	4097	
5.1	其中:养老失业保险	2456	
5.2	基本医疗保险	688	
5.3	住房公积金	688	
5.4	工伤保险	98	
5.6	生育保险	69	
5.7	水利建设基金	98	
6	合计	102354	
7	税金	11259	
8	含税工程造价(小写)	113613	
9	含税工程造价合计	113613	

表 11-2　分部分项工程项目清单与计价表

序号	项目编码	项目名称	项目特征	单位	工程量	金额(元)		
						综合单价	合价	其中：暂估价
		分部分项工程					98257	
		给排水工程					98257	
1	030801001001	镀锌钢管DN15	安装部位：室内 输送介质：(给)水 材质：镀锌 型号、规格：DN15 连接方式：螺纹 套管形式、材质、规格：焊接钢管 管道冲洗 刷两道红丹防锈漆、两道银粉漆	m	109.3	23.51	2570	
2	031201001001	管道刷油	刷两道红丹防锈漆 面层刷两道银粉漆	m^2(m)				
3	030801001002	镀锌钢管DN20	安装部位：室内 输送介质：(给)水 材质：镀锌 型号、规格：DN20 连接方式：螺纹 套管形式、材质、规格：焊接钢管 管道冲洗 刷两道红丹防锈漆、两道银粉漆	m	12.9	24.19	312	
4	031201001002	管道刷油	刷两道红丹防锈漆 面层刷两道银粉漆	m^2(m)	1.7	12.94	22	

续表

序号	项目编码	项目名称	项目特征	单位	工程量	金额(元)		
						综合单价	合价	其中：暂估价
5	030801001003	镀锌钢管DN25	安装部位：室内 输送介质：(给)水 材质：镀锌 型号、规格：DN25 连接方式：螺纹 套管形式、材质、规格：镀锌铁皮 DN25 管道冲洗 刷两道红丹防锈漆、两道银粉漆	m	3.6	86.39	311	
6	031201001003	管道刷油	刷两道红丹防锈漆 面层刷两道银粉漆	m^2(m)	0.7	11.43	8	
7	030801001004	镀锌钢管DN32	安装部位：室内 输送介质：(给)水 材质：镀锌 型号、规格：DN32 连接方式：螺纹 套管形式、材质、规格：焊接钢管 DN327 管道冲洗 刷两道红丹防锈漆、两道银粉漆 管道保温泡沫玻璃瓦块安装　厚度 40 mm 玻璃丝布保护层	m	3.6	87.5	315	
8	031201001004	管道刷油	刷两道红丹防锈漆 面层刷两道银粉漆	m^2(m)	1	12	12	
9	031208002001	管道绝热	绝热材料品种：岩棉保温 绝热厚度：50 mm	m^3	0.4	2352.5	941	
10	031208007001	防潮层、保护层	材料：玻璃丝布 层数：两层	m^2(kg)	1.5	4.67	7	

续表

序号	项目编码	项目名称	项目特征	单位	工程量	金额(元)		
						综合单价	合价	其中：暂估价
11	030801001005	镀锌钢管DN40	安装部位：室内 输送介质：(给)水 材质：镀锌 型号、规格：DN40 连接方式：螺纹 套管形式、材质、规格：焊接钢管DN40 管道冲洗 刷两道红丹防锈漆、两道银粉漆	m	9.3	38.5	358	
12	031002003001	套管	名称、类型：套管 材质：钢制 规格：DN40	个	36	13.17	474	
13	031201001005	管道刷油	刷两道红丹防锈漆 面层刷两道银粉漆	m^2(m)	1.7	12.94	22	
14	030801003001	承插铸铁管DN50	安装部位：室内 输送介质：(排)水 材质：铸铁管 型号、规格：DN50 连接方式：承插链接 穿楼板套管：DN50 管道冲洗	m	13.44	65.55	881	
15	031002003002	套管	名称、类型：套管 材质：钢制 规格：DN50	个	18	15.72	283	
16	030801003002	承插铸铁管DN75	安装部位：室内 输送介质：(排)水 材质：铸铁管 型号、规格：DN75 连接方式：承插链接 管道冲洗 刷两道沥青漆	m	18.18	97.09	1765	
17	031201001006	管道刷油	刷两道沥青漆	m^2(m)	5.4	10	54	

续表

序号	项目编码	项目名称	项目特征	单位	工程量	金额(元)		
						综合单价	合价	其中：暂估价
18	030801003003	承插铸铁管DN100	安装部位:室内 输送介质:(排)水 材质:铸铁管 型号、规格:DN100 连接方式:承插链接 管道冲洗 刷两道沥青漆	m	2.7	148.89	402	
19	031201001007	管道刷油	刷两道沥青漆	m^2(m)	0.3	10	3	
20	030801003004	承插铸铁管DN150	安装部位:室内 输送介质:(排)水 材质:铸铁管 型号、规格:DN150 连接方式:承插链接 管道冲洗 刷两道沥青漆	m	15.03	208.18	3129	
21	031201001008	管道刷油	刷两道沥青漆	m^2(m)	1.5	10	15	
22	030802001001	管道支架制作安装	形式:管道支架 角钢制作 除锈、刷油设计要求:手工除锈,刷两道红丹防锈漆、两道银粉漆	kg	63	15.84	998	
23	031201003001	金属结构刷油	刷两道防锈漆 刷两道红丹漆 除轻锈	kg	4	1.25	5	
24	030803001001	螺纹阀门	类型:闸阀 材质:铜质 型号、规格:DN40	个	12	186.08	2233	
25	030803010001	水表	材质:铸铁 型号、规格:DN15 连接方式:螺纹	组	60	81.47	4888	
26	030804002001	搪瓷浴盆安装冷热水带喷头	材质:搪瓷 组装形式:成套	组	30	1243.4	37302	

续表

序号	项目编码	项目名称	项目特征	单位	工程量	金额(元)		
						综合单价	合价	其中:暂估价
27	030804003001	洗脸盆	材质:陶瓷 组装方式:成套	组	30	432.47	12974	
28	030804012001	大便器	材质:陶瓷 组装方式:成套	套	30	838.53	25156	
29	030804016001	水龙头	材质:铜质 型号、规格:DN15	个	30	21.4	642	
30	030804017001	地漏	材质:不锈钢 型号、规格:DN50	个	30	36.93	1108	
31	030804018001	地面扫除口	材质:铸铁 型号、规格:DN50	个	30	35.57	1067	
		合计					98257.00	

表 11-3　措施项目清单与计价表

序号	项目编码	项目名称	计算基础	费率(%)	金额(元)
1	011707001	安全文明施工费	直接工程费中:(人工+机械×综扣系数+商折与沥青混凝土折)×费率+管理费及利润	2.1	238
2	011707009	临时设施费	直接工程费中:(人工+机械×综扣系数+商折与沥青混凝土折)×费率+管理费及利润	4.5	352
3	011707005	雨季施工增加费	直接工程费中:(人工+机械×综扣系数+商折与沥青混凝土折)×费率+管理费及利润	0.3	26
4	011707007	已完、未完工程保护费	直接工程费中:(人工+机械×综扣系数+商折与沥青混凝土折)×费率+管理费及利润	0.5	44
5	011707012	远程视频监控增加费	直接工程费中:(人工+机械×综扣系数+商折与沥青混凝土折)×费率+管理费及利润	0.82	72
6	011707013	扬尘治理增加费	直接工程费中:(人工+机械×综扣系数+商折与沥青混凝土折×费率+管理费及利润	1.15	101
		通用措施项目费合计	捌佰叁拾叁元整		833

表 11-4　规费、税金项目计价表

序号	项目名称	计算基础	计算基数	费率(%)	金额(元)
1	规费	分部分项工程费＋措施项目费＋其他项目费		4.17	4097
1.1	其中:养老失业保险	分部分项工程费＋措施项目费＋其他项目费		2.5	2456
1.2	基本医疗保险	分部分项工程费＋措施项目费＋其他项目费		0.7	688
1.3	住房公积金	分部分项工程费＋措施项目费＋其他项目费		0.7	688
1.4	工伤保险	分部分项工程费＋措施项目费＋其他项目费		0.1	98
1.6	生育保险	分部分项工程费＋措施项目费＋其他项目费		0.07	69
1.7	水利建设基金	分部分项工程费＋措施项目费＋其他项目费		0.1	98
2	税金	分部分项工程费＋措施项目费＋其他项目费＋规费		11	11259
	合计	壹万伍仟叁佰伍拾陆元整			15356

表 11-5　主要价格表

序号	材料编码	材料名称	规格、型号等特殊要求	单位	数量	单价(元)	合价(元)
	* cl	材料价差(小计)					
1	bb0081	水嘴 DN15		个	30.3	21.84	662
2	bb0260	浴盆混合水嘴带喷头		套	30.3	290	8787
3	bb1250	洗脸盆		个	30.3	280	8484

续表

序号	材料编码	材料名称	规格、型号等特殊要求	单位	数量	单价(元)	合价(元)
4	bb3420	连体坐便器(包括配件)		套	30.3	890	26967
5	bb3471	地面扫除口 DN50		个	30	34	1020
6	ea0021	镀锌钢管 DN15		m	144.49	6.7	968
7	ea0031	镀锌钢管 DN20		m	22.16	7.45	165
8	ea0041	镀锌钢管 DN25		m	3.67	10.99	40
9	ea0051	镀锌钢管 DN32		m	3.67	15.67	58
10	ea0061	镀锌钢管 DN40		m	9.49	15.67	149
11	ea0071	镀锌钢管 DN50		m	3.67	19.87	73
12	ea0072	镀锌钢管 DN65		m	7.34	25.99	191
13	ea0091	镀锌钢管 DN80		m	3.67	33.97	125
14	ea0191	焊接钢管 DN50		m	6	16.78	101
15	ec0012	承插铸铁排水管 DN50		m	11.83	42	497
16	ec0022	承插铸铁排水管 DN75		m	16.91	58	981
17	ec0032	承插铸铁排水管 DN100		m	2.4	89	214
18	ec0042	承插铸铁排水管 DN150		m	14.43	158	2280
	* zc	主材价差(小计)					
19	wc0765	DN40 闸阀		个	12.12	180	2182
20	wc1000	搪瓷浴盆		个	30	980	29400
21	wc8915	泡沫玻璃瓦块		m^3	0.46	1200	552

表 11-6 分部分项工程量清单费用组成分析

序号	项目编码	项目名称	单位	工程量	费用组成(元)							综合单价
					人工费	材料费	机械费	管理费	利润	人工费调整	合计	
		分部分项工程			6728.22	84217.29	192.3	1245.73	1211.08	3783	97274	6083.49
		给排水工程			6728.22	84217.29	192.3	1245.73	1211.08	3783	97274	6083.49
	030801001001	镀锌钢管 DN15	m	109.3	839.55	951.32		151.11	146.92	470	2559	23.41
1	a8-98	室内镀锌钢管(螺纹连接)安装 公称直径 15 mm 以内	m	109.3	816.36	924.29		146.94	142.86	457		
2	a8-279	管道消毒、冲洗 公称直径 50 mm 以内	m	109.3	23.19	27.03		4.17	4.06	13		
	031201001001	管道刷油	m^2		38.4	33.95		6.92	6.72	20		
3	a11-51	管道刷红丹防锈漆 第一遍	m^2	8.7	9.6	11.07		1.73	1.68	5		
4	a11-52	管道刷红丹防锈漆 第二遍	m^2	8.7	9.6	9.8		1.73	1.68	5		
5	a11-53	管道刷防锈漆 第一遍	m^2	8.7	9.6	7.01		1.73	1.68	5		
6	a11-54	管道刷防锈漆 第二遍	m^2	8.7	9.6	6.07		1.73	1.68	5		
	030801001002	镀锌钢管 DN20	m	12.9	99.09	121.53		17.83	17.34	56	311	24.11
7	a8-99	室内镀锌钢管(螺纹连接)安装 公称直径 20 mm 以内	m	12.9	96.35	118.34		17.34	16.86	54		
8	a8-279	管道消毒、冲洗 公称直径 50 mm 以内	m	12.9	2.74	3.19		0.49	0.48	2		
	031201001002	管道刷油	m^2	1.7	7.52	6.64		1.36	1.32	4	22	12.94

续表

序号	项目编码	项目名称	单位	工程量	费用组成(元)							综合单价
					人工费	材料费	机械费	管理费	利润	人工费调整	合计	
9	a11-51	管道刷红丹防锈漆　第一遍	m^2	1.7	1.88	2.16		0.34	0.33	1		
10	a11-52	管道刷红丹防锈漆　第二遍	m^2	1.7	1.88	1.92		0.34	0.33	1		
11	a11-53	管道刷防锈漆　第一遍	m^2	1.7	1.88	1.37		0.34	0.33	1		
12	a11-54	管道刷防锈漆　第二遍	m^2	1.7	1.88	1.19		0.34	0.33	1		
	030801001003	镀锌钢管 DN25	m	3.6	108.07	102.12	0.43	19.53	18.99	60	309	85.83
13	a8-100	室内镀锌钢管(螺纹连接)安装　公称直径 25 mm 以内	m	3.6	32.31	46.53	0.43	5.89	5.73	18		
14	a8-176	镀锌铁皮套管制作　公称直径 25 mm 以内	个	60	75	54.7		13.5	13.13	42		
15	a8-279	管道消毒、冲洗　公称直径 50 mm 以内	m	3.6	0.76	0.89		0.14	0.13			
	031201001003	管道刷油	m^2	0.7	3.08	2.74		0.56	0.52		8	11.43
16	a11-51	管道刷红丹防锈漆　第一遍	m^2	0.7	0.77	0.89		0.14	0.13			
17	a11-52	管道刷红丹防锈漆　第二遍	m^2	0.7	0.77	0.79		0.14	0.13			
18	a11-53	管道刷防锈漆　第一遍	m^2	0.7	0.77	0.57		0.14	0.13			
19	a11-54	管道刷防锈漆　第二遍	m^2	0.7	0.77	0.49		0.14	0.13			
	030801001004	镀锌钢管 DN32	m	3.6	82.32	143.85	8.42	16.33	15.88	46	313	86.94

续表

序号	项目编码	项目名称	单位	工程量	费用组成(元)							综合单价
					人工费	材料费	机械费	管理费	利润	人工费调整	合计	
20	a8-101	室内镀锌钢管(螺纹连接)安装　公称直径 32 mm 以内	m	3.6	32.31	63.49	0.43	5.89	5.73	18		
21	a8-198	室内穿楼板钢套管制作安装　公称直径 32 mm 以内	个	18	49.25	79.47	7.99	10.3	10.02	28		
22	a8-279	管道消毒、冲洗　公称直径 50 mm 以内	m	3.6	0.76	0.89		0.14	0.13			
	031201001004	管道刷油	m^2	1	4.4	3.91		0.8	0.76	4	12	12
23	a11-51	管道刷红丹防锈漆　第一遍	m^2	1	1.1	1.27		0.2	0.19	1		
24	a11-52	管道刷红丹防锈漆　第二遍	m^2	1	1.1	1.13		0.2	0.19	1		
25	a11-53	管道刷防锈漆　第一遍	m^2	1	1.1	0.81		0.2	0.19	1		
26	a11-54	管道刷防锈漆　第二遍	m^2	1	1.1	0.7		0.2	0.19	1		
	031208002001	管道绝热	m^3	0.4	184.26	575.65	3.07	33.72	32.78	104	934	2335
27	a11-1754	管道(Φ57 mm 以下)(绝热)泡沫玻璃瓦块安装　厚度 40 mm	m^3	0.4	184.26	575.65	3.07	33.72	32.78	104		
	031208007001	防潮层、保护层	m^2	1.5	2.88	1.82		0.52	0.5	2	7	4.67
28	a11-2234	管道玻璃布防潮层、保护层安装	m^2	1.5	2.88	1.82		0.52	0.5	2		

续表

序号	项目编码	项目名称	单位	工程量	费用组成(元)							综合单价
					人工费	材料费	机械费	管理费	利润	人工费调整	合计	
	030801001005	镀锌钢管 DN40	m	9.3	101.39	160.89	1.09	18.44	17.93	57	356	38.28
29	a8-102	室内镀锌钢管(螺纹连接)安装 公称直径 40 mm 以内	m	9.3	99.42	158.59	1.09	18.09	17.59	56		
30	a8-279	管道消毒、冲洗 公称直径 50 mm 以内	m	9.3	1.97	2.3		0.35	0.34	1		
	031002003001	套管	个	36	117.5	224.61	15.98	24.03	23.36	66	471	13.08
31	a8-199	室内穿楼板钢套管制作安装 公称直径 40 mm 以内	个	36	117.5	224.61	15.98	24.03	23.36	66		
	031201001005	管道刷油	m^2	1.7	7.52	6.64		1.36	1.32	4	22	12.94
32	a11-51	管道刷红丹防锈漆 第一遍	m^2	1.7	1.88	2.16		0.34	0.33	1		
33	a11-52	管道刷红丹防锈漆 第二遍	m^2	1.7	1.88	1.92		0.34	0.33	1		
34	a11-53	管道刷防锈漆 第一遍	m^2	1.7	1.88	1.37		0.34	0.33	1		
35	a11-54	管道刷防锈漆 第二遍	m^2	1.7	1.88	1.19		0.34	0.33	1		
	030801003001	承插铸铁管 DN50	m	13.44	125.68	632.33		22.62	22	71	873	64.96
36	a8-155	室内承插铸铁排水管(水泥接口)安装 公称直径 50 mm 以内	m	13.44	122.83	629		22.11	21.5	69		

续表

序号	项目编码	项目名称	单位	工程量	费用组成(元)							综合单价
					人工费	材料费	机械费	管理费	利润	人工费调整	合计	
37	a8-279	管道消毒、冲洗　公称直径 50 mm 以内	m	13.44	2.85	3.33		0.51	0.5	2		
	031002003002	套管	个	18	66.87	142.65	7.99	13.47	13.1	37	282	15.67
38	a8-200	室内穿楼板钢套管制作安装　公称直径 50 mm 以内	个	18	66.87	142.65	7.99	13.47	13.1	37		
	030801003002	承插铸铁管 DN75	m	18.18	202.64	1361.29		36.47	35.47	113	1749	96.21
39	a8-156	室内承插铸铁排水管(水泥接口)安装　公称直径 75 mm 以内	m	18.18	198.78	1356.79		35.78	34.79	111		
40	a8-279	管道消毒、冲洗　公称直径 50 mm 以内	m	18.18	3.86	4.5		0.69	0.68	2		
	031201001006	管道刷油	m^2	5.4	15.65	23.79		2.82	2.74	8	53	9.82
41	a11-202	铸铁管、散热器刷沥青漆　第一遍	m^2	5.4	7.93	12.26		1.43	1.39	4		
42	a11-203	铸铁管、散热器刷沥青漆　第二遍	m^2	5.4	7.72	11.53		1.39	1.35	4		
	030801003003	承插铸铁管 DN100	m	2.7	38.87	323.23		7	6.8	21	398	147.41

续表

序号	项目编码	项目名称	单位	工程量	费用组成(元)							综合单价
					人工费	材料费	机械费	管理费	利润	人工费调整	合计	
43	a8-157	室内承插铸铁排水管(水泥接口)安装　公称直径 100 mm 以内	m	2.7	38.12	322.16		6.86	6.67	21		
44	a8-280	管道消毒、冲洗　公称直径 100 mm 以内	m	2.7	0.75	1.07		0.14	0.13			
	031201001007	管道刷油	m^2	0.3	0.87	1.33		0.16	0.16		3	10
45	a11-202	铸铁管、散热器刷沥青漆　第一遍	m^2	0.3	0.44	0.68		0.08	0.08			
46	a11-203	铸铁管、散热器刷沥青漆　第二遍	m^2	0.3	0.43	0.65		0.08	0.08			
	030801003004	承插铸铁管 DN150	m	15.03	230.31	2656.33		41.46	40.3	129	3097	206.06
47	a8-158	室内承插铸铁排水管(水泥接口)安装　公称直径 150 mm 以内	m	15.03	225.09	2639.98		40.52	39.39	126		
48	a8-281	管道消毒、冲洗　公称直径 200 mm 以内	m	15.03	5.22	16.35		0.94	0.91	3		
	031201001008	管道刷油	m^2	1.5	4.35	6.62		0.79	0.77	2	15	10
49	a11-202	铸铁管、散热器刷沥青漆　第一遍	m^2	1.5	2.2	3.41		0.4	0.39	1		

续表

序号	项目编码	项目名称	单位	工程量	费用组成（元）							综合单价
					人工费	材料费	机械费	管理费	利润	人工费调整	合计	
50	a11-203	铸铁管、散热器刷沥青漆　第二遍	m^2	1.5	2.15	3.21		0.39	0.38	1		
	030802001001	管道支架制作安装	kg	63	260.64	267.1	154.6	74.74	72.67	166	995	15.79
51	a8-215	室内管道支架制作安装	kg	63	260.64	267.1	154.6	74.74	72.67	166		
	031201003001	金属结构刷油	kg	4	1.51	0.88	0.72	0.42	0.37		5	1.25
52	a11-7	手工除一般钢结构轻锈	kg	4	0.55	0.07	0.2	0.14	0.13			
53	a11-117	一般钢结构刷红丹防锈漆　第一遍	kg	4	0.24	0.27	0.13	0.07	0.06			
54	a11-118	一般钢结构刷红丹防锈漆　第二遍	kg	4	0.24	0.23	0.13	0.07	0.06			
55	a11-119	一般钢结构刷防锈漆　第一遍	kg	4	0.24	0.16	0.13	0.07	0.06			
56	a11-120	一般钢结构刷防锈漆　第二遍	kg	4	0.24	0.15	0.13	0.07	0.06			
	030803001001	螺纹阀门	个	12	129.6	1961.94		23.33	22.68	73	2210	184.17
57	a8-294	螺纹阀门安装　公称直径 40 mm 以内	个	12	129.6	1961.94		23.33	22.68	73		
	030803010001	水表	组	60	740.4	3429.85		133.27	129.57	415	4848	80.8

续表

序号	项目编码	项目名称	单位	工程量	费用组成(元)							综合单价
					人工费	材料费	机械费	管理费	利润	人工费调整	合计	
58	a8-1002	(塑料管件粘接)螺纹水表(不带旁通管及止回阀)安装 公称直径 15 mm 以内	组	60	740.4	3429.85		133.27	129.57	415		
	030804002001	搪瓷浴盆安装 冷热水带喷头	组	30	1364.82	34289.41		245.67	238.84	764	36903	1230.1
59	a8-456	搪瓷浴盆安装 冷热水带喷头	组	30	1364.82	34289.41		245.67	238.84	764		
	030804003001	洗脸盆	组	30	796.89	11316.78		143.44	139.46	446	12843	428.1
60	a8-467	洗脸盆安装 钢管组成 冷热水	组	30	796.89	11316.78		143.44	139.46	446		
	030804012001	大便器	套	30	831.18	23293.56		149.61	145.46	465	24885	829.5
61	a8-500	坐式大便器安装 连体水箱	套	30	831.18	23293.56		149.61	145.46	465		
	030804016001	水龙头	个	30	34.26	570		6.17	6	19	636	21.2
62	a8-523	普通水嘴安装 公称直径 15 mm 以内	个	30	34.26	570		6.17	6	19		
	030804017001	地漏	个	30	195.84	724.13		35.25	34.27	110	1099	36.63
63	a8-535	地漏安装 50	个	30	195.84	724.13		35.25	34.27	110		
	030804018001	地面扫除口	个	30	91.86	880.4		16.53	16.08	51	1056	35.2
64	a8-540	地面扫除口安装 50	个	30	91.86	880.4		16.53	16.08	51		

11.2　采暖工程工程量清单计价

以本书第二篇第 6 章案例为基础，编制了本工程量清单内容，依据内蒙古自治区 2009 届定额及内建工[2016]136 号营改增文件进行本清单编制。本清单共分为单位控制价汇总表、分部分项工程项目清单与计价表、措施项目清单与计价表、规费税金项目计价表、主要材料价格表、分部分项工程量清单费用组成分析表等部分，详细内容见表 11-7 至表 11-12。

表 11-7　单位控制价汇总表

序号	项目名称	金额(元)	其中:暂估价(元)
1	分部分项工程量清单项目费	33031	
2	措施项目清单费	1303	
2.1	其中:安全文明施工费	210	
3	其他项目清单费		
3.1	暂列金额		
3.2	专业工程暂估价		
3.3	计日工		
3.4	总包服务费		
4	小计	34334	
5	规费	1430	
5.1	其中:养老失业保险	858	
5.2	基本医疗保险	240	
5.3	住房公积金	240	
5.4	工伤保险	34	
5.6	生育保险	24	
5.7	水利建设基金	34	
6	合计	35764	
7	税金	3934	
8	含税工程造价(小写)	39698	
9	含税工程造价合计	39698	

表 11-8　分部分项工程项目清单与计价表

序号	项目编码	项目名称	项目特征	单位	工程量	金额(元)		
						综合单价	合价	其中：暂估价
		分部分项工程					33031	
		采暖工程					33031	
1	031001002001	钢管 DN50	安装部位:室内 介质:热水 规格、压力等级:1.0 MPa 连接形式:焊接 管道冲洗	m	65.43	48.89	3199	
2	031001002002	钢管 DN40	安装部位:室内 介质:热水 规格、压力等级:1.0 MPa 连接形式:焊接 管道冲洗	m	39.18	41.27	1617	
3	031001002003	钢管 DN32	安装部位:室内 介质:热水 规格、压力等级:1.0 MPa 连接形式:焊接 管道冲洗	m	18.06	31.23	564	
4	031001002004	钢管 DN25	安装部位:室内 介质:热水 规格、压力等级:1.0 MPa 连接形式:焊接 压力试验及吹、洗设计要求	m	81.85	29.63	2425	
5	031001002005	钢管 DN20	安装部位:室内 介质:热水 规格、压力等级:1.0 MPa 连接形式:焊接 压力试验及吹、洗设计要求	m	146.61	23.46	3440	

续表

序号	项目编码	项目名称	项目特征	单位	工程量	金额(元)		
						综合单价	合价	其中：暂估价
6	031002001001	管道支架	材质：型钢 管架形式：托架	kg	81.63	16.31	1331	
7	031201003001	金属结构刷油	刷两道防腐底漆 刷两道银粉漆 除轻锈	kg	138.48	1.16	161	
8	031003001001	螺纹阀门	类型：截止阀 材质：DN50 规格、压力等级：1.0 MPa 连接形式：螺纹	个	2	176	352	
9	031003001002	螺纹阀门	类型：截止阀 材质：DN25 规格、压力等级：1.0 MPa 连接形式：螺纹	个	18	53.5	963	
10	031003001003	螺纹阀门	类型：截止阀 材质：DN20 规格、压力等级：1.0 MPa 连接形式：螺纹	个	8	26.13	209	
11	031003001004	螺纹阀门	类型：自动排气阀 材质：DN20 规格、压力等级：1.0 MPa 连接形式：螺纹	个	1	78	78	
12	031003001005	螺纹阀门	类型：手动放气阀 材质：DN10 规格、压力等级：1.0 MPa 连接形式：螺纹	个	28	6.89	193	
13	031005002001	钢制散热器	结构形式：柱式散热器 型号、规格：4 柱 760 安装方式：组对	组(片)	392	34.17	13395	

续表

序号	项目编码	项目名称	项目特征	单位	工程量	金额(元)		
						综合单价	合价	其中：暂估价
14	031201004001	铸铁管、暖气片刷油	除轻锈 刷两道防锈漆 两道银粉漆	m^2	92.12	16.97	1563	
15	031201001001	管道刷油	除轻锈 刷两道防锈漆	m^2	41.78	8.62	360	
16	031201001002	管道刷油	除轻锈 两道银粉漆	m^2	30.38	6.06	184	
17	031208002001	管道绝热	绝热材料品种：玻璃管壳保温 绝热厚度：50 mm	m^3	1.2	1666.67	2000	
18	031208007001	防潮层、保护层	材料：玻璃丝布 层数：2 层	m^2	38.24	6.12	234	
19	031201001003	管道刷油	除轻锈 刷两道沥青漆	m^2(m)				
20	031002003001	套管	名称、类型：套管 材质：钢制 规格：DN50	个	2	163.5	327	
21	031002003002	套管	名称、类型：套管 材质：钢制 规格：DN50	个	2	16	32	
22	031002003003	套管	名称、类型：套管 材质：钢制 规格：DN50	个	18	7.72	139	
23	031002003004	套管	名称、类型：套管 材质：钢制 规格：DN50	个	30	6.43	193	
24	031002003005	套管	名称、类型：套管 材质：钢制 规格：DN50	个	4	15.25	61	
25	031002003006	套管	名称、类型：套管 材质：钢制 规格：DN50	个	1	11	11	
		合计					33031.00	

表 11-9　措施项目清单与计价表

序号	项目编码	项目名称	计算基础	费率（%）	金额（元）
1	011707001	安全文明施工费	直接工程费中:(人工＋机械×综扣系数＋商折与沥青混凝土折)×费率＋管理费及利润	2.1	210
2	011707009	临时设施费	直接工程费中:(人工＋机械×综扣系数＋商折与沥青混凝土折)×费率＋管理费及利润	4.5	312
3	011707005	雨季施工增加费	直接工程费中:(人工＋机械×综扣系数＋商折与沥青混凝土折)×费率＋管理费及利润	0.3	23
4	011707007	已完、未完工程保护费	直接工程费中:(人工＋机械×综扣系数＋商折与沥青混凝土折)×费率＋管理费及利润	0.5	39
5	011707012	远程视频监控增加费	直接工程费中:(人工＋机械×综扣系数＋商折与沥青混凝土折)×费率＋管理费及利润	0.82	65
6	011707013	扬尘治理增加费	直接工程费中:(人工＋机械×综扣系数＋商折与沥青混凝土折)×费率＋管理费及利润	1.15	90
		通用措施项目费合计	柒佰叁拾玖元整		739

表 11-10　规费税金项目计价表

序号	项目名称	计算基础	计算基数	费率（%）	金额（元）
1	规费	分部分项工程费＋措施项目费＋其他项目费		4.17	1430
1.1	其中:养老失业保险	分部分项工程费＋措施项目费＋其他项目费		2.5	858
1.2	基本医疗保险	分部分项工程费＋措施项目费＋其他项目费		0.7	240
1.3	住房公积金	分部分项工程费＋措施项目费＋其他项目费		0.7	240
1.4	工伤保险	分部分项工程费＋措施项目费＋其他项目费		0.1	34
1.5	生育保险	分部分项工程费＋措施项目费＋其他项目费		0.07	24
1.6	水利建设基金	分部分项工程费＋措施项目费＋其他项目费		0.1	34

续表

序号	项目名称	计算基础	计算基数	费率(%)	金额(元)
2	税金	分部分项工程费+措施项目费+其他项目费+规费		11	3934
	合计	伍仟叁佰陆拾肆元整			5364

表 11-11 主要材料价格表

序号	材料编码	材料名称	规格、型号等特殊要求	单位	数量	单价(元)	合价(元)
	* cl	材料价差(小计)					
1	ba0581	散热器(柱型) 足片 760		片	125.05	33	4127
2	ba0590	铸铁散热器 柱型 760		片	270.87	32	8668
3	da0011	型钢 综合		kg	86.53	3.8	329
4	da0026	扁钢 <-59		kg	1.8	3.8	7
5	da0994	普通钢板 0～3# δ10～15		kg	7.94	3.9	31
6	da1311	角钢∟ 60		kg	0.65	3.3	2
7	da1865	圆钢 Φ 8		kg	7.9	3.3	26
8	ea0051	镀锌钢管 DN32		m	6.12	10.8	66
9	ea0061	镀锌钢管 DN40		m	3.67	13.1	48
10	ea0071	镀锌钢管 DN50		m	0.31	19.22	6
11	ea0072	镀锌钢管 DN65		m	1.22	28	34
12	ea0091	镀锌钢管 DN80		m	0.41	35	14
13	ea0151	焊接钢管 DN20		m	149.54	6.32	945
14	ea0161	焊接钢管 DN25		m	83.49	8.8	735
15	ea0171	焊接钢管 DN32		m	18.42	9.67	178
16	ea0181	焊接钢管 DN40		m	39.96	18.11	724
17	ea0191	焊接钢管 DN50		m	66.74	25	1668
18	ga0430	手动放风阀 DN10		个	28.28	5	141
19	jb0771	黏结剂		kg	30	9	270
20	jb0791	玻璃丝布		m^2	53.54	2	107
	* zc	主材价差(小计)					
21	wc0762	截止阀 DN20		个	8.08	17	137
22	wc0763	截止阀 DN25		个	18.18	45	818
23	wc0766	截止阀 DN50		个	2.02	165	333
24	wc0910	泡沫塑料瓦块		m^3	1.24	1200	1483

表 11-12　分部分项工程量清单费用组成分析

序号	项目编码	项目名称	单位	工程量	费用组成(元)							综合单价
					人工费	材料费	机械费	管理费	利润	人工费调整	合计	
		分部分项工程			5923.66	21565.12	308.78	1121.87	1090.66	3350	33031	2490.97
		采暖工程			5923.66	21565.12	308.78	1121.87	1090.66	3350	33031	2490.97
	031001002001	钢管 DN50	m	65.43	729.29	1767.81	25.8	135.92	132.14	409	3199	48.89
1	a8-114	室内焊接钢管(螺纹连接)安装　公称直径 50 mm 以内	m	65.43	715.41	1751.44	25.8	133.42	129.71	401		
2	a8-279	管道消毒、冲洗　公称直径 50 mm 以内	m	65.43	13.88	16.37		2.5	2.43	8		
	031001002002	钢管 DN40	m	39.18	427.14	787.73	7.85	78.3	76.12	240	1617	41.27
3	a8-113	室内焊接钢管(螺纹连接)安装　公称直径 40 mm 以内	m	39.18	418.83	777.93	7.85	76.8	74.67	235		
4	a8-279	管道消毒、冲洗　公称直径 50 mm 以内	m	39.18	8.31	9.8		1.5	1.45	5		
	031001002003	钢管 DN32	m	18.06	165.94	243.54	2.12	30.25	29.41	93	564	31.23
5	a8-112	室内焊接钢管(螺纹连接)安装　公称直径 32 mm 以内	m	18.06	162.11	239.02	2.12	29.56	28.74	91		
6	a8-279	管道消毒、冲洗　公称直径 50 mm 以内	m	18.06	3.83	4.52		0.69	0.67	2		
	031001002004	钢管 DN25	m	81.85	752.06	971.27	9.61	137.1	133.29	421	2425	29.63

续表

序号	项目编码	项目名称	单位	工程量	费用组成(元)							综合单价
					人工费	材料费	机械费	管理费	利润	人工费调整	合计	
7	a8-111	室内焊接钢管(螺纹连接)安装 公称直径 25 mm 以内	m	81.85	734.69	950.79	9.61	133.97	130.25	411		
8	a8-279	管道消毒、冲洗 公称直径 50 mm 以内	m	81.85	17.37	20.48		3.13	3.04	10		
	031001002005	钢管 DN20	m	146.61	1126.14	1283.37		202.71	197.07	630	3440	23.46
9	a8-110	室内焊接钢管(螺纹连接)安装 公称直径 20 mm 以内	m	146.61	1095.03	1246.68		197.11	191.63	613		
10	a8-279	管道消毒、冲洗 公称直径 50 mm 以内	m	146.61	31.11	36.69		5.6	5.44	17		
	031002001001	管道支架	kg	81.63	337.71	387.74	200.32	96.85	94.16	214	1331	16.31
11	a8-215	室内管道支架制作安装	kg	81.63	337.71	387.74	200.32	96.85	94.16	214		
	031201003001	金属结构刷油	kg	138.48	52.16	25.1	25.26	13.95	13.54	31	161	1.16
12	a11-7	手工除一般钢结构轻锈	kg	138.46	19.2	2.29	6.9	4.7	4.57	11		
13	a11-119	一般钢结构刷防锈漆 第一遍	kg	138.46	8.17	5.76	4.59	2.3	2.23	5		
14	a11-120	一般钢结构刷防锈漆 第二遍	kg	138.46	8.17	5.12	4.59	2.3	2.23	5		
15	a11-122	一般钢结构刷银粉漆 第一遍	kg	138.46	8.45	6.14	4.59	2.35	2.28	5		
16	a11-123	一般钢结构刷银粉漆 第二遍	kg	138.46	8.17	5.79	4.59	2.3	2.23	5		
	031003001001	螺纹阀门	个	2	21.6	310.4		3.89	3.78	12	352	176

续表

序号	项目编码	项目名称	单位	工程量	费用组成(元)							综合单价
					人工费	材料费	机械费	管理费	利润	人工费调整	合计	
17	a8-295	螺纹阀门安装 公称直径 50 mm 以内	个	2	21.6	310.4		3.89	3.78	12		
	031003001002	螺纹阀门	个	18	93.24	784.57		16.78	16.32	52	963	53.5
18	a8-292	螺纹阀门安装 公称直径 25 mm 以内	个	18	93.24	784.57		16.78	16.32	52		
	031003001003	螺纹阀门	个	8	34.56	142.82		6.22	6.05	19	209	26.13
19	a8-291	螺纹阀门安装 公称直径 20 mm 以内	个	8	34.56	142.82		6.22	6.05	19		
	031003001004	螺纹阀门	个	1	9.5	59.97		1.71	1.66	5	78	78
20	a8-349	采暖工程自动排气阀门安装 DN20	个	1	9.5	59.97		1.71	1.66	5		
	031003001005	螺纹阀门	个	28	36.4	123.51		6.55	6.37	20	193	6.89
21	a8-351	采暖工程手动放风阀门安装 DN10	个	28	36.4	123.51		6.55	6.37	20		
	031005002001	钢制散热器	片	392	671.89	12107.95		120.94	117.58	376	13395	34.17
22	a8-582	铸铁散热器组成安装 柱型	片	392	671.89	12107.95		120.94	117.58	376		
	031201004001	铸铁管、暖气片刷油	m^2	92.12	635.9	344.62		114.47	111.29	358	1563	16.97

续表

序号	项目编码	项目名称	单位	工程量	费用组成(元)							综合单价
					人工费	材料费	机械费	管理费	利润	人工费调整	合计	
23	a11-4	手工除设备(Φ1000 mm 以上)轻锈	m^2	92.12	135.32	20.51		24.36	23.68	76		
24	a11-198	铸铁管、散热器刷防锈漆　第一遍	m^2	92.12	124.27	65.08		22.37	21.75	70		
25	a11-198	铸铁管、散热器刷防锈漆　第二遍	m^2	92.12	124.27	65.08		22.37	21.75	70		
26	a11-200	铸铁管、散热器刷银粉漆　第一遍	m^2	92.12	127.77	102.43		23	22.36	72		
27	a11-201	铸铁管、散热器刷银粉漆　第二遍	m^2	92.12	124.27	91.52		22.37	21.75	70		
	031201001001	管道刷油	m^2	41.78	150.21	72.89		27.03	26.28	84	360	8.62
28	a11-1	手工除管道轻锈	m^2	41.78	57.95	9.31		10.43	10.14	32		
29	a11-53	管道刷防锈漆　第一遍	m^2	41.78	46.13	34.06		8.3	8.07	26		
30	a11-54	管道刷防锈漆　第二遍	m^2	41.78	46.13	29.52		8.3	8.07	26		
	031201001002	管道刷油	m^2	30.38	68.23	53.49		12.28	11.94	38	184	6.06
31	a11-56	管道刷银粉漆　第一遍	m^2	30.38	34.69	27.88		6.24	6.07	19		
32	a11-57	管道刷银粉漆　第二遍	m^2	30.38	33.54	25.61		6.04	5.87	19		
	031208002001	管道绝热	m^3	1.2	227.17	1548.62	9.2	42.55	41.36	131	2000	1666.67

续表

序号	项目编码	项目名称	单位	工程量	费用组成(元)							综合单价
					人工费	材料费	机械费	管理费	利润	人工费调整	合计	
33	a11-1911	管道(Φ57 mm 以下)(绝热)泡沫塑料瓦块安装　厚度 40 mm	m^3	1.2	227.17	1548.62	9.2	42.55	41.36	131		
	031208007001	防潮层、保护层	m^2	38.24	73.42	93.68		13.22	12.85	41	234	6.12
34	a11-2234	管道玻璃布防潮层、保护层安装	m^2	38.24	73.42	93.68		13.22	12.85	41		
	031201001003	管道刷油	m^2		85.89	163.65		15.46	15.03	48		
35	a11-66	管道刷沥青漆　第一遍	m^2	38.24	43.67	87.83		7.86	7.64	24		
36	a11-67	管道刷沥青漆　第二遍	m^2	38.24	42.22	75.82		7.6	7.39	24		
	031002003001	套管	个	2	104.54	105.51	15.33	21.57	20.98	60	327	163.5
37	a6-2999	管道刚性防水套管制作　公称直径 50 mm 以内	个	2	51.46	73.98	15.33	12.02	11.69	30		
38	a6-3016	管道刚性防水套管安装　公称直径 50 mm 以内	个	2	53.08	31.53		9.55	9.29	30		
	031002003002	套管	个	2	7.43	16.23	0.89	1.5	1.46	4	32	16
39	a8-200	室内穿楼板钢套管制作安装　公称直径 50 mm 以内	个	2	7.43	16.23	0.89	1.5	1.46	4		
	031002003003	套管	个	18	41.13	54.53	3.97	8.12	7.89	23	139	7.72

续表

序号	项目编码	项目名称	单位	工程量	费用组成(元)							综合单价
					人工费	材料费	机械费	管理费	利润	人工费调整	合计	
40	a8-197	室内穿楼板钢套管制作安装 公称直径 25 mm 以内	个	18	41.13	54.53	3.97	8.12	7.89	23		
	031002003004	套管	个	30	56.31	76.58	6.62	11.33	11.01	32	193	6.43
41	a8-196	室内穿楼板钢套管制作安装 公称直径 20 mm 以内	个	30	56.31	76.58	6.62	11.33	11.01	32		
	031002003005	套管	个	4	13.06	34.11	1.45	2.61	2.54	7	61	15.25
42	a8-188	室内穿墙钢套管制作安装 公称直径 40 mm 以内	个	4	13.06	34.11	1.45	2.61	2.54	7		
	031002003006	套管	个	1	2.74	5.43	0.36	0.56	0.54	2	11	11
43	a8-187	室内穿墙钢套管制作安装 公称直径 32 mm 以内	个	1	2.74	5.43	0.36	0.56	0.54	2		

11.3　通风工程工程量清单计价

以本书第二篇第7章案例为准编制了本工程量清单内容，并依据内蒙古自治区2009届定额及内建工[2016]136号营改增文件进行本清单编制。本清单共分为单位控制价汇总表、分部分项工程项目清单与计价表、措施项目清单与计价表、规费税金项目计价表、主要材料价格表、分部分项工程量清单费用组成分析表等组成部分，详细内容见表11-13至表11-18。

表11-13　单位控制价汇总表

序号	汇总内容	金额(元)	其中:暂估价(元)
1	分部分项工程	39044.68	
2	措施项目	1304.33	
2.1	其中:安全文明施工费	264.36	
3	其他项目	0	
3.1	其中:暂列金额		
3.2	其中:专业工程暂估价		
3.3	其中:计日工		
3.4	其中:总承包服务费		
4	规费	1682.55	
5	税金	4623.47	
招标控制价合计=1+2+3+4+5		46,655.03	0

表11-14　分部分项工程项目清单与计价表

序号	项目编码	项目名称	项目特征描述	计量单位	工程量	金额(元)		
						综合单价	合价	其中:暂估价
1	030702001001	碳钢通风管道	名称:风管 材质:镀锌薄钢板 形状:圆形 规格:直径800 mm 板材厚度:1.0 mm 管件、法兰等附件及支架设计要求:含天圆地方及大小头 接口形式:咬口	m^2	68.53	128.75	8823.24	

续表

序号	项目编码	项目名称	项目特征描述	计量单位	工程量	金额(元)		
						综合单价	合价	其中：暂估价
2	030702001002	碳钢通风管道	名称:风管 材质:镀锌薄钢板 形状:圆形 规格:直径 500 mm 板材厚度:1.0 mm 管件、法兰等附件及支架设计要求:含天圆地方及大小头 接口形式:咬口	m^2	50.03	146.49	7328.89	
3	030702008001	柔性软风管	名称:帆布接口 材质:帆布 规格:直径 800 mm,直径 500 mm	m^2	1.32	301.32	397.74	
4	030703001001	碳钢阀门	名称:调节阀 型号:T101-1、2 质量:23.2 kg 类型:空气加热器上通阀	个	1	357.88	357.88	
5	030703001002	碳钢阀门	名称:调节阀 型号:T301 规格:直径 800 mm 质量:42.4 kg 类型:圆形瓣式启动阀	个	1	1304.01	1304.01	
6	030703001003	碳钢阀门	名称:调节阀 型号:T309 规格 质量:40 kg 类型:密闭式斜插板阀	个	1	590.79	590.79	
7	030703001004	碳钢阀门	名称:蝶阀 规格:直径 800 mm 以内 质量:34.7 kg 类型:圆形	个	1	1134.27	1134.27	

续表

序号	项目编码	项目名称	项目特征描述	计量单位	工程量	金额(元)		
						综合单价	合价	其中：暂估价
8	030703007001	碳钢风口、散流器、百叶窗	名称:空气分布器 质量:74.5 kg 类型:矩形空气分布器	个	1	1319.97	1319.97	
9	031002001001	管道支架	材质:碳钢 管架形式:除轻锈,重量36.2 kg,面积262 m^2 刷漆:防锈漆及调和漆各两遍	kg	36.2	138.35	5008.27	
10	030703017001	碳钢罩类	名称:皮带防护罩 型号:T108 B式 质量:15.5 kg	个	1	619.35	619.35	
11	030701010001	过滤器	名称:过滤器 型号:LWP-D(Ⅰ型) 框架形式、材质:41 kg	台	1	1373.25	1373.25	
12	030703007002	碳钢风口、散流器、百叶窗	名称:钢制百叶窗 型号:J718-1 类型:0.2 m^2	个	1	115.3	115.3	
13	03B001	离心式风机	名称:离心式风机8# 型号:T4-72N08C 类型:g327风机减震台 质量:291.3 kg	台	1	6673.82	6673.82	
14	030701001001	空气加热器(冷却器)	名称:空气加热器 型号:SRZ-12×6D 质量:36.2 kg	台	1	1923.16	1923.16	
15	031002002001	设备支架	除锈:除轻锈 刷漆:红丹防锈漆两遍,调和漆两遍	kg	700	1.39	973	
16	031009002001	空调水工程系统调试		系统	1	1077.69	1077.69	
17	031009001001	采暖工程系统调试		系统	1	24.05	24.05	
分部小计							39044.68	
合计							39044.68	

表 11-15 措施项目清单与计价表

序号	项 目 名 称	金额(元)
	总价措施	
1	安全文明施工	264.36
2	临时设施	566.49
3	夜间施工增加	
4	非夜间施工增加	
5	二次搬运	
6	雨季施工增加	37.76
7	冬季施工增加	
8	已完工程及设备保护	62.95
9	材料及产品质量检测	
	分部小计	931.56
	单价措施	
10	组装平台	
11	设备、管道施工的安全、防冻和焊接保护措施	
12	压力容器和高压管道的校验	
13	焦炉施工大棚	
14	焦炉烘炉、热态工程	
15	管道安装后的充气保护措施	
16	隧道内施工的通风、供水、供气、供电、照明及通信设施	
17	现场施工围栏	
18	格架式抱杆	
19	脚手架搭拆	372.77
	分部小计	372.77
	合计	1304.33

表 11-16　规费税金项目计价表

序号	项目名称	计算基础	计算基数	计算费率(%)	金额(元)
1	规费	社会保险费＋住房公积金＋水利建设基金＋工程排污费	1682.55		1682.55
1.1	社会保险费	养老失业保险＋基本医疗保险＋工伤保险费＋生育保险费	1359.76		1359.76
(1)	养老失业保险	分部分项工程费＋措施项目工程费＋其他项目费	40349.01	2.5	1008.73
(2)	基本医疗保险	分部分项工程费＋措施项目工程费＋其他项目费	40349.01	0.7	282.44
(3)	工伤保险费	分部分项工程费＋措施项目工程费＋其他项目费	40349.01	0.1	40.35
(4)	生育保险费	分部分项工程费＋措施项目工程费＋其他项目费	40349.01	0.07	28.24
1.2	住房公积金	分部分项工程费＋措施项目工程费＋其他项目费	40349.01	0.7	282.44
1.3	水利建设基金	分部分项工程费＋措施项目工程费＋其他项目费	40349.01	0.1	40.35
1.4	工程排污费				
2	税金	税前工程造价	42031.56	11	4623.47
合计					6306.02

表 11-17　主要材料价格表

序号	编码	名称	规格	单位	数量	价格(元)	
						单价	合价
1	am1561	精制六角带帽螺栓	M8×75 以下	10 套	44.398126	2.28	101.23
2	an0340	镀锌铆钉	4	kg	14.391	11.4	164.06
3	ap4060	橡胶板	δ1～3	kg	15.01615	6	90.1
4	ar0170	电焊条	结 422	kg	14.06619	6.9	97.06

续表

序号	编码	名称	规格	单位	数量	价格(元)	
						单价	合价
5	da0011	型钢	综合	kg	38.372	3.6	138.14
6	da0026	扁钢	＜-59	kg	60.37123	3.6	217.34
7	da0462	槽钢	5～16#	kg	58.88858	3.6	212
8	da0634	普通钢板	0～3# δ0.7～0.9	kg	24.5254	5.2	127.53
9	da0636	普通钢板	0～3# δ2.6～3.2	kg	18.08467	5.2	94.04
10	da0956	普通钢板	0～3# δ1.0～1.5	kg	97.63833	5.2	507.72
11	da1310	角钢	＜∟60	kg	659.79035	3.6	2375.25
12	da1781	角钢	＞∟63	kg	170.01108	3.6	612.04
13	da4040	镀锌钢板	δ0.75	m^2	56.93414	48	2732.84
14	da4050	镀锌钢板	δ1.0	m^2	77.98714	52	4055.33
15	ha0280	酚醛调合漆		kg	35.545	28	995.26
16	ha0490	酚醛防锈漆		kg	63.666	21	1336.99
17	ja0331-1	汽油		kg	25.894	6.2	160.54
18	wc8790@1	离心式风机	T4-72NO8C	台	1	3800	3800
19	wc8791@1	空气加热器 SRZ-12×6D		台	1	1800	1800
20	wc8797@1	过滤器 LWP-D(Ⅰ型)		台	1	910	910

表 11-18　分部分项工程量清单费用组成分析

项目编码		030702001001		项目名称		碳钢通风管道		计量单位	m^2	工程量	68.53
清单综合单价组成明细											
定额编号	定额名称	定额单位	数量	单价				合价			
				人工费	材料费	机械费	管理费和利润	人工费	材料费	机械费	管理费和利润
9-3	镀锌薄钢板圆形风管制作、安装 δ=1.2 mm 以内咬口 镀锌薄钢板圆形风管 直径 1120 mm 以下	10 m^2	0.1	489.51	652.6	26.76	118.45	48.95	65.26	2.68	11.85
项目编码		030702001002		项目名称		碳钢通风管道		计量单位	m^2	工程量	50.03
清单综合单价组成明细											
定额编号	定额名称	定额单位	数量	单价				合价			
				人工费	材料费	机械费	管理费和利润	人工费	材料费	机械费	管理费和利润
9-2	镀锌薄钢板圆形风管制作、安装 δ=1.2 mm 以内咬口 镀锌薄钢板圆形风管 直径 500 mm 以下	10 m^2	0.1	654.33	608.41	41.71	160.34	65.43	60.84	4.17	16.03
项目编码		030702008001		项目名称		柔性软风管		计量单位	m^2	工程量	1.32
清单综合单价组成明细											
定额编号	定额名称	定额单位	数量	单价				合价			
				人工费	材料费	机械费	管理费和利润	人工费	材料费	机械费	管理费和利润
9-49	软管接口	m^2	1	150.35	106.43	8.26	36.28	150.35	106.43	8.26	36.28

续表

项目编码		030703001001		项目名称		碳钢阀门		计量单位	个	工程量	1
清单综合单价组成明细											
定额编号	定额名称	定额单位	数量	单价				合价			
				人工费	材料费	机械费	管理费和利润	人工费	材料费	机械费	管理费和利润
9-52	调节阀制作 空气加热器上(旁)通阀 T101-1、2	100 kg	0.232	489.44	368.66	65.82	128.45	113.55	85.53	15.27	29.8
9-74	调节阀安装 空气加热器 上通阀	个	1	77.89	16.59	1.15	18.08	77.89	16.59	1.15	18.08
项目编码		030703001002		项目名称		碳钢阀门		计量单位	个	工程量	1
清单综合单价组成明细											
定额编号	定额名称	定额单位	数量	单价				合价			
				人工费	材料费	机械费	管理费和利润	人工费	材料费	机械费	管理费和利润
9-54	调节阀制作 圆形瓣式启动阀 T301-5 30 kg 以上	100 kg	0.424	1228.79	525.04	599.28	447.97	521.01	222.62	254.09	189.94
9-77	调节阀安装 圆形瓣式启动阀直径 800 mm 以内	个	1	87.96	6.59	1.44	20.37	87.96	6.59	1.44	20.37
项目编码		030703001003		项目名称		碳钢阀门		计量单位	个	工程量	1

续表

清单综合单价组成明细

定额编号	定额名称	定额单位	数量	单价				合价			
				人工费	材料费	机械费	管理费和利润	人工费	材料费	机械费	管理费和利润
9-68	调节阀制作 密闭式斜插板阀 T309 10 kg 以上	100 kg	0.4	540.14	476.32	203.57	193.93	216.06	190.53	81.43	77.57
9-91	调节阀安装 密闭式斜插板阀直径 340 mm 以内	个	1	19.09	1.76	0	4.34	19.09	1.76	0	4.34
项目编码		030703001004		项目名称		碳钢阀门		计量单位	个	工程量	1

清单综合单价组成明细

定额编号	定额名称	定额单位	数量	单价				合价			
				人工费	材料费	机械费	管理费和利润	人工费	材料费	机械费	管理费和利润
9-59	调节阀制作 圆形蝶阀 T302-7 10 kg 以下	100 kg	0.347	1698.22	429.2	530.01	548.02	589.28	148.93	183.91	190.16
9-80	调节阀安装 风管蝶阀周长 800 mm 以内	个	1	15.03	1.74	1.44	3.77	15.03	1.74	1.44	3.77
项目编码		030703007001		项目名称		碳钢风口、散流器、百叶窗		计量单位	个	工程量	1

续表

清单综合单价组成明细											
定额编号	定额名称	定额单位	数量	单价				合价			
				人工费	材料费	机械费	管理费和利润	人工费	材料费	机械费	管理费和利润
9-112	风口制作 矩形空气分布器 T206-1	100 kg	0.745	849.64	499.23	132.41	228.31	632.98	371.93	98.65	170.09
9-163	风口安装 矩形空气分布器周长 1200 mm 以内	个	1	36.1	2	0	8.22	36.1	2	0	8.22
项目编码		031002001001		项目名称		管道支架		计量单位	kg	工程量	36.2

清单综合单价组成明细											
定额编号	定额名称	定额单位	数量	单价				合价			
				人工费	材料费	机械费	管理费和利润	人工费	材料费	机械费	管理费和利润
8-215	室内管道支架制作安装　一般管道	100 kg	0.01	673.01	450.21	245.4	233.98	6.73	4.5	2.45	2.34
11-1	手工除锈、管道、轻锈	10 m^2	0.7238	21.64	2.2	0	4.93	15.66	1.59	0	3.57
11-53	管道刷油、防锈漆　第一遍	10 m^2	0.7238	17.22	25.73	0	3.92	12.46	18.62	0	2.84
11-54	管道刷油、防锈漆　第二遍	10 m^2	0.7238	17.22	22.09	0	3.92	12.46	15.99	0	2.84
11-60	管道刷油、调合漆　第一遍	10 m^2	0.395	17.82	25.87	0	4.06	7.04	10.22	0	1.6
11-61	管道刷油、调合漆　第二遍	10 m^2	0.395	17.22	22.98	0	3.92	6.8	9.08	0	1.55
项目编码		030703017001		项目名称		碳钢罩类		计量单位	个	工程量	1

续表

定额编号	定额名称	定额单位	数量	单价				合价			
				人工费	材料费	机械费	管理费和利润	人工费	材料费	机械费	管理费和利润
清单综合单价组成明细											
9-210	皮带防护罩 T108-B式	100 kg	0.155	2762.96	506.98	72.69	653.2	428.26	78.58	11.27	101.25
项目编码		030701010001		项目名称		过滤器		计量单位	台	工程量	1
清单综合单价组成明细											
定额编号	定额名称	定额单位	数量	单价				合价			
				人工费	材料费	机械费	管理费和利润	人工费	材料费	机械费	管理费和利润
9-331	过滤器框架	100 kg	0.41	424.51	874.29	21.64	103.11	174.05	358.46	8.87	42.28
9-333	中、低效过滤器 安装	台	1	5.69	782.6	0	1.3	5.69	782.6	0	1.3
项目编码		030703007002		项目名称		碳钢风口、散流器、百叶窗		计量单位	个	工程量	1
清单综合单价组成明细											
定额编号	定额名称	定额单位	数量	单价				合价			
				人工费	材料费	机械费	管理费和利润	人工费	材料费	机械费	管理费和利润
9-137	风口制作 钢百叶窗 J718-1 0.5以下	m^2	0.2	156.84	199.1	27.34	44.42	31.37	39.82	5.47	8.88
9-184	风口安装 钢百叶窗框内面积 0.5 m^2 以内	个	1	22.46	2.18	0	5.11	22.46	2.18	0	5.11

续表

<table>
<tr><td colspan="2">项目编码</td><td colspan="2">03B001</td><td colspan="2">项目名称</td><td colspan="2">离心式风机</td><td>计量单位</td><td>台</td><td>工程量</td><td>1</td></tr>
<tr><td colspan="12">清单综合单价组成明细</td></tr>
<tr><td rowspan="2">定额编号</td><td rowspan="2">定额名称</td><td rowspan="2">定额单位</td><td rowspan="2">数量</td><td colspan="4">单价</td><td colspan="4">合价</td></tr>
<tr><td>人工费</td><td>材料费</td><td>机械费</td><td>管理费和利润</td><td>人工费</td><td>材料费</td><td>机械费</td><td>管理费和利润</td></tr>
<tr><td>9-284</td><td>离心式通风机安装 8#</td><td>台</td><td>1</td><td>507.69</td><td>3294.32</td><td>0</td><td>115.53</td><td>507.69</td><td>3294.32</td><td>0</td><td>115.53</td></tr>
<tr><td>9-277</td><td>设备支架 CG327 50 kg 以下</td><td>100 kg</td><td>2.913</td><td>469.78</td><td>347.37</td><td>16.5</td><td>112.55</td><td>1368.47</td><td>1011.89</td><td>48.06</td><td>327.86</td></tr>
<tr><td colspan="2">项目编码</td><td colspan="2">030701001001</td><td colspan="2">项目名称</td><td colspan="2">空气加热器(冷却器)</td><td>计量单位</td><td>台</td><td>工程量</td><td>1</td></tr>
<tr><td colspan="12">清单综合单价组成明细</td></tr>
<tr><td rowspan="2">定额编号</td><td rowspan="2">定额名称</td><td rowspan="2">定额单位</td><td rowspan="2">数量</td><td colspan="4">单价</td><td colspan="4">合价</td></tr>
<tr><td>人工费</td><td>材料费</td><td>机械费</td><td>管理费和利润</td><td>人工费</td><td>材料费</td><td>机械费</td><td>管理费和利润</td></tr>
<tr><td>9-279</td><td>空气加热器(冷却器)安装 100 kg 以下</td><td>台</td><td>1</td><td>88.48</td><td>1578.59</td><td>9.72</td><td>23.15</td><td>88.48</td><td>1578.59</td><td>9.72</td><td>23.15</td></tr>
<tr><td>9-278</td><td>设备支架 CG327 50 kg 以上</td><td>100 kg</td><td>0.362</td><td>220.97</td><td>333.51</td><td>8.81</td><td>53.36</td><td>79.99</td><td>120.73</td><td>3.19</td><td>19.32</td></tr>
<tr><td colspan="2">项目编码</td><td colspan="2">031002002001</td><td colspan="2">项目名称</td><td colspan="2">设备支架</td><td>计量单位</td><td>kg</td><td>工程量</td><td>700</td></tr>
<tr><td colspan="12">清单综合单价组成明细</td></tr>
<tr><td rowspan="2">定额编号</td><td rowspan="2">定额名称</td><td rowspan="2">定额单位</td><td rowspan="2">数量</td><td colspan="4">单价</td><td colspan="4">合价</td></tr>
<tr><td>人工费</td><td>材料费</td><td>机械费</td><td>管理费和利润</td><td>人工费</td><td>材料费</td><td>机械费</td><td>管理费和利润</td></tr>
<tr><td>11-7</td><td>手工除锈 一般钢结构 轻锈</td><td>100 kg</td><td>0.01</td><td>21.92</td><td>1.63</td><td>4.98</td><td>6.69</td><td>0.22</td><td>0.02</td><td>0.05</td><td>0.07</td></tr>
</table>

续表

11-126	金属结构刷油 一般钢结构 调合漆 第一遍	100 kg	0.01	9.7	13.51	3.32	3.35	0.1	0.14	0.03	0.03
11-127	金属结构刷油 一般钢结构 调合漆 第二遍	100 kg	0.01	9.39	11.96	3.32	3.27	0.09	0.12	0.03	0.03
11-117	金属结构刷油 一般钢结构 红丹防锈漆 第一遍	100 kg	0.01	9.39	6.67	3.32	3.27	0.09	0.07	0.03	0.03
11-118	金属结构刷油 一般钢结构 红丹防锈漆 第二遍	100 kg	0.01	9.39	5.87	3.32	3.27	0.09	0.06	0.03	0.03
项目编码		031009002001		项目名称		空调水工程系统调试		计量单位	系统	工程量	1

清单综合单价组成明细

定额编号	定额名称	定额单位	数量	单价				合价			
				人工费	材料费	机械费	管理费和利润	人工费	材料费	机械费	管理费和利润
bm94	通风系统调试费(空调工程)	元	1	374.01	618.56	0	85.12	374.01	618.56	0	85.12
项目编码		031009001001		项目名称		采暖工程系统调试		计量单位	系统	工程量	1

清单综合单价组成明细

定额编号	定额名称	定额单位	数量	单价				合价			
				人工费	材料费	机械费	管理费和利润	人工费	材料费	机械费	管理费和利润
bm93	系统调试费采暖系统调整费(给排水工程)	元	1	7	15.45	0	1.6	7	15.45	0	1.6

续表

项目编码		031301017001		项目名称		脚手架搭拆		计量单位	项	工程量	1
清单综合单价组成明细											
定额编号	定额名称	定额单位	数量	单价				合价			
				人工费	材料费	机械费	管理费和利润	人工费	材料费	机械费	管理费和利润
bm128	脚手架搭拆费(空调工程)	元	1	86.31	95.16	49.24	37.12	86.31	95.16	49.24	37.12
bm127	脚手架搭拆费(给排水工程)	元	1	2.92	3.22	1.66	1.26	2.92	3.22	1.66	1.26
bm130	脚手架刷油费(刷油工程)	元	1	33.27	55.02	0	7.57	33.27	55.02	0	7.57

11.4　电气工程工程量清单计价

以本书第 8 章案例为准编制了本工程量清单内容，并依据内蒙古自治区 2009 届定额及内建工〔2016〕136 号营改增文件进行本清单编制。本清单共分为单位控制价汇总表、分部分项工程项目清单与计价表、措施项目清单与计价表、规费税金项目计价表、主要材料价格表、分部分项工程量清单费用组成分析表等，详细内容见表11-19至表 11-30。

1. 强电部分

表 11-19　单位控制价汇总表

序号	项目名称	金额(元)	其中：暂估价(元)
1	分部分项工程量清单项目费	10778	
2	措施项目清单费	194	
2.1	其中：安全文明施工费	72	
3	其他项目清单费		
3.1	暂列金额		
3.2	专业工程暂估价		
3.3	计日工		
3.4	总包服务费		
4	小计	10968	
5	规费	458	
5.1	其中：养老失业保险	274	
5.2	基本医疗保险	77	
5.3	住房公积金	77	
5.4	工伤保险	11	
5.5	生育保险	8	
5.6	水利建设基金	11	
6	合计	11426	
7	税金	1257	
8	含税工程造价(小写)	12683	
9	含税工程造价合计	12683	

表 11-20　分部分项工程项目清单与计价表

序号	项目编码	项目名称	项目特征	计量单位	工程量	金额(元)		
						综合单价	合价	其中：暂估价
		分部分项工程					10774	
1	030404017001	配电箱	名称：配电箱 规格：800×210×300 安装方式：距地 1.5 m	台	3	736	2208	
2	030411001001	配管	名称：钢制电线保护管 材质：钢制 规格：DN25	m	9	21.33	192	
3	030411001001	配管	名称：阻燃电线保护管 材质：塑料 规格：DN20	m	198	10.46	2071	
4	030411004001	配线	名称：铜芯绝缘导线 规格：BV-2.5 材质：铜质	m	509	3.01	1532	
5	030411004001	配线	名称：铜芯绝缘导线 规格：BV-6 材质：铜质	m	509	0.34	173	
6	030411006001	接线盒	名称：86 型接线盒 材质：塑料 安装形式：墙内嵌入	个	67	5.64	378	
7	030412004001	装饰灯	名称：装饰型成套灯具 型号：TX-230 安装高度：吸顶	套	2	996.5	1993	
8	030412001001	普通灯具	名称：半圆球吸顶灯 安装高度：吸顶	套	6	61.83	371	
9	030412005001	荧光灯	名称：单管成套荧光灯 安装形式：吊管式	套	9	92.44	832	
10	030404034001	照明开关	名称：单控单联开关 安装方式：距地 1.4 m	个	18	15.94	287	
11	030404035001	插座	名称：3 孔插座 安装方式：距地 0.3 m	个	38	19.5	741	
		合计					10778.00	

表 11-21　措施项目清单与计价表

序号	项目编码	项目名称	计算基础	费率（%）	金额（元）
1	011707001	安全文明施工费	直接工程费中:(人工＋机械×综扣系数＋商折与沥青混凝土折)×费率＋管理费及利润	2.1	72
2	011707009	临时设施费	直接工程费中:(人工＋机械×综扣系数＋商折与沥青混凝土折)×费率＋管理费及利润	4.5	106
3	011707005	雨季施工增加费	直接工程费中:(人工＋机械×综扣系数＋商折与沥青混凝土折)×费率＋管理费及利润	0.3	9
4	011707007	已完、未完工程保护费	直接工程费中:(人工＋机械×综扣系数＋商折与沥青混凝土折)×费率＋管理费及利润	0.5	13
5	011707012	远程视频监控增加费	直接工程费中:(人工＋机械×综扣系数＋商折与沥青混凝土折)×费率＋管理费及利润	0.82	22
6	011707013	扬尘治理增加费	直接工程费中:(人工＋机械×综扣系数＋商折与沥青混凝土折)×费率＋管理费及利润	1.15	31
		通用措施项目费合计	贰佰伍拾叁元整		253

表 11-22　规费税金项目计价表

序号	项目名称	计算基础	计算基数	费率(%)	金额(元)
1	规费	分部分项工程费＋措施项目费＋其他项目费		4.17	458
1.1	其中:养老失业保险	分部分项工程费＋措施项目费＋其他项目费		2.5	274
1.2	基本医疗保险	分部分项工程费＋措施项目费＋其他项目费		0.7	77
1.3	住房公积金	分部分项工程费＋措施项目费＋其他项目费		0.7	77
1.4	工伤保险	分部分项工程费＋措施项目费＋其他项目费		0.1	11
1.6	生育保险	分部分项工程费＋措施项目费＋其他项目费		0.07	8
1.7	水利建设基金	分部分项工程费＋措施项目费＋其他项目费		0.1	11

续表

序号	项目名称	计算基础	计算基数	费率(%)	金额(元)
2	税金	分部分项工程费＋措施项目费＋其他项目费＋规费		11	1257
	合计	壹仟柒佰壹拾伍元整			1715

表 11-23　主要材料价格表

序号	材料编码	材料名称	规格、型号等特殊要求	单位	数量	单价(元)	合价(元)
	* cl	材料价差(小计)					
1	da1311	角钢∟ 60		kg	10.57	3.9	41
2	da1991	圆钢 Φ 5.5～9		kg	0.08	4.2	0
3	da1992	圆钢 Φ 10～14		kg	1.31	4.2	5
4	ea0161	焊接钢管 DN25		m	9.27	14.2	132
5	rc0460	绝缘导线 BV-2.5		m	661.7	1.98	1310
6	rc0480	绝缘导线 BV-6		m	28.35	6	170
	* zc	主材价差(小计)					
7	wc1161	接线盒		套	68.34	1	68
8	wc1190	半圆球吸顶灯 250 mm		套	6.06	45	273
9	wc1190	成套灯具		套	2.02	430	869
10	wc1190	单管吊管式成套型荧光灯		套	9.09	75	682
11	wc6190	暗开关(单控单联)		只	18.36	9	165
12	wc6210	套接管 20 mm		m	1.88	3.8	7
13	wc6240	单相 3 孔暗插座 15A		套	38.76	12	465
14	wc6310	阻燃塑料管 20 mm		m	209.88	3.8	798
15	wc9929	照明配电箱安装		台	3	670	2010

表 11-24　分部分项工程量清单费用组成分析

序号	项目编码	项目名称	单位	工程量	费用组成(元)							综合单价
					人工费	材料费	机械费	管理费	利润	人工费调整	合计	
		分部分项工程			2170.84	6411.93	7.27	588.09	381.16	1215	10774	1963
	030404017001	配电箱	台	3	194.4	1817.94		52.49	34.02	109	2208	736
1	a2-264	照明配电箱安装	台	3	194.4	1817.94		52.49	34.02	109		
	030411001001	配管	m	9	33.94	121.4	1.84	9.66	6.26	19	192	21.33
2	a2-1116	钢管沿砖、混凝土结构暗配 钢管公称直径(25 mm)	m	9	33.94	121.4	1.84	9.66	6.26	19		
	030411001001	配管	m	198	662.05	743.62		178.75	115.86	371	2071	10.46
3	a2-1202	阻燃塑料管沿砖、混凝土结构暗配　公称直径(20 mm)	m	198	662.05	743.62		178.75	115.86	371		
	030411004001	配线	m	509	219.89	1089.19		59.37	38.48	123	1530	3.01
4	a2-1248	管内穿照明线(铜芯)　导线截面 2.5 mm^2	m	509	219.89	1089.19		59.37	38.48	123		
	030411004001	配线	m	509	9.33	152.59		2.52	1.63	5	171	0.34
5	a2-1276	管内穿动力线(铜芯)　导线截面 6 mm^2	m	27	9.33	152.59		2.52	1.63	5		
	030411006001	接线盒	个	67	130.25	117.11		35.17	22.79	73	378	5.64
6	a2-1479	暗装接线盒	个	67	130.25	117.11		35.17	22.79	73		
	030412004001	装饰灯	套	2	565.14	851.81	5.43	154.05	99.85	316	1993	996.5

续表

序号	项目编码	项目名称	单位	工程量	费用组成(元)							综合单价
					人工费	材料费	机械费	管理费	利润	人工费调整	合计	
7	a2-1530	吊杆式艺术组合灯安装　灯体直径 900 mm 以内　垂吊长度 1750 mm 以内	套	2	565.14	851.81	5.43	154.05	99.85	316		
	030412001001	普通灯具	套	6	55.99	258.66		15.12	9.8	31	371	61.83
8	a2-1486	半圆球吸顶灯安装　灯罩直径 250 mm 以内	套	6	55.99	258.66		15.12	9.8	31		
	030412005001	荧光灯	套	9	84.37	663.24		22.78	14.76	47	832	92.44
9	a2-1693	单管吊管式成套型荧光灯具安装	套	9	84.37	663.24		22.78	14.76	47		
	030404034001	照明开关	个	18	66.1	154.76		17.85	11.57	37	287	15.94
10	a2-1746	扳式暗开关(单控单联)安装	套	18	66.1	154.76		17.85	11.57	37		
	030404035001	插座	个	38	149.38	441.61		40.33	26.14	84	741	19.5
11	a2-1777	单相暗插座安装　15A3 孔	套	38	149.38	441.61		40.33	26.14	84		

2. 弱电部分

表 11-25 单位控制价汇总表

序号	汇总内容	金额(元)	其中:暂估价(元)
1	分部分项工程	39260.02	
1.1	电话系统	29707.26	
1.2	电视系统	9552.76	
2	措施项目	2189.63	
2.1	其中:安全文明施工费	416.13	
3	其他项目	0	
3.1	其中:暂列金额		
3.2	其中:专业工程暂估价		
3.3	其中:计日工		
3.4	其中:总承包服务费		
4	规费	1728.45	
5	税金	4749.59	
招标控制价合计=1+2+3+4+5		47,927.69	0

表 11-26 分部分项工程项目清单与计价表

序号	项目编码	项目名称	项目特征描述	计量单位	工程量	金额(元)		
						综合单价	合价	其中:暂估价
		电话系统						
1	031101027001	电话交换设备	名称、类别:进户电话交接箱 规格:接线 104 个	台	1	593.84	593.84	
2	030404032001	端子箱	名称:楼层端子箱 安装部位:暗装	台	2	73.63	147.26	
3	031101037001	用户交换机	规格:分机电话	台	24	623.74	14969.76	
4	030411001001	配管	名称:焊接钢管 规格:DN25 配置形式:混凝土墙暗敷 接地要求:接地	m	22.6	24.81	560.71	

续表

序号	项目编码	项目名称	项目特征描述	计量单位	工程量	金额(元)		
						综合单价	合价	其中：暂估价
5	030411001002	配管	名称:焊接钢管 规格:DN15 配置形式:混凝土墙暗敷 接地要求:接地	m	143	13.51	1931.93	
6	030502005001	双绞线缆	名称:电话线 规格：HYV-10X（2×0.5） 敷设方式:穿管	m	25.1	3.98	99.9	
7	030411004001	配线	名称:软电话线 配线形式:穿管 型号:RVS-2×0.5	m	302.3	3.35	1012.71	
8	030502004001	电视、电话插座	名称:TP 插座暗装 安装方式:暗装 底盒材质、规格:TP 底盒	个	24	26.91	645.84	
9	030506002001	扩声系统调试		台	1	9745.31	9745.31	
		分部小计					29707.26	
		电视系统						
10	030505010001	有线电视系统管理设备	名称:电视前端放大箱	台	1	301.71	301.71	
11	030502003001	分线接线箱(盒)	名称:二分支器箱 规格:24 对	个	6	76.78	460.68	
12	030502004002	电视、电话插座	名称:TV 插座 安装方式:暗装 底盒材质、规格:TV 底盒	个	24	26.91	645.84	
13	030411001003	配管	名称:焊接钢管 规格:DN20 配置形式:混凝土墙暗敷 接地要求:接地	m	200.5	19.13	3835.57	

续表

序号	项目编码	项目名称	项目特征描述	计量单位	工程量	金额(元)		
						综合单价	合价	其中：暂估价
14	030411004002	配线	名称:绝缘导线 型号:BV-2.5 配线线制:穿管	m	30	2.95	88.5	
15	031102004001	同轴电缆	规格:同轴电缆 型号:SYV-75-5 部位:穿管	m	201.7	7.07	1426.02	
16	030505001001	共用天线	名称:有线电视前端设备安装、调试	台	1	148.92	148.92	
17	030505007001	前端射频设备	名称:有线电视全频道射频设备安装、调试	套	12	220.46	2645.52	
分部小计							9552.76	
合计							39260.02	

表 11-27 措施项目清单与计价表

序号	项目名称	金额(元)
总价措施		
1	安全文明施工	416.13
2	临时设施	891.71
3	夜间施工	
4	非夜间施工	
5	二次搬运	
6	雨季施工	59.45
7	冬季施工	
8	已完工程及设备保护	99.08
9	材料及产品质量检测	
	分部小计	1466.37
单价措施		
10	组装平台	
11	设备、管道施工的安全、防冻和焊接保护措施	
12	压力容器和高压管道的校验	

续表

序号	项目名称	金额(元)
13	焦炉施工大棚	
14	焦炉烘炉、热态工程	
15	管道安装后的充气保护措施	
16	隧道内施工的通风、供水、供气、供电、照明及通信设施	
17	现场施工围栏	
18	格架式抱杆	
19	脚手架搭拆	723.26
分部小计		723.26
合计		2189.63

表 11-28　规费税金项目计价表

序号	项目名称	计算基础	计算基数	费率(%)	金额(元)
1	规费	社会保险费＋住房公积金＋水利建设基金＋工程排污费	1728.45		1728.45
1.1	社会保险费	养老失业保险＋基本医疗保险＋工伤保险费＋生育保险费	1396.85		1396.85
(1)	养老失业保险	分部分项工程费＋措施项目工程费＋其他项目费	41449.65	2.5	1036.24
(2)	基本医疗保险	分部分项工程费＋措施项目工程费＋其他项目费	41449.65	0.7	290.15
(3)	工伤保险费	分部分项工程费＋措施项目工程费＋其他项目费	41449.65	0.1	41.45
(4)	生育保险费	分部分项工程费＋措施项目工程费＋其他项目费	41449.65	0.07	29.01
1.2	住房公积金	分部分项工程费＋措施项目工程费＋其他项目费	41449.65	0.7	290.15
1.3	水利建设基金	分部分项工程费＋措施项目工程费＋其他项目费	41449.65	0.1	41.45
1.4	工程排污费				
2	税金	税前工程造价	43178.1	11	4749.59
合计					6478.04

表 11-29　主要材料价格表

序号	编码	名称	规格	单位	数量	价格(元)	
						单价	合价
1	am7681	镀锌锁紧螺母	3×15－20	个	106.8	0.24	25.63
2	aw0021	其他材料费		元	23.360869	1	23.36
3	ea0141	焊接钢管	DN15	m	147.29	8.32	1225.45
4	ea0151	焊接钢管	DN20	m	206.515	14.17	2926.32
5	ea0161	焊接钢管	DN25	m	23.278	18.75	436.46
6	fc2110	镀锌管接头	5×20	个	33.0424	1.15	38
7	ha0450	醇酸防锈漆	C53-1	kg	3.24648	8.5	27.6
8	rc0460	绝缘导线	BV-2.5	m	34.8	1.98	68.9
9	rg0080	电缆卡子(综合)		个	122.2302	0.52	63.56
10	rh0170	黄漆布带	20×40 m	卷	6.552	8	52.42
11	rj0440	塑料护口	钢管 Φ 15～20 mm	个	159.87075	0.2	31.97
12	wc1161@1	TP 底盒		套	24.48	3	73.44
13	wc1161@2	TV 底盒		套	24.48	3	73.44
14	wc5800	同轴电缆 SYV-75-5		m	205.734	5.8	1193.26
15	wc6101@1	HYV-10×2×0.5 电话线		m	25.602	3.1	79.37
16	wc6410@1	RVS-2×0.5 软电话线		m	327.564	2.8	917.18
17	wc9929	成套配电箱		台	1	230	230
18	wc9929@1	电视前端放大箱		台	1	180	180
19	wn0080@1	TP 插座暗装		个	24.48	18	440.64
20	wn0080@2	TV 插座		个	24.48	18	440.64

表 11-30 分部分项工程量清单费用组成分析

<table>
<tr><td colspan="2">项目编码</td><td colspan="2">031101027001</td><td colspan="2">项目名称</td><td colspan="2">电话交换设备</td><td>计量单位</td><td>台</td><td>工程量</td><td>1</td></tr>
<tr><td colspan="12">清单综合单价组成明细</td></tr>
<tr><td rowspan="2">定额编号</td><td rowspan="2">定额名称</td><td rowspan="2">定额单位</td><td rowspan="2">数量</td><td colspan="4">单价</td><td colspan="4">合价</td></tr>
<tr><td>人工费</td><td>材料费</td><td>机械费</td><td>管理费和利润</td><td>人工费</td><td>材料费</td><td>机械费</td><td>管理费和利润</td></tr>
<tr><td>2-264</td><td>成套配电箱安装 悬挂嵌入式半周长 0.5 m</td><td>台</td><td>1</td><td>101.09</td><td>220.62</td><td>0</td><td>23</td><td>101.09</td><td>220.62</td><td>0</td><td>23</td></tr>
<tr><td>2-333</td><td>端子箱、端子板安装及端子板外部接线 无端子外部接线 2.5 mm^2</td><td>10 个</td><td>10.4</td><td>14.82</td><td>5.76</td><td>0</td><td>3.37</td><td>154.13</td><td>59.9</td><td>0</td><td>35.05</td></tr>
<tr><td colspan="2">项目编码</td><td colspan="2">030404032001</td><td colspan="2">项目名称</td><td colspan="2">端子箱</td><td>计量单位</td><td>台</td><td>工程量</td><td>2</td></tr>
<tr><td colspan="12">清单综合单价组成明细</td></tr>
<tr><td rowspan="2">定额编号</td><td rowspan="2">定额名称</td><td rowspan="2">定额单位</td><td rowspan="2">数量</td><td colspan="4">单价</td><td colspan="4">合价</td></tr>
<tr><td>人工费</td><td>材料费</td><td>机械费</td><td>管理费和利润</td><td>人工费</td><td>材料费</td><td>机械费</td><td>管理费和利润</td></tr>
<tr><td>12-113</td><td>敷设电话线和广播线 成套电话组线箱安装 暗装 50(对)</td><td>台</td><td>1</td><td>57.28</td><td>2.34</td><td>0.72</td><td>13.29</td><td>57.28</td><td>2.34</td><td>0.72</td><td>13.29</td></tr>
<tr><td colspan="2">项目编码</td><td colspan="2">031101037001</td><td colspan="2">项目名称</td><td colspan="2">用户交换机</td><td>计量单位</td><td>台</td><td>工程量</td><td>24</td></tr>
</table>

续表

清单综合单价组成明细											
定额编号	定额名称	定额单位	数量	单价				合价			
				人工费	材料费	机械费	管理费和利润	人工费	材料费	机械费	管理费和利润
12-354	会议电话、会议电视设备安装 会议电话设备安装、调试 安装、调试会议电话 分机	台	1	505.44	0.27	2.22	115.81	505.44	0.27	2.22	115.81
项目编码		030411001001		项目名称		配管		计量单位	m	工程量	22.6
清单综合单价组成明细											
定额编号	定额名称	定额单位	数量	单价				合价			
				人工费	材料费	机械费	管理费和利润	人工费	材料费	机械费	管理费和利润
2-1116	钢管敷设 砖、混凝土结构暗配 钢管公称直径 25 mm	100 m	0.01	588.34	1730.72	20.46	141.15	5.88	17.31	0.2	1.41
项目编码		030411001002		项目名称		配管		计量单位	m	工程量	143
清单综合单价组成明细											
定额编号	定额名称	定额单位	数量	单价				合价			
				人工费	材料费	机械费	管理费和利润	人工费	材料费	机械费	管理费和利润
2-1114	钢管敷设 砖、混凝土结构暗配 钢管公称直径 15 mm	100 m	0.01	454.9	775.05	12.66	108.01	4.55	7.75	0.13	1.08
项目编码		030502005001		项目名称		双绞线缆		计量单位	m	工程量	25.1

续表

清单综合单价组成明细											
定额编号	定额名称	定额单位	数量	单价				合价			
				人工费	材料费	机械费	管理费和利润	人工费	材料费	机械费	管理费和利润
12-1	敷设双绞线缆 穿放、布入双绞线缆 管/暗槽内穿放 4 对以内	100 m	0.01	97.34	273.52	3.45	23.37	0.97	2.74	0.03	0.23
项目编码		030411004001		项目名称		配线		计量单位	m	工程量	302.3
清单综合单价组成明细											
定额编号	定额名称	定额单位	数量	单价				合价			
				人工费	材料费	机械费	管理费和利润	人工费	材料费	机械费	管理费和利润
2-1289	管内穿线、穿铁丝 多芯软导线(芯以内) 二芯 导线截面 0.75 mm^2 以内	100 m (单线)	0.01	53.24	268.61	0	12.11	0.53	2.69	0	0.12
项目编码		030502004001		项目名称		电视、电话插座		计量单位	个	工程量	24
清单综合单价组成明细											
定额编号	定额名称	定额单位	数量	单价				合价			
				人工费	材料费	机械费	管理费和利润	人工费	材料费	机械费	管理费和利润
12-116	敷设电话线和广播线 电话出线口、中途箱、电话线架空引入装置 电话出线口 普通型 单联	个	1	3	16.04	0	0.69	3	16.04	0	0.69

续表

定额编号	定额名称	定额单位	数量	单价				合价			
				人工费	材料费	机械费	管理费和利润	人工费	材料费	机械费	管理费和利润
2-1479	接线盒安装 暗装 接线盒	10个	0.1	30.33	34.83	0	6.9	3.03	3.48	0	0.69
项目编码		030506002001		项目名称		扩声系统调试		计量单位	台	工程量	1
清单综合单价组成明细											
定额编号	定额名称	定额单位	数量	单价				合价			
				人工费	材料费	机械费	管理费和利润	人工费	材料费	机械费	管理费和利润
12-776	扩声系统设备安装、调试 分系统调试 多功能	台	1	7413.12	0	476.19	1856	7413.12	0	476.19	1856
项目编码		030505010001		项目名称		有线电视系统管理设备		计量单位	台	工程量	1
清单综合单价组成明细											
定额编号	定额名称	定额单位	数量	单价				合价			
				人工费	材料费	机械费	管理费和利润	人工费	材料费	机械费	管理费和利润
2-264	成套配电箱安装 悬挂嵌入式半周长0.5 m	台	1	101.09	177.62	0	23	101.09	177.62	0	23
项目编码		030502003001		项目名称		分线接线箱(盒)		计量单位	个	工程量	6
清单综合单价组成明细											

续表

定额编号	定额名称	定额单位	数量	单价				合价			
				人工费	材料费	机械费	管理费和利润	人工费	材料费	机械费	管理费和利润
12-113	敷设电话线和广播线 成套电话组线箱安装 暗装 50(对)	台	1	57.28	2.34	0.72	13.29	57.28	2.34	0.72	13.29
项目编码		030502004002		项目名称		电视、电话插座		计量单位	个	工程量	24

清单综合单价组成明细

定额编号	定额名称	定额单位	数量	单价				合价			
				人工费	材料费	机械费	管理费和利润	人工费	材料费	机械费	管理费和利润
12-116	敷设电话线和广播线 电话出线口、中途箱、电话线架空引入装置 电话出线口 普通型 单联	个	1	3	16.04	0	0.69	3	16.04	0	0.69
2-1479	接线盒安装 暗装 接线盒	10 个	0.1	30.33	34.83	0	6.9	3.03	3.48	0	0.69
项目编码		030411001003		项目名称		配管		计量单位	m	工程量	200.5

清单综合单价组成明细

定额编号	定额名称	定额单位	数量	单价				合价			
				人工费	材料费	机械费	管理费和利润	人工费	材料费	机械费	管理费和利润
2-1115	钢管敷设 砖、混凝土结构暗配 钢管公称口径 20 mm	100 m	0.01	485.22	1301.46	12.66	114.92	4.85	13.01	0.13	1.15
项目编码		030411004002		项目名称		配线		计量单位	m	工程量	30

续表

清单综合单价组成明细											
定额编号	定额名称	定额单位	数量	单价				合价			
				人工费	材料费	机械费	管理费和利润	人工费	材料费	机械费	管理费和利润
2-1248	管内穿线、穿铁丝 照明线路（铜芯）导线截面 2.5 mm^2	100 m（单线）	0.01	67.39	211.3	0	15.34	0.67	2.11	0	0.15
项目编码		031102004001		项目名称		同轴电缆		计量单位	m	工程量	201.7

清单综合单价组成明细											
定额编号	定额名称	定额单位	数量	单价				合价			
				人工费	材料费	机械费	管理费和利润	人工费	材料费	机械费	管理费和利润
12-35	敷设光缆 穿放、布入光缆、光缆外护套、光纤束 线槽/桥架/活动地板内明布放 12 芯以下	100 m	0.01	134.78	535.88	3.12	31.78	1.35	5.36	0.03	0.32
项目编码		030505001001		项目名称		共用天线		计量单位	台	工程量	1

清单综合单价组成明细											
定额编号	定额名称	定额单位	数量	单价				合价			
				人工费	材料费	机械费	管理费和利润	人工费	材料费	机械费	管理费和利润
12-578	前端设备的安装、调试 电视共用天线安装、调试 电视设备箱	台	1	121.31	0	0	27.61	121.31	0	0	27.61
项目编码		030505007001		项目名称		前端射频设备		计量单位	套	工程量	12

续表

清单综合单价组成明细											
定额编号	定额名称	定额单位	数量	单价				合价			
				人工费	材料费	机械费	管理费和利润	人工费	材料费	机械费	管理费和利润
12-610	前端设备的安装、调试 设备安装 前端射频设备安装、调试 全频道前端 10 个频道	套	1	168.48	0.27	9.86	41.85	168.48	0.27	9.86	41.85
项目编码		031301017001		项目名称		脚手架搭拆		计量单位	项	工程量	1

清单综合单价组成明细											
定额编号	定额名称	定额单位	数量	单价				合价			
				人工费	材料费	机械费	管理费和利润	人工费	材料费	机械费	管理费和利润
BM115	脚手架搭拆费(电气设备工程)	元	1	24.4	34.98	5.57	7.53	24.4	34.98	5.57	7.53
BM133	脚手架搭拆费(智能化工程)	元	1	225.86	373.52	0	51.4	225.86	373.52	0	51.4

11.5 消防工程工程量清单计价

以本书第9章案例为准编制了本工程量清单内容，依据内蒙古自治区2009届定额、规定及内建工[2016]136号营改增文件进行本清单编制，共分为单位控制价汇总表、分部分项工程项目清单与计价表、措施项目清单与计价表、规费税金项目计价表、主要材料价格表、分部分项工程量清单费用组成分析表等部分，详细内容见表11-31至表11-36。

表11-31 单位控制价汇总表

序号	项目名称	金额(元)	其中:暂估价(元)
1	分部分项工程量清单项目费	10279	
2	措施项目清单费	167	
2.1	其中:安全文明施工费	62	
3	其他项目清单费		
3.1	暂列金额		
3.2	专业工程暂估价		
3.3	计日工		
3.4	总包服务费		
4	小计	10446	
5	规费	434	
5.1	其中:养老失业保险	261	
5.2	基本医疗保险	73	
5.3	住房公积金	73	
5.4	工伤保险	10	
5.5	生育保险	7	
5.6	水利建设基金	10	
6	合计	10880	
7	税金	1197	
8	含税工程造价(小写)	12077	
9	含税工程造价合计	12077	

表 11-32　分部分项工程项目清单与计价表

序号	项目编码	项目名称	项目特征	单位	工程量	金额(元)		
						综合单价	合价	其中：暂估价
		分部分项工程					10279	
1	031003003001	焊接法兰阀门	类型：蝶阀 材质：铜质 规格、压力等级：DN100，1.6 MPa 连接形式：焊接法兰连接	个	2	434.5	869	
2	031003013001	压力表	安装部位(室内外)：室外 型号、规格：DN100 连接形式：法兰连接	块	2	128.5	257	
3	030901006001	水流指示器	安装部位(室内外)：室外 型号、规格：DN100 连接形式：法兰连接	个	1	513	513	
4	030901002001	钢管	安装部位：喷淋管道及消火栓管道 材质、规格：镀锌钢管 DN100 连接形式：焊接	m	56.3	51.35	2891	
5	031003011001	法兰	材质：镀锌管件 规格：DN100 连接方式：沟槽连接	片	12	41.83	502	
6	030901001001	水喷淋钢管	安装部位：喷淋管 材质、规格：DN25 镀锌钢管 连接形式：螺纹连接	m	41.4	31.62	1309	
7	030901003001	水喷淋(雾)喷头	安装部位：吸顶 连接形式：螺纹	个	12	30.5	366	

续表

序号	项目编码	项目名称	项目特征	单位	工程量	金额(元)		
						综合单价	合价	其中：暂估价
8	031003001001	泄水阀DN20	类型：泄水阀 材质：铜质 规格、压力等级：DN20 连接形式：螺纹	个	1	27	27	
9	030901010001	室内消火栓	安装方式：墙内嵌入 型号、规格：SN65型单栓 附件材质、规格：含消火栓箱	套	4	353.5	1414	
10	030901013001	灭火器	形式：手提式 规格、型号：3 kg	具(组)	8	50.5	404	
11	031002001001	管道支架	材质：型钢 管架形式：托架	kg	85	17.32	1472	
12	031201003001	金属结构刷油		m^2	85	1.21	103	
13	031002003001	套管	名称、类型：套管 材质：钢制 规格：DN25	个	8	9.25	74	
14	031002003002	套管	名称、类型：套管 材质：钢制 规格：DN100	个	2	39	78	
		合计					10279.00	

表11-33　措施项目清单与计价表

序号	项目编码	项目名称	计算基础	费率(%)	金额(元)
1	011707001	安全文明施工费	直接工程费中：(人工＋机械×综扣系数＋商折与沥青混凝土折)×费率＋管理费及利润	2.1	62
2	011707009	临时设施费	直接工程费中：(人工＋机械×综扣系数＋商折与沥青混凝土折)×费率＋管理费及利润	4.5	91
3	011707005	雨季施工增加费	直接工程费中：(人工＋机械×综扣系数＋商折与沥青混凝土折)×费率＋管理费及利润	0.3	8

续表

序号	项目编码	项目名称	计算基础	费率（%）	金额（元）
4	011707007	已完、未完工程保护费	直接工程费中：(人工＋机械×综扣系数＋商折与沥青混凝土折)×费率＋管理费及利润	0.5	11
5	011707012	远程视频监控增加费	直接工程费中：(人工＋机械×综扣系数＋商折与沥青混凝土折)×费率＋管理费及利润	0.82	19
6	011707013	扬尘治理增加费	直接工程费中：(人工＋机械×综扣系数＋商折与沥青混凝土折)×费率＋管理费及利润	1.15	26
		通用措施项目费合计	贰佰壹拾柒元整		217

表 11-34　规费税金项目计价表

序号	项目名称	计算基础	计算基数	费率（%）	金额（元）
1	规费	分部分项工程费＋措施项目费＋其他项目费		4.17	434
1.1	其中：养老失业保险	分部分项工程费＋措施项目费＋其他项目费		2.5	261
1.2	基本医疗保险	分部分项工程费＋措施项目费＋其他项目费		0.7	73
1.3	住房公积金	分部分项工程费＋措施项目费＋其他项目费		0.7	73
1.4	工伤保险	分部分项工程费＋措施项目费＋其他项目费		0.1	10
1.5	生育保险	分部分项工程费＋措施项目费＋其他项目费		0.07	7
1.6	水利建设基金	分部分项工程费＋措施项目费＋其他项目费		0.1	10
2	税金	分部分项工程费＋措施项目费＋其他项目费＋规费		11	1197
	合计	壹仟陆佰叁拾壹元整			1631

表 11-35　主要材料价格表

序号	材料编码	材料名称	规格、型号等特殊要求	单位	数量	单价(元)	合价(元)
	* cl	材料价差(小计)					
1	da0011	型钢 综合		kg	90.1	4.9	441
2	ea0061	镀锌钢管 DN40		m	2.45	16.7	41
3	ea0112	镀锌钢管 DN150		m	0.61	65.1	40
	* zc	主材价差(小计)					
4	wc0762	泄水阀 DN20		个	1.01	18	18
5	wc0775	蝶阀 DN100		个	2	280	560
6	wc0775	水流指示器 DN100		个	1	370	370
7	wc6400	镀锌钢管 DN100		m	57.43	45.1	2590
8	wc6400	镀锌钢管 DN25		m	42.23	12.8	541
9	wc8111	室内消火栓		套	4	320	1280
10	wc8190	喷头		个	12.12	12	145
11	wc8210	镀锌钢管接头零件 DN25		个	29.93	7	210
12	wc8632	仪表接头		套	2	10	20
13	wc8811	压力表		套	2	85	170
14	wn5220	沟槽式连接法兰		片	12.12	21	255

表 11-36 分部分项工程量清单费用组成分析

序号	项目编码	项目名称	单位	工程量	费用组成(元)							综合单价
					人工费	材料费	机械费	管理费	利润	人工费调整	合计	
		分部分项工程			1533.98	6851.26	339.99	337.31	327.95	886	10279	1729.08
	031003003001	焊接法兰阀门	个	2	80.36	671.57	32.08	20.24	19.68	45	869	434.5
1	a8-310	焊接法兰阀门安装　公称直径 100 mm 以内	个	2	80.36	671.57	32.08	20.24	19.68	45		
	031003013001	压力表	块	2	45.12	169.25	0.64	8.24	8.01	25	257	128.5
2	a10-25	压力表、真空表　就地	块	2	45.12	169.25	0.64	8.24	8.01	25		
	030901006001	水流指示器	个	1	40.18	414.09	16.04	10.12	9.84	23	513	513
3	a8-310	水流指示器 DN100	个	1	40.18	414.09	16.04	10.12	9.84	23		
	030901002001	钢管	m	56.3	287.02	2282.66	43	59.4	57.75	161	2891	51.35
4	a7-85	水灭火喷淋镀锌钢管(沟槽连接)管道连接　公称直径 100 mm 以内	m	56.3	287.02	2282.66	43	59.4	57.75	161		
	031003011001	法兰	片	12	82.32	344.62		14.82	14.41	46	502	41.83
5	a7-103	水灭火喷淋镀锌钢管沟槽式连接法兰安装　公称直径 100 mm 以内	片	12	82.32	344.62		14.82	14.41	46		
	030901001001	水喷淋钢管	m	41.4	325.49	667.48	13.38	61	59.3	182	1309	31.62

续表

序号	项目编码	项目名称	单位	工程量	费用组成(元)							综合单价
					人工费	材料费	机械费	管理费	利润	人工费调整	合计	
6	a7-71	水灭火喷淋镀锌钢管(螺纹连接)管道安装　公称直径 25 mm 以内	m	41.4	325.49	667.48	13.38	61	59.3	182		
	030901003001	水喷淋(雾)喷头	个	12	108.52	150.77	5.56	20.53	19.96	61	366	30.5
7	a7-112	水灭火系统喷头安装　公称直径 25 mm 以内　无吊顶	个	12	108.52	150.77	5.56	20.53	19.96	61		
	031003001001	泄水阀 DN20	个	1	4.32	18.73		0.78	0.76	2	27	27
8	a8-291	螺纹阀门安装　公称直径 20 mm 以内	个	1	4.32	18.73		0.78	0.76	2		
	030901010001	室内消火栓	套	4	144.4	1134.24	2.03	26.36	25.63	81	1414	353.5
9	a7-146	水灭火系统室内消火栓安装　公称直径 65 mm 以内　单栓	套	4	144.4	1134.24	2.03	26.36	25.63	81		
	030901013001	灭火器	具(组)	8		403.68					404	50.5
10	价	3 kg 灭火器	套	8		403.68						

续表

序号	项目编码	项目名称	单位	工程量	费用组成(元)							综合单价
					人工费	材料费	机械费	管理费	利润	人工费调整	合计	
	031002001001	管道支架	kg	85	351.65	489.98	208.59	100.84	98.04	223	1472	17.32
11	a8-215	室内管道支架制作安装	kg	85	351.65	489.98	208.59	100.84	98.04	223		
	031201003001	金属结构刷油	m^2	85	32.04	19.53	15.52	8.56	8.32	19	103	1.21
12	a11-7	手工除一般钢结构轻锈	kg	85	11.79	1.41	4.24	2.89	2.81	7		
13	a11-117	一般钢结构刷红丹防锈漆第一遍	kg	85	5.02	5.73	2.82	1.41	1.37	3		
14	a11-118	一般钢结构刷红丹防锈漆第二遍	kg	85	5.02	5.05	2.82	1.41	1.37	3		
15	a11-122	一般钢结构刷银粉漆　第一遍	kg	85	5.19	3.78	2.82	1.44	1.4	3		
16	a11-123	一般钢结构刷银粉漆　第二遍	kg	85	5.02	3.56	2.82	1.41	1.37	3		
	031002003001	套管	个	8	18.28	36.85	1.3	3.52	3.43	10	74	9.25
17	a8-186	室内穿墙钢套管制作安装公称直径 25 mm 以内	个	8	18.28	36.85	1.3	3.52	3.43	10		
	031002003002	套管	个	2	14.28	47.81	1.85	2.9	2.82	8	78	39
18	a8-192	室内穿墙钢套管制作安装公称直径 100 mm 以内	个	2	14.28	47.81	1.85	2.9	2.82	8		

【本章小结】

本章根据《内蒙古自治区安装工程消耗量定额》第二册、第七册、第八册、第九册、第十一册以及内建工[2016]136 号营改增取费文件及《通用安装工程工程量计算规范》GB 50856—2013 规定进行编制。本章以案例的形式让大家熟悉了解清单编制的原则和要求。应特别注意清单一定要严格遵守清单“四统一原则”。

第三篇

综合练习题及参考答案

一、填空题

1. 基本建设按经济用途划分为(　　　　)、(　　　　)。

【答案】 生产性基本建设,非生产性基本建设

【解析】 第一篇基础知识

2. 基本建设按建设性质不同分为(　　　　)、(　　　　)、(　　　　)、(　　　　)、(　　　　)。

【答案】 新建项目,扩建项目,改建项目,迁建项目,恢复项目

【解析】 第一篇基础知识

3. 按建设项目资金来源和渠道不同分为(　　　　)、(　　　　)、(　　　　)、(　　　　)。

【答案】 国家投资项目,自筹建设项目,外资项目,贷款项目

【解析】 第一篇基础知识

4. 基本建设程序可分为(　　　　)、(　　　　)、(　　　　)、(　　　　)、(　　　　)、(　　　　)、(　　　　)。

【答案】 项目决策阶段,勘察设计阶段,建设准备阶段,施工阶段,生产准备阶段,竣工验收阶段,项目后评价阶段

【解析】 第一篇基础知识

5. 基本建设项目划分为(　　　　)、(　　　　)、(　　　　)、(　　　　)、(　　　　)。

【答案】 建设项目,单项工程,单位工程,分部工程,分项工程

【解析】 第一篇基础知识

6. 基本建设投资可分为(　　　　)、(　　　　)、(　　　　)、(　　　　)、(　　　　)、(　　　　)、(　　　　)。

【答案】 投资估算,设计概算,施工图预算,招投标价格,施工预算,工程结算,竣工决算

【解析】 第一篇基础知识

7. 计价的特点是(　　　　)、(　　　　)、(　　　　)。

【答案】 单件性计价,多次性计价,按工程构成的分部组合计价

【解析】 第一篇基础知识

8. 建筑工程计价分为(　　　　)、(　　　　)。

【答案】 定额计价模式,工程量清单计价模式

【解析】 第一篇基础知识

9. 按生产要素划分,定额可分为(　　　　)、(　　　　)、(　　　　)。

【答案】 劳动定额,材料消耗定额,机械台班消耗定额

【解析】 第一篇基础知识

10. 建设工程施工阶段工作特点是(　　)、(　　)、(　　)、(　　)、(　　)、(　　)、(　　)。

【答案】 施工阶段是以执行计划为主的阶段,施工阶段是实现建设工程价值和使用价值的主要阶段,施工阶段是资金投入量最大的阶段,施工阶段需要协调的内容多,施工质量对建设工程总体质量起保证作用,施工阶段工程信息内容广泛,时间性强、数量大、施工阶段存在着众多影响目标实现的因素

【解析】 第一篇基础知识

11. 施工阶段工程造价控制的任务包括(　　)、(　　)、(　　)、(　　)。

【答案】 组织措施、技术措施、经济措施、合同措施

【解析】 第一篇基础知识

12. 工程变更分为(　　)、(　　)。

【答案】 设计变更,其他变更

【解析】 第一篇基础知识

13. 工程索赔产生的原因有(　　)、(　　)、(　　)、(　　)、(　　)、(　　)。

【答案】 当事人违约,不可抗力,合同缺陷,合同变更,工程师指令,其他第三方原因

【解析】 第一篇基础知识

14. 目前我国对于工程价款的结算有(　　)、(　　)、(　　)、(　　)、(　　)等几个方式。

【答案】 按月结算,竣工一次结算,分段结算,目标结款方式,双方约定结算

【解析】 第一篇基础知识

15. 按照基本建设程序划分定额的纵向层次,分为(　　)、(　　)、(　　)三个层次。

【答案】 基础定额或预算定额,概算定额,估算值

【解析】 第一篇基础知识

16. 建设工程全面造价管理包括(　　)、(　　)、(　　)、(　　)。

【答案】 全寿命期造价管理,全过程造价管理,全要素造价管理,全方位造价管理

【解析】 第一篇基础知识

17. 一部完整的安装定额的定额子目表,表内分别列出(　　)、(　　)、(　　)和(　　)等核心内容。

【答案】 人工费,材料费,机械费和定额基价

【解析】 第一篇基础知识

18. 工程量清单计价模式下的投标报价，投标人必须依据招标工程量清单填报价格。（　　　　）、（　　　　）、（　　　　）、（　　　　）、（　　　　）必须与招标工程量清单一致，投标人不得擅自对招投标工程量进行增减调整。

【答案】 项目编码，项目名称，项目特征，计量单位，工程量

【解析】 第一篇基础知识

19. （　　　　）的建设工程发承包，必须采用工程量清单计价，（　　　　）的建设工程，宜采用工程量清单计量。

【答案】 使用国有资金投资，非国有资金投资

【解析】 第一篇基础知识

20. 工程量清单作为招标文件的重要组成部分，由（　　　　）、（　　　　）、（　　　　）、（　　　　）等组成。

【答案】 分部分项工程量清单，措施项目清单，其他项目清单

【解析】 第一篇基础知识

二、不定项选择题

1. 从投资管理角度来看，（　　）环节是控制投资费用的重要节点。

A. 施工阶段　　B. 可行性研究　　C. 工程造价管理　　D. 设计阶段

【答案】 D

【解析】 可根据第一篇基础知识来解答

2. 在营改增后计算直接工程费时材料应扣除（　　）系数。

A. 0.89　　B. 0.86　　C. 17.5　　D. 11

【答案】 B

【解析】 根据内蒙古自治区 2016-136＃文件规定

3. 下列费用中不属于间接费的是（　　）。

A. 管理人员工资　　B. 贷款利息

C. 定额测定费　　D. 机械使用台班

【答案】 A

【解析】 管理人员工资属于管理费，而不是间接费，其他属于间接费

4. 某项目中建筑安装工程费用为 560 万元，设备及工、器具购置费用为 330 万元，工程建设其他费用为 133 万元，基本预备费为 102 万元，涨价预备费为 55 万元，建设期贷款利息为 59 万元（没有固定资产投资方向调节税），则静态投资为（　　）万元。

A. 1023　　B. 1180　　C. 1125　　D. 1239

【答案】 C

【解析】 根据我国目前规定，工程总投资由固定资产投资和流动资产投资组成，其中固定资产投资即通常所说的工程造价，流动资产投资即流动资金，因此工程造价

中不含流动资金部分，另外建设期贷款不属于工程造价

5. 完成最终工程造价的是(　　)阶段。

A. 工程决算　　B. 工程结算　　C. 竣工结算　　D. 竣工决算

【答案】 D

【解析】 第一篇基础知识

6. 工程造价管理包括(　　)两个方面的内容。

A. 科学确定和合理控制　　B. 合理确定和正确控制

C. 有效确定和合理控制　　D. 合理确定和有效控制

【答案】 D

【解析】 第一篇基础知识

7. 根据建标44＃文件规定规费中扣除(　　)。

A. 工伤保险　　B. 意外伤害保险　　C. 水利建设基金　　D. 工程排污费

【答案】 B

【解析】 第一篇基础知识

8. 国有投资项目必须采用(　　)。

A. 综合单价　　B. 定额计价法

C. 工料单价法　　D. 预算成本估算法

【答案】 A

【解析】 第一篇基础知识

9. 执行管内穿线定额时，如不需要穿引线，人工乘以(　　)系数，扣减全部钢丝消耗量。

A. 0.7　　B. 1.5　　C. 2.0　　D. 1.3

【答案】 A

【解析】 内蒙古自治区2009届安装定额第二册电气工程定额

10. 管道消毒、冲洗、压力试验，均按管道长度以(　　)为计量单位，(　　)阀门、管件所占长度。

A. m，不计算　　B. 100 m，不扣除　　C. 100 m，计算　　D. m，扣除

【答案】 B

【解析】 内蒙古自治区2009届安装定额定额第八册给排水、采暖、燃气工程定额

11. 5芯电力电缆敷设定额乘以系数(　　)。

A. 1.6　　B. 2.0　　C. 1.3　　D. 1.1

【答案】 C

【解析】 内蒙古自治区2009届安装定额第二册电气工程定额

12. 营改增后安装工程企业管理费中三类费率为(　　)。

A. 27％　　B. 25％　　C. 18％　　D. 20％

【答案】 D

【解析】 根据内蒙古自治区内建工[2016]136 号文件规定

13. 安装工程计价技术包含(　　)。

A. 直接费+间接费+利润+税金

B. 直接费+间接费+规费+利润+税金

C. 直接费+措施费+间接费+规费+税金+利润

D. 直接费+通用措施费+技术措施费+间接费+规费+税金+利润

【答案】 A

【解析】 第一篇基础知识

14. 工程造价的职能是(　　)。

A. 预测职能　　B. 控制职能　　C. 评价职能

D. 兼容职能　　E. 调控职能

【答案】 ABCDE

【解析】 第一篇基础知识

15. 安装工程包括(　　)。

A. 给排水工程　　B. 采暖工程　　C. 钢结构工程

D. 装饰装修工程　　E. 设备安装工程

【答案】 ABE

【解析】 第一篇基础知识

16. 定额按反映的物质消耗内容分为(　　)。

A. 劳动消耗量定额　　B. 机械消耗量定额

C. 投资消耗量定额　　D. 材料消耗量定额

E. 概算基价消耗量

【答案】 ABD

【解析】 第一篇基础知识

17. 安装工程中的材料计取项包括(　　)。

A. 安全文明费　　B. 冬雨季施工费　　C. 规费

D. 措施费　　E. 税金

【答案】 CE

【解析】 第一篇基础知识

18. 措施费包括(　　)。

A. 通用措施费　　B. 专用措施费　　C. 夜间施工费

D. 安全文明费　　E. 雨季施工费

【答案】 AB

【解析】 第一篇基础知识

19. 定额按编制程序和用途分为(　　)。

A. 施工定额　　B. 预算定额　　C. 概算定额
D. 概算指标　　E. 投资估算指标
【答案】 ABCDE
【解析】 第一篇基础知识
20. 价差调整分为(　　)。
A. 材料价差　　B. 人工价差　　C. 机械台班
D. 脚手架租赁　　E. 关税
【答案】 ABC
【解析】 第一篇基础知识
21. 给水管道室内外界线以(　　)。
A. 建筑物外墙皮 1.5 m 为界　　B. 建筑物外墙散水
C. 入户口处的阀门　　D. 入户口处的检查井
E. 外墙皮至检查井
【答案】 AC
【解析】 内蒙古自治区 2009 届安装定额第八册给排水、采暖、燃气工程定额
22. 下列哪些属于单位工程?(　　)
A. 土建工程　　B. 安装工程　　C. 装饰装修工程
D. 园林绿化工程　　E. 砌筑工程
【答案】 ABCD
【解析】 第一篇基础知识
23. 下列说法正确的是(　　)。
A. 项目建议书阶段编制估算　　B. 定额具有合法性
C. 定额是计价依据　　D. 材料只计取规费税金
E. 安装工程与土建工程称为建安工程
【答案】 ABCDE
【解析】 第一篇基础知识
24. 工程造价的计价特征包括(　　)。
A. 单件性　　B. 批量性　　C. 多次性
D. 一次性　　E. 组合性
【答案】 ACE
【解析】 第一篇基础知识
25. 工程造价的计价特点是(　　)。
A. 单个性计价　　B. 复杂性计价　　C. 多次性计价
D. 动态性计价　　E. 均衡性计价
【答案】 AC
【解析】 第一篇基础知识

26. 预算定额的编制原则是(　　)。

A. 社会平均水平的原则　　B. 社会平均先进水平的原则

C. 简明适用的原则　　D. 特殊性原则

E. 广泛性原则

【答案】 AC

【解析】 第一篇基础知识

27. 下列属于通用措施费项目的是(　　)。

A. 安全、文明施工费　　B. 临时设施费

C. 冬雨季施工费　　D. 已完、未完工程保护费

E. 材料检测费

【答案】 ABCDE

【解析】 内蒙古自治区2009届费用定额

28. 下列属于三类工程取费的是(　　)。

A. 锅炉蒸发量小于4 t/h的锅炉安装　　B. 各类构筑物附属管道安装

C. 金属管道的安装　　D. 10 kV架空线路的安装

E. DN100的工业管道安装

【答案】 AB

【解析】 内蒙古自治区2009届费用定额

29. 下列工程量以“kg”为计算单位的是(　　)。

A. 管道支架　　B. 水箱　　C. 桥架托臂

D. 电缆　　E. 管道吊架

【答案】 ACE

【解析】 内蒙古自治区2009届安装定额计算规则规定

30. 下列费用中属于企业管理费的是(　　)。

A. 劳动保险　　B. 财产保险　　C. 社会保障费

D. 住房公积金　　E. 办公费

【解析】 ABE

【答案】 内蒙古自治区2009届费用定额

31. 某工程竣工后在保修期内发现质量问题，经多方分析确因设计原因造成的，其保修费用由(　　)负责。

A. 建设单位(用户)　　B. 设计单位

C. 施工单位　　D、建设单位(用户)与设计单位

【答案】 B

【解析】 第一篇基础知识

32. 具备独立施工条件并能形成独立使用功能的建筑物或构筑物属于(　　)。

A. 单项工程　　B. 单位工程　　C. 分部工程　　D. 分项工程

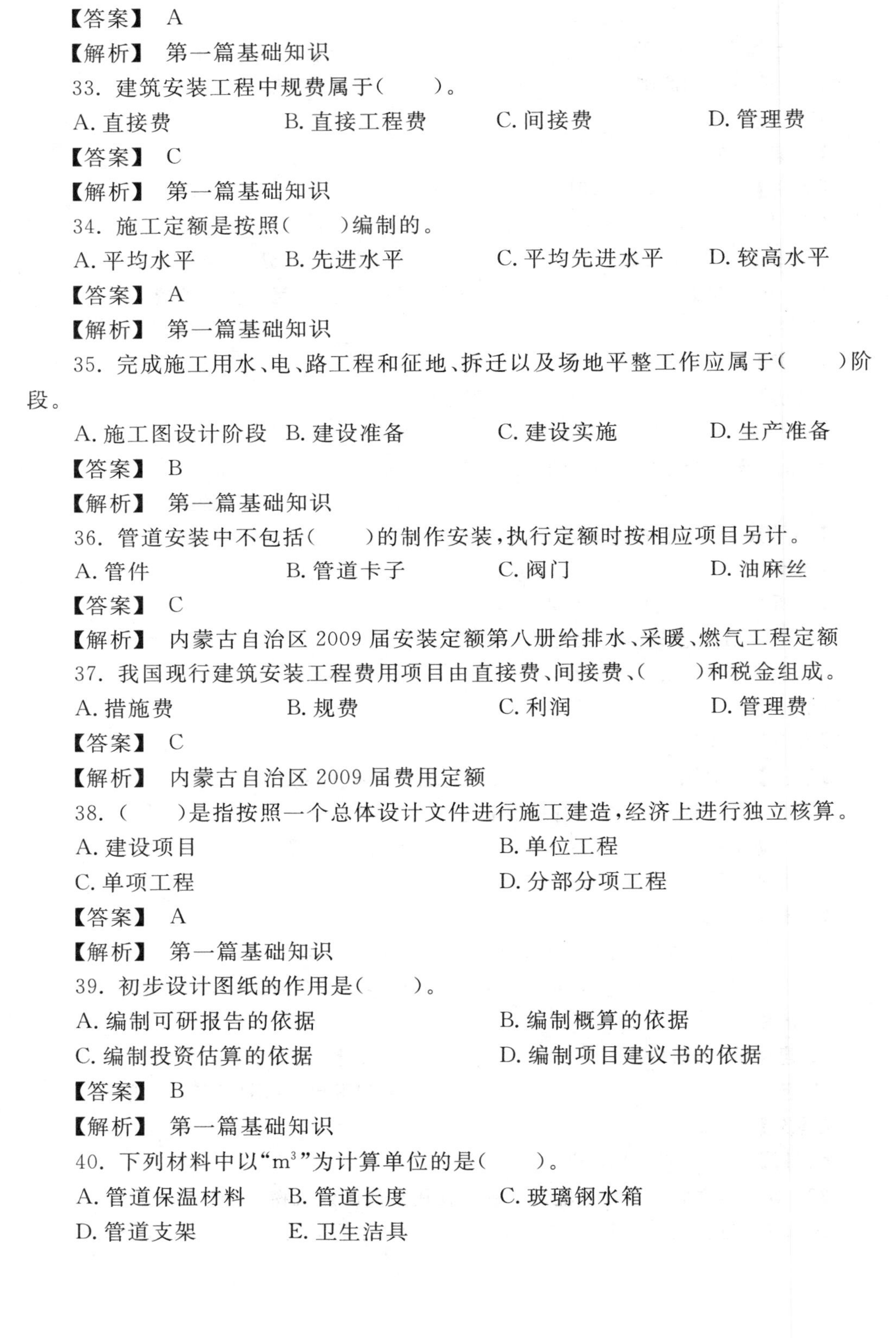

【答案】 A

【解析】 第一篇基础知识

33. 建筑安装工程中规费属于(　　)。

A. 直接费　　B. 直接工程费　　C. 间接费　　D. 管理费

【答案】 C

【解析】 第一篇基础知识

34. 施工定额是按照(　　)编制的。

A. 平均水平　　B. 先进水平　　C. 平均先进水平　　D. 较高水平

【答案】 A

【解析】 第一篇基础知识

35. 完成施工用水、电、路工程和征地、拆迁以及场地平整工作应属于(　　)阶段。

A. 施工图设计阶段　　B. 建设准备　　C. 建设实施　　D. 生产准备

【答案】 B

【解析】 第一篇基础知识

36. 管道安装中不包括(　　)的制作安装,执行定额时按相应项目另计。

A. 管件　　B. 管道卡子　　C. 阀门　　D. 油麻丝

【答案】 C

【解析】 内蒙古自治区 2009 届安装定额第八册给排水、采暖、燃气工程定额

37. 我国现行建筑安装工程费用项目由直接费、间接费、(　　)和税金组成。

A. 措施费　　B. 规费　　C. 利润　　D. 管理费

【答案】 C

【解析】 内蒙古自治区 2009 届费用定额

38. (　　)是指按照一个总体设计文件进行施工建造,经济上进行独立核算。

A. 建设项目　　B. 单位工程

C. 单项工程　　D. 分部分项工程

【答案】 A

【解析】 第一篇基础知识

39. 初步设计图纸的作用是(　　)。

A. 编制可研报告的依据　　B. 编制概算的依据

C. 编制投资估算的依据　　D. 编制项目建议书的依据

【答案】 B

【解析】 第一篇基础知识

40. 下列材料中以“m^3”为计算单位的是(　　)。

A. 管道保温材料　　B. 管道长度　　C. 玻璃钢水箱

D. 管道支架　　E. 卫生洁具

【答案】 AC

【解析】 内蒙古自治区 2009 届安装定额

41. 基价的构成包括（　　）。

A. 人工费　　B. 材料费　　C. 机械费

D. 未计价主材　　E. 直接工程费

【答案】 ABC

【解析】 第一篇基础知识

42. 设置于管道间、管廊内的管道、阀门、法兰、支架的安装，其定额人工乘以（　　）。

A. 1　　B. 2　　C. 1.2　　D. 1.3

【答案】 D

【解析】 内蒙古自治区 2009 届安装定额第八册给排水、采暖、燃气工程定额

43. 穿墙、穿楼板钢套管的制作安装按安装管道公称直径选用项目，以（　　）为单位。

1. 个　　B. 套　　C. kg　　D. m

【答案】 A

【解析】 内蒙古自治区 2009 届安装定额第八册给排水、采暖、燃气工程定额

44. 内蒙古 2009 届费用定额中安装工程按（　　）划分。

A. 三类　　B. 四类　　C. 二类　　D. 五类

【答案】 B

【解析】 内蒙古自治区 2009 届费用定额

三、判断题

1. 室内外界线以建筑物外墙皮 1.5 m 为界，入口处设检查井者以检查井为界。（　　）

【答案】 ×

【解析】 根据定额规定没有明确是给水管道还是排水管道

2. 室内外以出户第一个排水检查井为界，无检查井时以出户距外墙皮 3 m 处为界。（　　）

【答案】 √

【解析】 内蒙古自治区 2009 届安装定额第八册给排水、采暖、燃气工程定额

3. 安全阀安装（包括调试定压），可按阀门安装相应定额项目乘以系数 2.0 计算。（　　）

【答案】 √

【解析】 内蒙古自治区 2009 届安装定额第八册给排水、采暖、燃气工程定额

4. 电缆敷设定额未考虑因波形敷设增加长度、弛度增加长度、电缆绕梁（柱）增

加长度以及电缆与设备连接、电缆接头等必要的预留长度，该增加长度应计入工程量之内。（　　）

【答案】 √

【解析】 内蒙古自治区2009届安装定额第二册电气设备安装工程定额

5. 接线箱安装工程量应区别安装形式（明装、暗装）、接线箱半周长，以“10个”为计量单位计算。（　　）

【答案】 √

【解析】 内蒙古自治区2009届安装定额第二册电气设备安装工程定额

6. 安全出口指示灯无明确的子目，只能借标志、诱导装饰灯具安装的子目，区别不同安装形式，以“套”为计量单位计算。（　　）

【答案】 √

【解析】 内蒙古自治区2009届安装定额第二册电气设备安装工程定额

7. 本定额计费程序分为工料单价法和综合单价法两种。采用的计价方式由项目建设单位根据国家及自治区相关规定确定。对于国有资金投资和国有资金投资为主的工程项目，应该采用综合单价法（即工程量清单计价法）计价。（　　）

【答案】 √

【解析】 内蒙古自治区2009届安装定额第二册电气设备安装工程定额

8. 措施项目费是指为完成工程项目施工，发生于该工程施工前和施工过程中非工程实体项目的费用。由通用项目措施费和专业项目措施费组成。（　　）

【答案】 √

【解析】 内蒙古自治区2009届费用定额

9. 内蒙古自治区安装预算定额是编制工程招标控制价、设计概算、施工图预算和调解、处理建设工程造价纠纷的依据，是投标报价、确定合同价款、拨付工程款、办理竣工结算和衡量投标报价合理性的基础。（　　）

【答案】 √

【解析】 内蒙古自治区2009届费用定额

10. 内蒙古自治区费用定额规定安装工程类别的划分为三类，其中电气工程直接套用三类工程。（　　）

【答案】 ×

【解析】 内蒙古自治区2009届费用定额

11. 在建设初期编制的预算为设计概算。（　　）

【答案】 √

【解析】 第一篇基础知识

12. 人工费包含基本工资、工资性补贴、生产工人辅助工资、职工福利、生产工人劳动保护费。（　　）

【答案】 √

【解析】　内蒙古自治区 2009 届费用定额

13. 材料价格包括材料原价、材料运杂费、运输损耗、大修费、折旧费。(　　)

【答案】　√

【解析】　内蒙古自治区 2009 届费用定额

14. 措施费包括通用措施费、专用措施费、夜间施工费、安全文明费及材料价格。(　　)

【答案】　×

【解析】　内蒙古自治区 2009 届费用定额

15. 工程造价的职能是协同政府调控宏观经济。(　　)

【答案】　×

【解析】　第一篇基础知识

16. 套管分为软连接和复合型钢管。(　　)

【答案】　×

【解析】　第二篇安装识图与预算编制

17. 内蒙古 2009 届安装定额内不包含材料损耗。(　　)

【答案】　×

【解析】　内蒙古自治区 2009 届安装定额

18. 材料价格的构成包括本身的原价和增值税。(　　)

【答案】　√

【解析】　内蒙古自治区 2009 届费用定额及内建工[2016]136 号文件

19. 按定额反映的物质消耗内容分类,可分为劳动消耗量定额、机械消耗量定额、材料消耗量定额。(　　)

【答案】　√

【解析】　内蒙古自治区 2009 届安装定额

20. 材料是材料费的组成项目之一。(　　)

【答案】　√

【解析】　内蒙古自治区 2009 届费用定额

四、简答题

1. 预算定额的编制原则是什么?

【答案】　(1) 按社会平均必要劳动量确定定额水平。

(2) 简明适用,严谨准确。

(3) 集中领导,分级管理。

【解析】　第一篇基础知识

2. 简述工程预算编制步骤和方法。

【答案】　(1)搜集编制施工图的预算的有关资料;(2)了解施工现场情况;(3)计

算工程量和工程汇总;(4)采用单位估价表或预算定额,计算工程直接费;(5)各项费用计算,确定单位工程预算造价和计算经济值;(6)进行材料调整;(7)编写编制说明。

【解析】 第一篇基础知识

3. 简述建设工程各阶段中对应编制的造价内容。

【答案】 可行性研究——投资估算,设计阶段——设计概算,施工图设计——施工图预算,招投标阶段——招投标价格,施工阶段——施工预算(或工程结算),竣工验收——竣工结算。

【解析】 第一篇基础知识

4. 企业管理费是指建筑安装企业组织施工生产和经营管理所需费用,包括哪几个方面?

【答案】 (1)管理人员工资;(2)办公费;(3)差旅交通费;(4)固定资产使用费;(5)工具用具使用费;(6)劳动保险费;(7)工会经费;(8)职工教育经费;(9)财产保险费;(10)财务费;(11)税金;(12)其他。

【解析】 内蒙古自治区2009届费用定额

五、综合计算题

1. 某采暖工程,直接工程费50万元,其中人工费3万元,机械费8万元,材料费10万元,本采暖工程措施费费率分别如下。安全文明施工费2.3%,临时设施费5%,雨季施工费0.3%,已完、未完保护费0.5%,规费5.57%,企业管理费15%,利润17.5%,税金为一般计税法。试计算本工程含税工程总造价。

【答案】 (1) 直接费=直接工程费+措施费=500000+[(80000+30000)×(2.3%+5%+0.3%+0.5%)]=508910(元)

(2) 企业管理费=(80000+30000)×15%=16500(元)

(3) 利润=(80000+30000)×17.5%=19250(元)

(4) 材料费=100000(元)

(5) 规费=(508910+16500+19250+100000)×5.57%=35908(元)

(6) 税金=(508910+16500+19250+100000+35908)×11%=74862(元)

(7) 含税工程造价=(508910+16500+19250+100000+35908+74862)=755430(元)

【解析】 该题为计算建设工程费。建设工程费由直接费、间接费、利润和税金四部分组成

2. 本工程属于某办公楼采暖工程,平面图如图1所示,砖混结构,上供下回,共两层,层高3.6 m,管材采用焊接钢管,管径DN<32 mm采用螺纹连接,DN≥32 mm采用焊接,散热器采用四柱760型铸铁散热器,管道穿外墙采用刚性防水套管,穿楼板和内墙采用钢套管。

(1) 试计算一层散热器的数量和刷油面积。

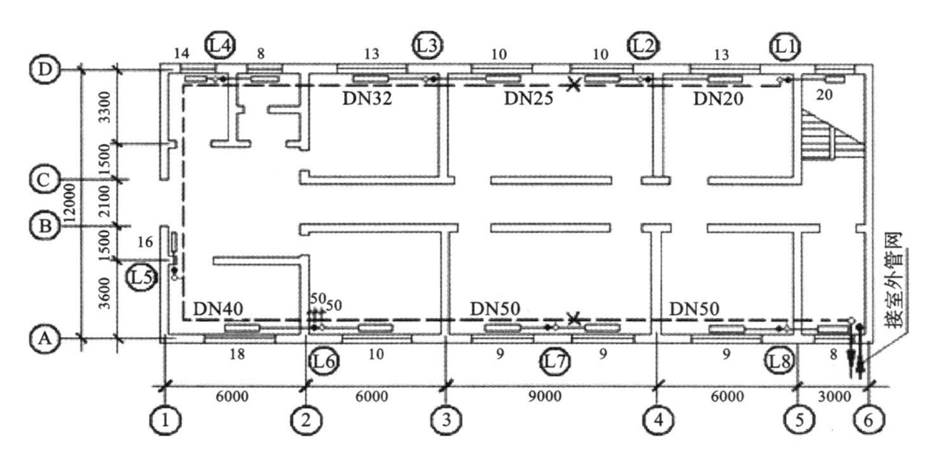

图1　一层采暖平面图

【答案】　散热器数量：14＋8＋13＋10＋10＋13＋20＋16＋18＋10＋3×9＋8＝167(片)

刷油面积：167×0.235＝39.245(m²)

【解析】　内蒙古自治区2009届安装定额第八册给排水、采暖、燃气工程定额中计算规则

(2) 试计算②～④轴交Ⓒ～Ⓓ轴的工程量(不考虑阀门)。

【答案】　散热器：13＋10＋10＝33(片)

散热器除锈：33×0.235＝7.755(m²)

DN32焊接钢管：6 m

DN25焊接钢管：9 m

DN32穿墙套管：1个

DN25穿墙套管：1个

【解析】　内蒙古自治区2009届安装定额第八册给排水、采暖、燃气工程定额中计算规则

(3) 计算散热器安装费中的人工费(散热器：基价31.157，机械费0，材料费29.443)。

【答案】　167×(31.157－0－29.443)＝286.23(元)

【解析】　内蒙古自治区2009届安装定额第八册给排水、采暖、燃气工程定额中计算人工费原则

(4) 根据平面图画出L4处的系统图(不考虑阀门)。

【答案】

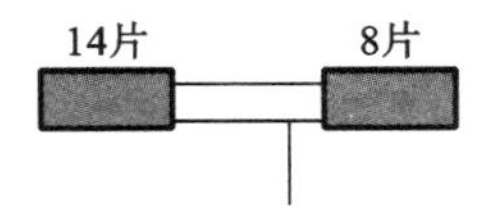

【解析】 第二篇安装识图与预算编制

3. 某小区安装给水管道其中材料列表如下。

De80PP-R 管:120 m, 20 元/m;

De75PP-R 管:100 m, 9 元/m;

DN100 套管:2 套, 120 元/套;

DN100 给水管:10 m, 34 元/m。

问:(1) 解释 DN 与 De 的区别?

【答案】 DN 为公称直径,De 为外径,DN 常用来表示钢管,De 用来表示塑料管

【解析】 第二篇安装识图与预算编制

(2) 根据 2009 届内蒙古自治区地方定额中,上述材料哪些为未计价主材?

【答案】 De80、De75 为未计价主材

【解析】 第一篇基础知识

4. 图 2 为某厂房一层平面图,AL1 配电箱(800×500×200)距地高度为 1.4 m,开关距地高度为 1.3 m,灯具吸顶安装,插座距地高度为 0.3 m,AL2 配电箱(500×300×160),层高为 3.2 m。其中,WL1:BV3×2.5-PC32;WL2:BV3×4-SC25。

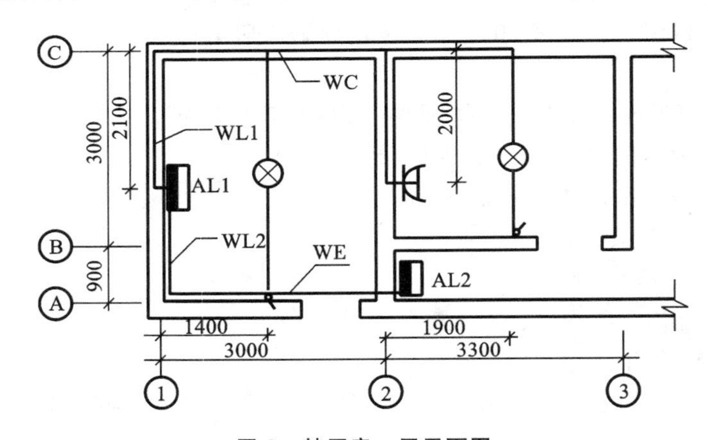

图 2 某厂房一层平面图

问:(1) 本图纸内共有多少用电设备?

(2) 计算本图纸内全部工程量。

(3) 解释 WL1、WL2 两个回路内符号所表示的含义。

(4) 根据所得工程量进行套价取费。

(5) 试测算经济指标。

【答案】 (1) 配电箱 2 台,吸顶灯 2 个,插座 1 个,开关 2 个。

(2) 配电箱 2 台,吸顶灯 2 个,插座 1 个,开关 2 个。

PC32:2.1+6.3+2.1+0.9+1.9+1.8+3.9+1.9+2.1+0.3+2.9=26.2(m)。

BV2.5:3×(2.1+6.3+2.1+0.9+1.9+1.8+3.9+1.9+2.1+0.3+2.9)=78.6(m)。

SC25:1.4+1.4+0.9+0.9+3=7.6(m)。

BV4:3×(1.4+1.4+0.9+0.9+3)=22.8(m)。

(3) BV3×2.5-PC32:铜芯聚氯乙烯绝缘导线 3 根,截面积为 2.5 mm^2,敷设在 PC32 管内;BV3×4-SC2:芯聚氯乙烯绝缘导线 3 根,截面积为 4 mm^2,敷设在 DN32 钢管内。

(4) 套价取费计算结果见表 1。

表 1 工程造价计算结果

序号	定额编号	名称	单位	数量	基价	合计
1	A2-265	配电箱	台	2	108.43	216.6
2	A2-1484	吸顶灯	套	2	12.57	25.14
3	A2-1764	插座	个	1	7	7
4	A2-1744	开关	套	2	5	10
5	A2-1204	PC32	m	26.2	5.49	143.83
6	A2-1248	BV2.5	m	78.6	2.6	204.36
7	A2-1105	SC25	m	7.6	16.49	125.32
8	A2-1249	BV4	m	22.8	3.5	79.8
9		直接费合计				811.45
10		间接费				578
11		规费				75
12		利润				120
13		税金				35
14		工程造价				1619.45

(5) 1619.45/(3.9×6.3)=65.92(元/m^2)

【解析】 应用第一篇基础知识和内蒙古自治区 2009 届安装定额第二册电气工程定额,以及第二篇安装识图与预算编制及计算规则

第四篇

工程案例实训

本实训的任务是根据所提供的施工图来完成施工图预算的编制，又可分为工程量计算、组价、措施项目计算、材料价格调整、工程取费、编制说明、封面及预算书整理等八个子任务。

一、工程量计算

本章内容要求大家根据所提供的施工图结合内蒙古自治区 2009 届相关定额、取费标准及内建工〔2016〕136 号，及使用者所在地区的计价依据要求来完成各项工程量的计算。可将计算出来的内容填入下表。

工程量计算书

序号	名称	部位	计算公式	单位	工程量
1	SC20	一层穿线管	2×2+1×4+5×3	m	23
2	DN20	一层采暖	17+25+13+1	m	56
	…		…		…

本表格中的工程量是编制施工图预算中组价的重要依据。为了使用者能及时高效地查找计算时的错误，请大家认真完成工程量的计算。本表格可以根据使用者的要求自行添加或删除。

二、组价

因为计价依据存在着较大的区域性，使用者可以根据工程自身情况，选用所在地区的计价依据来完成本工程的组价。

工程预算书

工程名称：　　　　　　　　　　　　建筑面积：

序号	定额编号	项目名称	单位	工程量	定额			合计		
					基价	人工费	机械费	直接费	人工费	机械费
		合计								

三、措施项目计算

通用措施项目可分为如下方面：(1)安全文明施工(包括环境保护、文明施工、安全施工、临时设施)；(2)夜间施工；(3)封闭作业照明；(4)二次搬运；(5)冬季施工降效；(6)雨季施工；(7)大型机械进出场及安拆；(8)混凝土、钢筋混凝土模板及支架；(9)脚手架；(10)已完工程及设备保护；(11)施工降水排水；(12)竣工验收存档资料编制。以上根据个人所在地方计价办法提供，各地规定可能有些出入。

措施项目计算

序号	定额编号	项目名称	单位	工程量	定额			合计		
					基价	人工费	机械费	直接费	人工费	机械费
		合计								

四、材料价格调整

若某部分材料按照合同约定或者所在地定额造价管理部门的有关文件规定的范围需要据实调整材料单价时，应对原来这部分材料的单价进行差价调整。

材料价格调整表

工程名称：

序号	材料名称	单位	数量	定额价	市场价	调整额	价差合计

五、工程取费

建筑工程预算中取费是指按照各省预算定额子目小计各分项工艺程序定额基价后，参照取费标准依次乘以相关系数得到措施费、安全文明施工增加费、企业管理费、规费、利润、税金等项目的过程。使用者可以根据所在地区的相关造价文件进行调整。工程取费表参见下表。

工程取费表

序号	费用名称	取费说明	费率	费用金额
一	直接费(含措施项目费)	直接费＋措施项目合计		
二	直接费中的人工费＋机械费	人工费＋机械费＋组织措施人工费＋组织措施机械费＋技术措施项目人工费＋技术措施项目机械费＋商品混凝土人工费＋商品混凝土机械费		

续表

序号	费用名称	取费说明	费率	费用金额
三	管理费	直接费中的人工费＋机械费		
四	利润	直接费中的人工费＋机械费		
五	主材费	主材费		
六	设备费	设备费		
七	人材机价差	人材机价差		
八	人工调增	人工费＋机上人工费＋组织措施人工费＋技术措施项目人工费＋技术措施机上人工费		
九	合计	直接费(含措施项目费)＋管理费＋利润＋主材费＋设备费＋材料价差		
十	规费	工程排污费＋社会保障费＋住房公积金＋工伤保险＋生育保险＋水利建设基金		
1	工程排污费			
2	社会保障费	养老失业保险＋基本医疗保险		
2.1	养老失业保险	合计		
2.2	基本医疗保险	合计		
3	住房公积金	合计		
4	工伤保险	合计		
5	生育保险	合计		
6	水利建设基金	合计		
十一	合计	合计＋规费		
十二	税金	合计		
十三	含税工程造价	合计＋税金		

六、编制说明

使用者可以根据自身编制预算的情况，将所要表达的内容一一列举出来。但至少要包含以下内容，如有特殊情况也可以在编制说明内给予说明。

(1) 工程概况。

(2) 参考定额(使用者所在地区)及其他参考依据(使用者所在地区的造价文件、

政策调整、各类规范等)。

(3) 编制时存在问题及处理方法和意见。

(4) 图纸中存在问题及处理方法和意见。

(5) 材料调整、人工费计取、规费、税金等内容进行全面说明阐述。

(6) 特殊情况的说明。

七、封面

________________工程

预　算　书

工程造价(大写):

(小写):

编制人:

所学专业:

所学专业:

编制时间:

指导老师:

八、整理顺序

施工图预算编制内容基本完成后,可按以下顺序整理编制内容的顺序。

封面——编制说明——取费表——工程综合单价表——措施项目——材料调整——工程量计算书

参考文献

[1] 樊文广，谭翠萍．建筑设备安装工程计价技术[M]．呼和浩特：内蒙古人民出版社．

[2] 张俊友．建筑工程计量与计价[M]．长春：吉林大学出版社．

[3] 中华人民共和国住房和城乡建设部．通用安装工程工程量计算规范：GB 50856—2013[S]．北京：中国计划出版社，2013．

[4] 冯钢，景巧玲．安装工程计量与计价[M]．北京：北京大学出版社，2014．